高等学校计算机应用规划教材

计算机基础与 C 语言程序设计实验指导

（第三版）

焉德军　刘明才　主　编

王　鹏　辛慧杰　副主编

清华大学出版社

北　京

内 容 简 介

本书是《计算机基础与 C 语言程序设计(第三版)》的配套实验指导书。全书共 4 篇:第一篇是 C
语言程序设计实验指导,介绍了 Visual C++ 6.0 的安装、程序调试和错误处理,结合教材内容提供了
11 个实验,给出了实验目的、要求以及程序提示;第二篇是《计算机基础与 C 语言程序设计(第三版)》
习题解答;第三篇是全国计算机等级考试二级 C 介绍,包括考试大纲、数据结构与算法、软件工程基
础、数据库基础、公共基础知识答案和全国计算机等级考试模拟试题;第四篇是 MATLAB 软件入门。

本书内容丰富,实用性强,是学习 C 语言程序设计十分有用的一本参考书,适合高等学校师生和
计算机等级考试培训使用,也可供自学者参考。

图书在版编目(CIP)数据

计算机基础与 C 语言程序设计实验指导 / 焉德军,刘明才 主编. —3 版. —北京:清华大学出版
社,2017

(高等学校计算机应用规划教材)

ISBN 978-7-302-47415-9

Ⅰ. ①计… Ⅱ. ①焉… ②刘… Ⅲ. ①电子计算机-高等学校-教学参考资料 ②C 语言-程
序设计-高等学校-教学参考资料 Ⅳ. ①TP3

中国版本图书馆 CIP 数据核字(2017)第 127090 号

责任编辑:胡辰浩 李维杰
装帧设计:孔祥峰
责任校对:成凤进
责任印制:杨 艳

出版发行:清华大学出版社
      网 址:http://www.tup.com.cn,http://www.wqbook.com
      地 址:北京清华大学学研大厦 A 座   邮 编:100084
      社 总 机:010-62770175   邮 购:010-62786544
      投稿与读者服务:010-62776969,c-service@tup.tsinghua.edu.cn
      质 量 反 馈:010-62772015,zhiliang@tup.tsinghua.edu.cn
印 刷 者:北京富博印刷有限公司
装 订 者:北京市密云县京文制本装订厂
经 销:全国新华书店
开 本:185mm×260mm   印 张:18.75   字 数:433 千字
版 次:2012 年 7 月第 1 版   2017 年 7 月第 3 版   印 次:2017 年 7 月第 1 次印刷
印 数:1~3000
定 价:39.00 元

产品编号:073308-01

序

在信息社会里，信息的获取、存储、传输、处理和应用能力越来越成为一种最基本的生存能力，正逐步被社会作为衡量一个人文化素质高低的重要标志。计算机技术成为影响人们生活方式、学习方式和工作方式的重要因素。大学计算机基础课程，作为非计算机专业学生的必修基础课，其教学目标就是为学生提供计算机方面的知识、能力与素质的教育，培养学生掌握一定的计算机基础知识、技术与方法，以及利用计算机解决本专业领域中问题的意识与能力。

多年来，大学计算机基础教学形成了大一上学期讲授大学计算机基础课程、下学期讲授计算机程序设计基础课程的教学模式。目前，绝大多数二本院校依然采取这种教学模式。这种模式在实践中存在如下弊端：

第一，因城乡、地区的差别，新生入学时计算机水平参差不齐，给教学带来很大困难。随着我国中小学信息技术教育的逐步普及，高校新生计算机知识水平的起点也逐年提高。同时，由于我国中学信息科学教育水平的不平衡，来自城市的学生入学时已经具备计算机的基本技能，而来自农村的一些学生，特别是来自西部欠发达地区和少数民族地区的一些学生，入学时才刚刚接触计算机。这种差异使得计算机基础教学的组织与安排非常困难。

第二，学时少、内容多、周期短，并且与专业课学习脱节，严重影响了学生的学习积极性和程序设计思想的培养。在大一上学期讲授大学计算机基础课程时，由于内容宽泛，涉及面广，每堂课要讲授或上机练习的内容又多，计算机基础知识好一点的学生上课不愿意听讲、不屑于练习，而计算机基础知识相对差一点的学生又听不懂，极大地挫伤了学生学习计算机知识的兴趣和积极性。大一下学期讲授计算机程序设计基础课程，由于学时少、周期短，在教学中普遍缺乏利用程序设计解决实际问题和专业问题能力的训练，学完计算机程序设计基础课程后，多数学生还不能真正领会计算机的强大功能，不能利用所学的计算机知识解决相关的专业问题。

第三，计算机基础教学与大学生对全国计算机等级考试证书的需求脱节。由于就业的压力，多数二本院校的学生在毕业时迫切需要获得全国计算机二级等级考试证书。但是，在传统的计算机基础教学模式下，学生最快在大二上学期才能参加全国计算机等级考试，一次性过级率相对较低。为在毕业前获得计算机二级证书，一些学生不得不一次又一次地参加校外培训，花费了很多精力。

针对计算机基础教学中存在的问题和不足，2009年，我校对计算机基础教学进行了改革，建立了以学生为本，以就业需求为导向，以实践能力、创新能力和计算机应用能力培养为目标，以大一下学期学生能够顺利参加全国计算机等级考试，提高我校的全国计算机等级考试过级率为"抓手"，适合学生特点和需求、符合教育规律和学生认知心理的计算机基础教学新的教学内容体系和教学模式。

新的教学内容体系和教学模式是：根据不同学科、专业学生的特点和需求，分别开设"C 语言程序设计"、"Visual Basic 程序设计"和"Access 数据库程序设计"课程，并以程序设计课程为主线，以相应的全国计算机二级等级考试大纲为依据，对传统的大学计算机基础教学的两门课程"大学计算机基础"和"C 语言(Visual Basic、Access 数据库)程序设计"的教学内容进行梳理、整合，并将 MATLAB 基础知识和数学建模入门知识纳入计算机基础教学内容体系中来，使之更贴近学生的需求，更符合学生的认知规律，更有利于学生计算机应用能力的培养和信息素养的提高。

1) 新的教学模式将传统的在大一下学期讲授的"C 语言(Visual Basic、Access 数据库)程序设计"课程提前至大一上学期开始，并延伸到大一下学期结束，更符合大学生的认知规律。大一上学期讲完"C 语言(Visual Basic、Access 数据库)程序设计"课程的基本内容，下学期通过参加 3 月下旬的全国计算机等级考试，使学生的程序设计基础知识得到强化；等级考试后，通过综合性、设计性实验，使学生的计算机应用能力得到进一步提高。

2) 将与专业课学习密切相关的计算机软件(MATLAB 软件)纳入大一的计算机基础教学中来，并结合数学建模进行讲解，为学生学习后续专业课程和参加数学建模竞赛奠定了扎实的基础，对学生的实践能力、创新能力的培养起到了非常好的作用。

3) 以"案例教学"为主要教学模式，改变了以往 Office 软件的讲法，以毕业论文排版为案例，介绍 Word 高级应用；以成绩统计分析为案例，介绍 Excel 知识；以简历、展板的设计为案例，介绍 PowerPoint 应用，更加贴近学生的就业需求。

4) 改革考核方式，实行阶段性滚动考试，加强学习过程的监督与考核，极大地提高了学生自主学习的积极性。基于"百科园通用考试平台"开发了 C 语言、VB 程序设计、Access 数据库、Office 应用的题库，为学生自主练习提供了方便，并且为按单元进行的阶段性考试和期末考试提供了重要保障。

以大连民族大学为例，在新制定的培养方案中，非计算机专业的大学计算机基础课程共 5 学分，其中 4 学分为通识教育必修课，1 学分为通识教育选修课。我校的具体做法是：4 学分的必修课在大一下学期 3 月底的全国计算机等级考试前完成，1 学分的选修课主要在大一下学期全国计算机等级考试后完成。具体分 3 个阶段实施。

第一阶段，大一上学期，3.5 学分，68 学时，其中理论课教学 32 学时，上机实验课教学 36 学时。根据不同的专业，分别开设"C 语言程序设计"、"Visual Basic 程序设计"和"Access 数据库程序设计"课程，并结合相应程序设计课程的需要，完成新生入学的计算机入门教育，使学生尽快了解计算机基本原理，熟悉计算机的基本操作；完成对全国计算机二级等级考试大纲所要求的计算机程序设计主要内容的学习。

第二阶段，大一下学期前 4 周，0.5 学分，12 学时的上机实验课教学。针对 3 月底的全国计算机二级等级考试，进行辅导和上机强化训练。

第三阶段，大一下学期全国计算机等级考试后，1 学分，24 学时的上机实验课教学。共两部分内容：一是进行计算机程序设计课程的综合性、设计性实验，进一步提高学生的计算机程序设计能力和计算机应用能力；二是应用软件选讲，提高学生使用软件解决实际问题和专业问题的能力。通过开设不同的模块课程，使学生可以根据自己的专业需求、兴趣爱好和个人能力等具体情况选修相应的课程，达到考核要求即可获得相应的学分。在这里可供学生选修的课程有："办公自动化应用"、"网络工程师培训"、"Flash 动画设计与制作"、"Excel VBA 数据处理技术"、"图形图像处理"、"Office 2010 应用"、"计算机组装、维护与应用软件实训"、"音频视频处理"、"Visio 图形化设计"和"MATLAB 基础与应用技术"等。

多年的教学实践使我们体会到，新的教学内容体系和教学模式至少有以下 4 点好处：

第一，拉长了大学计算机程序设计基础课程的学习周期，由原来的一个学期变为现在的两个学期，分 3 个阶段实施，符合学生的认知规律，并且对培养学生的编程思想和利用计算机解决实际问题的能力非常有益。

第二，将获得全国计算机二级等级考试证书作为新生入学的第一个阶段性目标，可以使学生尽快摆脱刚入大学时的"迷茫"状态，有利于优良学风的建设。

第三，满足了学生对全国计算机二级等级证书的需求，增加了学生将来就业的筹码。

第四，提高了学生的素质，增强了学生的自主学习能力和利用软件解决实际问题的能力。

为了配合计算机基础教学改革，满足教学用书的基本需求，2010 年 5 月，我们成立了教材编写委员会，着手进行系列教材的编写工作。共编写主辅教材 6 本，分别是《计算机基础与 C 语言程序设计》和《计算机基础与 C 语言程序设计实验指导》、《计算机基础与 Visual Basic 程序设计》和《计算机基础与 Visual Basic 程序设计实验指导》、《计算机基础与 Access 数据库程序设计》和《计算机基础与 Access 数据库程序设计实验指导》。2012 年 7 月该套教材由清华大学出版社出版。

《计算机基础与 C 语言(Visual Basic、Access 数据库)程序设计》教材包括：计算机入门基础知识，全国计算机二级等级考试大纲所要求的程序设计相关内容。

《计算机基础与 C 语言(Visual Basic、Access 数据库)程序设计实验指导》辅助教材包括：《计算机基础与 C 语言(Visual Basic、Access 数据库)程序设计》习题解答、实验指导、全国计算机二级等级考试介绍(包括大纲、公共基础知识的相关内容以及模拟试题)以及应用软件选讲(包括 Office 的高级应用和 MATLAB 软件简介)。

教材是体现教学内容和教学方法的知识载体，是进行教学的基本工具，是深化教育教学改革、全面推进素质教育、培养创新人才的重要保证。教材建设是提高教学质量的基础性工作，要为学生知识、能力、素质的协调发展创造条件。该套教材的使用，对我校全国计算机等级考试过级率的提高起到了至关重要的作用。与改革前相比，我校的全国计算机等级考试过级率提高了 20%。2012 级同学在 2013 年 3 月首次参加全国计算机等级考试，过级率为 52.4%，创历史最好成绩。该套教材是 2013 年辽宁省教学成果二等奖"以就业需求为导向计算机应用能力培养为目标的计算机基础教学新模式"的主要成果之一，其中，《计算机基础与 C 语言程序设计》和《计算机基础与 C 语言程序设计实验指导》2014 年被评为辽宁省第二批"十二五"普通高等教育本科省级规划教材。

有关我校的计算机基础教学改革：2009 年 10 月，获得辽宁省教育教学改革项目立项；2010 年 1 月，在首届全国民族院校计算机基础课程教学研讨会上，我校做了"基于应用型人才培养的计算机基础教学课程体系及教学内容的探讨"的主题报告,初步介绍了计算机基础教学改革思路与设想,得到与会代表的热烈反响;2011 年 7 月,在辽宁省计算机基础学会年会上,我校做了"基于能力培养与等级考试需求的计算机基础教学改革"的主题发言,得到与会同行们的充分肯定和兄弟院校的广泛关注;2011 年 11 月,获得国家民族事务委员会本科教学改革与质量建设研究项目立项;2012 年 10 月,在全国高等院校计算机基础教学研究会学术年会上,发表了"新形势下的计算机基础教学改革实践——以大连民族学院为例"的研究论文,全面介绍了我校的计算机基础教学改革,获得优秀论文二等奖;2013 年 6 月,在国家民族事务委员会 2013 年民族院校教学观摩会上,我校做了计算机基础课教学改革的经验介绍,并于同年获得辽宁省教学成果二等奖。

该套教材在第二版的基础上进行了修订,将主教材中有关全国计算机二级等级考试公共基础知识所要求的相关内容移到相应的辅助教材中,并删除辅助教材中有关 Office 高级应用的部分(该内容已另外出版了一套教材),使得教材结构更加合理。该套教材适合作为高等院校的计算机基础教学用书,也可作为学生自学计算机基础知识和相关程序设计基础知识,准备全国计算机二级等级考试的参考用书。

为了继续做好计算机基础教学的改革工作,我们热忱欢迎专家、同行以及广大读者多提宝贵意见!

焉德军

2017 年 3 月

前　言

本书是《计算机基础与 C 语言程序设计(第三版)》的配套实验指导书，全书共 4 篇。

第一篇为 C 语言程序设计实验指导，包括 3 章内容。第 1 章介绍了使用 Visual C++ 6.0 系统编辑、编译、运行 C 程序的方法。Visual C++ 6.0 也是全国计算机等级考试(C 语言)指定的编译系统。第 2 章是上机实验内容，这一部分安排了 11 个实验，根据实验内容分别安排了 2 学时和 4 学时。实验的进度与主教材同步进行。教师可根据具体上机时数安排实验，根据具体的情况选取实验内容，并根据每个学生的不同情况，适当安排必做题和选做题的课后练习。学生在上机实验之前应做好实验准备，如阅读实验内容、复习教材中的有关章节。对于程序设计题，在实验前要编写程序。第 3 章给出了实验参考答案。

第二篇为《计算机基础与 C 语言程序设计(第三版)》习题解答。选择题和填空题主要是测试读者对基本概念、基本理论和基本方法的掌握程度。在学完每章后，读者应独立将选择题和填空题做完，然后与给出的答案比较，由此检查自己的学习情况。编程题的类型和数目较多，读者可根据自己的情况选做题目。每个编程题的解法都有多种，书中只提供了一种答案，供读者参考和比较，以启发思路。本书所有程序都在 Visual C++ 6.0 环境下调试通过，也可在 Turbo C 2.0 环境下运行。

第三篇是全国计算机等级考试二级 C 介绍，包括考试大纲、基础知识和模拟试题，并给出了模拟试题的解答。这部分可供参加等级考试的读者参考使用。

第四篇是 MATLAB 软件入门，以 MATLAB 7.10.0 版本为例，介绍了 MATLAB 软件的使用方法及其在数学建模中的应用。

本书第一篇由刘明才编写，第二篇由辛慧杰编写，第三篇由王鹏编写，第四篇由焉德军编写。

本书的编写工作还得到郑智强、张丽丽、邹冰冰和通拉嘎若曼等几位老师的热情帮助，另外还参考了一些网上资源，在此一并致谢。

本书作者长期从事高等学校计算机基础课程的教学工作，在总结多年的大学计算机基础、C 语言程序设计课程的教学经验和教改实践的基础上，编写了本套教材。由于作者水平有限，书中难免存在错误与不足，恳请读者批评指正。我们的邮箱是 huchenhao@263.net，电话是 010-62796045。

编　者
2017 年 3 月

目　　录

第一篇　C语言程序设计实验指导

第1章　Visual C++ 6.0 使用指南

Visual C++软件是目前使用极为广泛的可视化开发环境，可用于对 C 程序或 C++程序进行各种操作，如建立、打开、浏览、编辑、保存、编译、连接和调试等。

本章主要介绍利用 Visual C++ 6.0 集成环境(简称 VC 环境)对 C 程序进行编译、连接和运行的一般方法。

1.1　运行 C 程序

使用 Visual C++ 6.0 运行一个 C 程序一般分以下几步。

1. 启动 Visual C++ 6.0 集成环境

在 Windows 操作系统下，启动 Visual C++系统的方法是：选择"开始"→"程序"→Microsoft Visual Studio 6.0→Microsoft Visual C++ 6.0 命令，出现 Visual C++ 6.0 集成环境窗口，如图 1-1 所示。

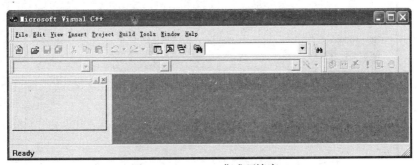

图 1-1　Visual C++集成环境窗口

也可以在桌面上为 Visual C++ 6.0 系统创建一个快捷方式，利用该快捷方式启动 Visual C++ 6.0 系统。

2. 创建工程项目

用 Visual C++ 6.0 系统运行一个 C 程序，首先要创建一个工程项目(Project)。工程项目存放 C 程序的所有信息。创建一个工程项目的步骤如下：

(1) 选择集成环境窗口中 File 菜单中的 New 命令，在打开的对话框中选择 Projects(项目)选项卡，在该选项卡中选择 Win32 Console Application(Win 32 控制台应用程序)，在选项卡右侧上方的 Project name(项目名称)处为应用项目命名，如 exam1，并在下面的 Location(位置)中指定该项目存放的位置(也可采用默认路径)。选中 Create new workspace(建立新工作区)单选按钮，单击 OK 按钮，如图 1-2 所示。

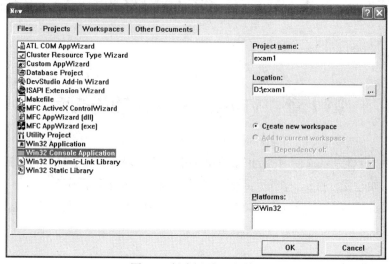

图 1-2 创建新项目对话框

(2) 弹出如图 1-3 所示的对话框(应用程序生成向导)，提问要生成的项目类型。选中 An empty project(空项目)单选按钮，单击 Finish(结束)按钮，会弹出一个窗口，显示新项目的有关信息。检查无误后，单击 OK 按钮，这时会弹出一个如图 1-4 所示的空项目窗口，并生成一个项目工作区文件(本例为 exam1.dsw)。

图 1-3 应用程序生成向导

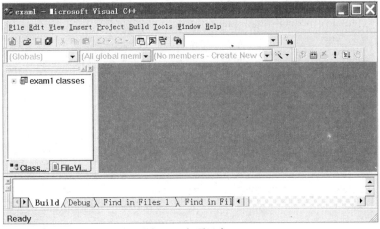

图 1-4　空项目窗口

在图 1-4 中间有两个窗口：左侧是工作区窗口(Workspace Window)，右侧是源程序窗口(即编辑窗口)。工作区窗口的下面是输出窗口(Output Window)，也称信息窗口，显示的是项目建立过程中所生成的信息。

3. 建立 C 源程序文件

在图 1-4 所示的窗口中，选择 File 菜单中的 New 命令，并选择 Files 选项卡。从选项卡中选择 C++ Source File(C++源程序)。在选项卡右边的 File name 处为所要建立的源程序命名(可与项目名相同)，同时要加上扩展名.c，否则系统会为文件添加默认的扩展名.cpp(C++源程序文件的扩展名)，如图 1-5 所示。

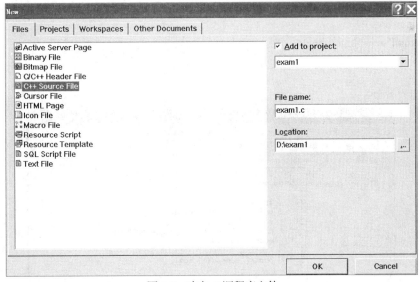

图 1-5　建立 C 源程序文件

在图 1-5 所示的窗口中单击 OK 按钮，会在集成环境右侧的编辑窗口中出现一个空文件，如图 1-6 所示。此时，可以将 C 源程序输入到编辑窗口中。

图 1-6　空的源程序窗口

4. 编辑一个 C 源程序文件

在图 1-6 所示的窗口中输入 C 源程序的内容。例如，输入如下程序：

```
#include<stdio.h>
void main()
{
    int x,y,sum;
    printf("Input a integer:");
    scanf("%d",&x);
    printf("Input another integer:");
    scanf("%d",&y);
    sum=x+y;
    printf("sum=%d\n",sum);
}
```

如图 1-7 所示。

图 1-7　编辑 C 源程序

5. 编译 C 程序文件

选择 Build 菜单中的 Compile *.c 命令(本例中*.c 为 exam1.c)编译程序。编译结果会在集成环境窗口下方的信息窗口的 Build 选项卡中显示出来，如图 1-8 所示。

```
exam1.obj - 0 error(s), 0 warning(s)

Build / Debug \ Find in Files 1 \ Find in Files 2 \ Results |
```

图 1-8　C 程序的编译结果

如果没有错误，将在图 1-8 所示的 Build 选项卡中显示如下内容：

0 error(s)　0 warning(s)

表示没有任何错误(error)，有时会出现几个警告信息(warning)，但不影响程序的执行。编译的结果是生成一个目标文件(*.obj 文件，本例中为 exam1.obj)。

如果在编译的过程中发现了错误，则进入编辑查错状态。假设输入的源程序有错误，则编译后的情况如图 1-9 所示。错误信息格式如下：

<源程序路经>(行)<错误代码>：<错误内容>

图 1-9　编译出错

在图 1-9 中看到有 1 个错误(error)，给出的错误信息为：

D:\exam1\exam1.c(6) : error C2146: syntax error : missing ';' before identifier 'scanf'

以上信息说明在程序 exam1.c 的第 6 行中，scanf 前缺少分号";"。

双击 Build 选项卡中的出错信息，在编辑窗口中会指示对应的出错位置，根据出错信息的提示进行纠正。例如，在程序的第 5 行的末尾加上分号";"，然后再编译，编译结果没有错误。

在检查程序时要细心，首先查看第一个错误出现的地方及其前面的一小段程序。在查出并改正这个错误之后，可以看一看其后的几个错误说明中的错误位置是否和第一个错误的位置相邻。如果是，则有可能反映的还是那一个错误，这时可以再编译一次，往往会发现错误的数目已经大为减少。重复这个过程，直到所有的错误均已纠正。

6. 连接 C 程序文件

目标文件需要连接才能生成可执行文件。选择 Build 菜单中的 Build *.exe 命令(本例中 *.exe 为 exam1.exe)。连接的结果同样会在集成环境窗口下方信息窗口的 Build 选项卡中显示出来，如图 1-10 所示。

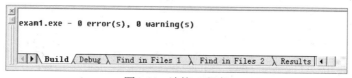

图 1-10　连接 C 程序

如果没有错误，连接的结果是生成一个目标文件(*.exe 文件，本例中*.exe 为 exam1.exe)。以上两步(编译和连接)可并为一步，即直接选择 Build 菜单中的 Build *.exe 命令。

在连接阶段也有可能出现一些错误提示。与编译错误提示信息不同的是连接错误不指出错误发生的详细位置，这是因为连接的对象是目标程序，不易确定错误的准确位置。

连接阶段出现的错误比较少，大多数是因为在程序中调用了某个函数，而连接程序却找不到该函数的定义。这时最有可能的原因是函数名字拼写错误。在找到连接错误的原因并改正以后，一定要重新编译后再连接。

7. 运行可执行程序

选择 Build 菜单中的!Execute *.exe(本例中为!Execute exam1.exe)命令，即可执行程序。

当运行 C 程序后，Visual C++将自动弹出输入/输出窗口，如图 1-11 所示。输入数据后，输出结果，按任意键将关闭该窗口。

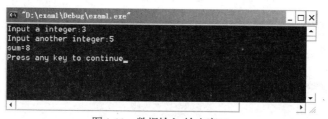

图 1-11　数据输入/输出窗口

另外，生成的可执行文件可以单独运行。由第 2 步创建工程项目可知，本例的所有信息都在 D:\exam1 目录下。实际上，可执行文件 exam1.exe 所在目录为 D:\exam1\Debug。打开文件夹 Debug，双击文件 exam1.exe 即可运行该程序。

关闭 Visual C++集成环境窗口，可自动保存各种文件(均在以项目名为名字的文件夹中)。

对于编译、连接、运行操作，Visual C++还提供了一组工具按钮，如图 1-12 所示。

图 1-12　编译微型条

1.2　打开 C 源程序文件

如果要打开某个已建立的 C 源程序文件，可使用如下两种方法：

1) 启动 Visual C++ 6.0 后，选择集成环境窗口中的 File→Open 命令，弹出"打开"对话框，如图 1-13 所示。

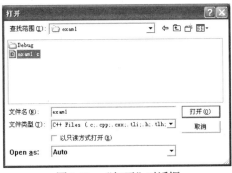

图 1-13　"打开"对话框

在查找范围中选择 C 程序所在的文件夹(如 exam1)，在"文件名"中输入要打开的 C 程序文件名(如 exam1.c)，单击"打开"按钮，即可打开 C 程序文件。此时，可以对程序进行修改、编译、运行等各种操作。

2) 打开项目工程所在的文件夹(如 exam1)，用鼠标双击 C 程序文件名(如 exam1.c)即可启动 Visual C++ 6.0 系统，同时打开 C 程序文件。

1.3　调试 C 程序

下面介绍用 Visual C++ 6.0 提供的调试器调试 C 程序的一般方法。假设要调试的程序如下：

```c
/* 求 n!(即 1*2*3*...*n)n=6 */
#include<stdio.h>
void main()
{
    int p,i,n;
    p=1;
    n=6;
    for(i=1;i<=n;i++)
        p=p*i;
    printf("\n%d!=%d\n",n,p);
}
```

1. 使程序执行到光标所在行暂停以便观察中间结果

(1) 在需要暂停的行上单击鼠标，定位光标。

(2) 选择 Build→Start Debug→Run to Cursor 命令，或按 Ctrl+F10 键，程序将执行到光标所在行暂停，如图 1-14 所示。使程序执行到指定位置时暂停，是为了查看有关的中间结果。在图 1-14 左下角的信息窗口的 Locals 选项卡中自动显示了有关变量的值，其中 n 和 p 的值分别是 6 和 1，而变量 i 还未赋值，是不确定的。图中左侧的箭头表示当前程序暂停的位置。如果还想增加观察变量，可在图中右下角的 Watch 选项卡的 Name 文本框中输入相应的变量名。

图 1-14　观察变量值

如果把光标移到后面的某个位置，再按 Ctrl+F10 键，程序将从当前的暂停点继续执行到新的光标位置，第二次暂停。

(3) 选择 Debug→Stop Debugging 命令，或按 Shift+F5 键，将停止调试，回到正常的运行状态。

2. 通过设置断点使程序暂停以便观察中间结果

(1) 在需要设置断点(即暂停点)的行上单击，定位光标，单击"编译微型条"(Build Minibar)中最右面的按钮(如图 1-15 所示)或按 F9 键。被设置了断点的行的前面会有一个红色的圆点标志。当光标在有断点的行上时，按 F9 键可去掉断点标志。设置了断点之后，可用前面的方法查看变量的值和结束调试，也可按照下面的方法操作。

图 1-15　设置断点

(2) 单击 "编译微型条" (Build Minibar)中的 Go 按钮(如图 1-15 所示)或按 F5 键，程序执行到第一个断点时暂停，这时在信息窗口中可以查看有关的变量值。再按 F5 键，程序继续往下执行到第二个断点时暂停，以此类推。

(3) 按 Shift+F5 键，将停止调试，回到正常的运行状态。

3. 单步执行

在程序的调试过程中，当程序执行到某个位置时发现结果已经不正确了，说明在此之前一定有错误存在。如果能确定某一小段程序有错，先按上面步骤暂停在该小段程序的头一行，再输入若干个变量进行查看，然后单步执行，即一次执行一行语句，逐行检查，找出错误并修改。单步执行时，单击"调试"工具条中的 Step Over 按钮(如图 1-16 所示，若该工具条隐藏，可右击工具栏的空白处，在快捷菜单中选中 Debug 即可使其出现)或按 F10 键。若遇到自定义函数调用，想进入函数进行单步执行，可单击 Step Into 按钮或按 F11 键。若想结束函数的单步执行，可单击 Step Out 按钮或按 Shift+F11 键。对不是函数调用的语句来说，F11 键和 F10 键的作用相同，但一般对系统函数不要按 F11 键。

图 1-16　调试工具条

以上只对 Visual C++ 6.0 中的主要功能进行了介绍。对于其他操作，读者可以自己练习或参考有关 Visual C++ 6.0 手册。

第2章 实验内容

本章给出了 11 个实验项目，每个实验所需学时，以及与教材《计算机基础与 C 语言程序设计(第三版)》(以下简称"主教材")各章的对应关系如表 2-1 所示。

表 2-1 每个实验与主教材的对应关系

序 号	题 目	学 时	主 教 材
实验一	熟悉 VC 环境	2 学时	第 2 章
实验二	数据类型	2 学时	第 3 章
实验三	运算符和表达式	2 学时	第 4 章
实验四	选择结构	2 学时	第 5 章
实验五	循环结构	4 学时	第 5 章
实验六	数组	4 学时	第 6 章
实验七	函数	4 学时	第 7 章
实验八	指针	4 学时	第 9 章
实验九	结构体	4 学时	第 10 章
实验十	文件	4 学时	第 11 章
实验十一	综合设计	4 学时	各章

教师可根据实际情况选取实验项目和其中的内容。

实验一 熟悉 VC 环境

1. 实验目的

(1) 熟悉 Visual C++ 6.0 集成环境。

(2) 通过编辑和运行给出的程序，掌握如何在计算机上编辑、编译、连接和运行 C 程序。

2. 实验准备

(1) 阅读主教材第 2 章的主要内容。

(2) 阅读本书第一篇第 1 章的主要内容。

(3) 了解实验内容。

3. 实验内容

(1) 程序改错：改正下面程序中的错误，将运行正确的程序存盘，文件名为 ex1_1.c。该程序是求两个整数的乘积。程序运行时输出提示信息"Input a, b:"，当输入 3 和 5 时，输出"p=15"。

程序如下：

```
#include<stdio.h>
void main()
{
 /*******found*******/
   int a,b;
   printf("Input a,b:");
 /******found*******/
   scanf("%d%d,&a,&b");
   p=a*b;        /*  "*" 为乘法运算符  */
   printf("p=%d\n",p);
}
```

注：

注释部分/*******found********/表示在其下面修改错误。

(2) 程序填空：下面是求两个实数相除的程序，请填空使程序运行正确，以文件名 ex1_2.c 存盘。当输入 3 和 2 时，输出"c=1.500000"。

程序如下：

```
#include<stdio.h>
void main()
{
   float a,b,c;
   scanf( _____1_____ );
   c=a/b;        /*  "/" 是除法运算符  */
   printf ( _____2_____ );
}
```

(3) 编写程序，输入立方体的长、宽、高，输出其体积。

(4) 编写程序，输入圆的半径，输出其面积。

实验二　数据类型

1. 实验目的

(1) 通过实验加深对数据类型的理解，熟悉整型、字符型和实型变量的用法。

(2) 掌握格式输入输出函数的使用方法。

(3) 进一步熟悉 C 程序的编辑、编译、连接和运行的过程。

2. 实验准备

(1) 阅读主教材第 3 章的有关内容。

(2) 阅读本书第一篇第 1 章的主要内容。

(3) 了解实验内容。

3. 实验内容

(1) 程序改错：改正下面程序中的错误，使程序运行正确。该程序的功能是输入一个大写字母，输出与其对应的小写字母。当输入 A 时，输出 a。

```
/*******found*********/
include<stdio.h>
void main()
{
    char c1,c2;
    printf("c1=?\n");
    /********found*********/
    getchar(c1);
    c2=c1+32;                /*  小写字母的 ASCII 码比对应的大写字母大 32 */
    printf("%c\n",c2);
}
```

(2) 程序填空：下面的程序是输入一个十进制整数，输出与其对应的八进制和十六进制数，请填空使程序运行正确。当输入 26 时，输出 032 和 0x1a。

```
#include<stdio.h>
void main()
{
    int a;
    printf("Please input a number:");
    scanf("___1___",&a);
    printf("____2____\n",a,a);
}
```

(3) 编写程序，输出各基本数据类型的长度(字节数)。

(4) 编写程序，已知直角三角形的两条直角边，求斜边的长度。

实验三　运算符和表达式

1. 实验目的

(1) 通过实验加深理解常用的运算符及表达式。

(2) 掌握自动类型转换规则和强制类型转换方法。

(3) 掌握运算符的优先级和结合性。

(4) 理解表达式的求解过程。

2. 实验准备

(1) 阅读主教材第 4 章的有关内容。

(2) 了解实验内容。

3. 实验内容

(1) 程序改错：下面程序的功能是，如果输入大写字母，则输出对应的小写字母，若是其他字符，原样输出。改正错误，使程序运行正确。

```c
#include <stdio.h>
void main()
{
    char ch1,ch2;
    printf("Input a capital letter:");
    ch1=getchar();
    /***********found*********/
    ch2= 'A'<=ch1<='Z'?ch1+32:ch1;
    putchar(ch2);
    putchar('\n');
}
```

(2) 程序填空：以下程序的功能是输入一个两位整数，按倒序输出，如输入 56，则输出 65。请填空，使程序正确运行。

```c
#include <stdio.h>
void main()
{
    int n,k;
    printf("Input a number:");
    scanf("%d",&n);
    k=___1___+n/10;
    printf("%d\n",k);
}
```

(3) 编写程序：输入两个整数，输出它们的和、差、积、商、余数。

(4) 编写程序：输入一个 3 位整数，求各位上的数字之和。如输入 312，则输出 6。

实验四　选择结构

1. 实验目的

(1) 通过实验加深理解结构化程序设计。

(2) 掌握 if 和 if-else 语句的使用方法。

(3) 掌握 switch 语句的使用方法。

2. 实验准备

(1) 阅读主教材第 5 章的有关内容。

(2) 了解实验内容。

3. 实验内容

(1) 程序改错：下面程序的功能是输入学生的成绩，将其转换成 Good、Pass、Fail 输出。转换规则是，80~100 为 Good，60~79 为 Pass，0~59 为 Fail。改正错误，直到程序运行正确为止。

程序如下：

```c
#include<stdio.h>
void main()
{ float score;
  printf("Please input score:\n");
  scanf("%f",&score);
  printf("score=%f\n",score);
  /******found*******/
  switch(score/10)
  { case 0:
    case 1:
    case 2:
    case 3:
    case 4:
    /*********found*********/
    case 5: printf("Fail\n");
    case 6:
    /*********found*********/
    case 7: printf("Pass\n");
    case 8:
    case 9:
    case 10: printf("Good\n");
  }
}
```

(2) 程序填空：输入 x 值，计算下面的函数值，并输出结果。

$$y = \begin{cases} -1 & x < 0 \\ 0 & x = 0 \\ 1 & x > 0 \end{cases}$$

程序如下：

```c
#include<stdio.h>
void main()
{  double   x;
   int   y;
   scanf("___1___", &x);
   if( ___2___ ) y=-1;
   else if( ___3___ ) y=0;
      else y=1;
```

```
      printf("y=%d\n",y);
  }
```

(3) 程序设计：用 if 语句编写程序，输入 x 后按下式计算 y 值并输出。

$$y = \begin{cases} x^2 + 10 & 0 \leqslant x \leqslant 8 \\ x^3 - 10 & x < 0或x > 8 \end{cases}$$

(4) 程序设计：输入一个 3 位正整数，找出这 3 个数字组成的最大数和最小数，如输入 528，则最大数为 852、最小数为 258。

实验五　循环结构

1. 实验目的

(1) 通过实验加深理解结构化程序设计。
(2) 掌握 while、for 和 do-while 语句的使用方法。
(3) 学会用顺序结构、选择结构和循环结构编写一般程序。

2. 实验准备

(1) 阅读主教材第 5 章的有关内容。
(2) 了解实验内容。

3. 实验内容

(1) 程序改错：下面程序的功能是求 1 到 100 之和，即 1+2+3+…+100。改正错误，使程序运行正确，输出结果为 sum=5050。

程序如下：

```c
#include<stdio.h>
void main()
{
 /********found********/
   int i,sum;
   i=1;
   while(i<=100)
 /********found********/
   sum=sum+i;
 /********found********/
   i++;
   printf("sum=%d\n",sum);
}
```

(2) 程序改错：输入一个整数，计算它是一个几位数。如输入 123123，输出 n=6。改正错误，直到程序运行正确为止。

程序如下：

```
#include<stdio.h>
void main()
{ long x;
   int n=0;
   printf("input x=");
/********found********/
   scanf("%d",&x);
    do
    {   n++;
        x/=10;
/*********found******/
    }while(x=0);
    printf("n=%d\n",n);
}
```

(3) 程序填空：以下程序计算数的阶乘，如输入 6，输出 6!=720。
程序如下：

```
#include<stdio.h>
void main()
{   int i,n;
    long np;
    printf("Input a number:");
    scanf("%d",&n);
    _____1_____
    for(i=2;i<=n;i++)
    _____2_____
    printf("%d!=%ld\n",n,np);
}
```

(4) 程序填空：以下程序求 Fibonacci 数列前 40 项。该数列如下：

1，1，2，3，5，8，13，21，…

该数列的特点是：最前面的两个数为 1、1，其余每个数都是前面两个数之和。
程序如下：

```
#include<stdio.h>
void main()
{   int i;
    long f1,  f2;
    _____1_____;
    for(i=1;i<=20;i++)
    {   printf("%12ld%12ld",f1,f2);
```

```
        if(i%2==0)printf("\n");
        f1+=f2;
        _____2_____;
    }
}
```

(5) 编写程序，输入一个正整数 n，输出 2~n 之间的所有素数。

(6) 用循环语句编程序，输出如下图形：

实验六　数组

1. 实验目的

(1) 通过实验掌握数组的使用方法。

(2) 学会用数组编写一般程序。

2. 实验准备

(1) 阅读主教材第 6 章的有关内容。

(2) 了解实验内容。

3. 实验内容

(1) 程序改错：下面程序的功能是输入 1，输出"1,2,4"。修改程序中的错误，使程序运行正确。

```
#include<stdio.h>
void main()
/********found********/
{   int a(3);
    int i;
    printf("Please input a[0]:");
  /*********found*******/
    scanf("%d",&a);
    for(i=1;i<3;i++)   a[i]=2*a[i-1];
  /**************found***************/
    printf("%d, %d, %d\n",a);
}
```

(2) 程序改错：改正下面程序中的错误，使它完成以下功能——从键盘输入一行字符，统计其中有多少个单词，单词之间用空格分隔。

程序如下：

```
#include<stdio.h>
void main()
{   char s[80],c1,c2;
    int i=0,num=0;
    printf("Please input a string:\n");
    gets(s);
    /*********found*******/
    while(s[i]!='\n')
        {   c1=s[i];
            if(i==0) c2=' ';
            else c2=s[i-1];
            /**********found*********/
            if(c1!=' '&& c2!=' ')num++;
            i++;
        }
    printf("There are %d words.\n",num);
}
```

(3) 程序填空：以下程序是用选择法对 5 个整数按升序排序。请填写程序中的 3 个空，使程序运行正确。

程序如下：

```
#include <stdio.h>
#define N 5
void main()
{   int   i, j, k, t, a[N];
    printf("Please input array a:\n");
    for(i=0;i<=N-1;i++) scanf("%d",&a[i]);
    for(i=0;i<N-1;i++)
        {   _____1_____
            for(j=i+1; _____2_____ ;j++)
                if(a[j]<a[k]) k=j;
            if( _____3_____ ){t=a[i];a[i]=a[k];a[k]=t;}
        }
    printf("output the sorted array:\n");
    for(i=0;i<=N-1;i++)   printf("%5d",a[i]);
    printf("\n");
}
```

(4) 程序填空：以下程序的功能是输出 26 个大写英文字母。请填空使程序运行正确。

程序如下：

```
#include <stdio.h>
void main (void)
  {   char string[27];
      int i;
      for(i=0; i< 26;_____1_____)
          string[i] = ____2____;
      _____3_____;
      printf ("the array contains %s\n",_____4_____);
  }
```

(5) 编写程序，求一个 3×3 矩阵的主对角线元素之和。

(6) 编写程序，输出以下杨辉三角形的前 10 行：

```
1
1    1
1    2    1
1    3    3    1
1    4    6    4    1
1    5    10   10   5    1
1    6    15   20   15   6    1
… …
```

实验七　函数

1. 实验目的

(1) 掌握定义函数的方法。
(2) 掌握调用函数的方法。
(3) 学会用函数编写程序。

2. 实验准备

(1) 阅读主教材第 7 章的有关内容。
(2) 了解实验内容。

3. 实验内容

(1) 程序改错：fac 函数的功能是求 n 的阶乘，即 n!。请改正程序中的错误，使它能得出正确的结果。

程序如下：

```
#include <stdio.h>
int fac(int n)
/****found****/
{   int f;
    while(n>1)
      {   f*=n;
```

```
        /****found*******/
          n++;
        }
      return f;
}
void main()
{   int n;
    printf("Please input a number:");
    scanf("%d",&n);
    printf("%d!=%d\n",n,fac(n));
}
```

(2) 程序改错：函数 fun 的功能是判断 m 是否为素数，若是返回 1，否则返回 0。main 函数的功能是：按每行 5 个输出 1~100 之间的全部素数。分析错误原因，改正错误，直到程序运行结果正确为止。

程序如下：

```
#include <stdio.h>
/****found******/
void fun( int n)
{   int i,k=1;
    if(n<=1) k=0;
    for(i=2;i<n;i++)
    /*****found****/
    if(n%i=0) k=0;
    return k;
}
void main()
{   int m,k=0;
    for(m=1;m<100;m++)
        /****found***/
        if(fun(m)==0)
          {   printf("%4d",m);k++;
              if(k%5==0)printf("\n");
          }
}
```

(3) 程序填空：以下程序的功能是，已知直角三角形的两直角边 a 和 b，求斜边 c。请填空并运行该程序。

程序如下：

```
#include <stdio.h>
#include <math.h>
_____1_____ hypot(double a,double b)
{   double c;
```

```
        c=sqrt(a*a+b*b);
        return c;
    }
    void main()
    {   double a,b;
        printf("Please input two numbers:");
        scanf("_____2_____",&a,&b);
        printf("%lf\n",hypot(a,b));
    }
```

(4) 程序填空：以下程序的功能是通过函数的递归调用计算阶乘。请填空并运行该程序。程序如下：

```
#include <stdio.h>
long power(int n)
{   long f;
    if(n>1)_____1_____;
    else    f=1;
    return(f);
}
void main()
{   int n;
    long y;
    printf("input a integer number:\n");
    scanf("%d",&n);
    y= _____2_____;
    printf("%d!=%ld\n",n,y);
}
```

(5) 程序设计：编写函数 fun，其功能是计算如下多项式

$$s = 1 + x + \frac{x^2}{2!} + \frac{x^3}{3!} + \cdots + \frac{x^n}{n!}$$

在 main 函数中调用 fun 函数。

(6) 程序设计：编写函数 fun，它的功能是求 n 以内(不包括 n)同时能被 3 与 7 整除的所有自然数之和的平方根 s，并作为函数值返回。在 main 函数中调用 fun 函数。

实验八　指针

1. 实验目的

(1) 通过实验进一步掌握指针的概念和使用方法。

(2) 能正确使用数组的指针、字符串的指针和函数的指针。

(3) 学会用指针编写一般程序。

2. 实验准备

(1) 阅读主教材第 9 章的有关内容。

(2) 了解实验内容。

3. 实验内容

(1) 程序改错：下列给定程序中，函数 fun 的功能是实现两个整数的交换。例如，给 a 和 b 分别输入 44 和 56，输出"a=56　b=44"。

请改正程序中的错误，使程序能得出正确的结果。

程序如下：

```c
#include <stdio.h>
/********found********/
void fun(int a,int b)
{   int t;
 /********found********/
    t=b;
    b=a;
    a=t;
}
void main()
{
    int a, b;
    printf("Enter a,b: ");
    scanf("%d%d",&a,&b);
    fun(&a,&b);
    printf("a=%d b=%d\n",a,b);
}
```

(2) 程序改错：下列给定程序中，函数 fun 的功能是从 n 个学生的成绩中统计出低于平均分的学生人数，此人数由函数值返回，平均分存放在形参 aver 所指的存储单元中。例如，若输入 5 名学生的成绩分别为 80、75.6、77、96 和 65.7，则低于平均分的学生人数为 3(平均分为 78.86)。请改正程序中的错误，使程序能得出正确的结果。

程序如下：

```c
#include <stdio.h>
int fun(float *s,int n,float *aver)
{    float ave, t=0.0;
    int count=0,k,i;
    /*********found********/
    for(k=0;k<n;k++)  t=s[k];
    ave=t/n;
    for(i=0;i<n;i++)
        if(s[i]<ave)
```

```
                count++;
        /********found********/
            *aver=&ave;
            return count;
    }
    void main()
    {   float s[30], aver;
        int m, i;
        printf("Please enter m: ");
        scanf("%d", &m);
        printf("Please enter %d mark:\n",m);
        for(i=0;i<m;i++)
            scanf("%f",s+i);
        printf("The number of students:%d\n",fun(s,m,&aver));
        printf("Ave=%.2f\n",aver);
    }
```

(3) 程序填空：请补充 fun 函数，该函数的功能是返回字符数组中指定字符的个数，指定字符从键盘输入。例如，输入字符串 abcdaaf 和字符 a，则输出 3。

程序如下：

```
#include <stdio.h>
#define N 80
int fun(char s[],char ch)
{   int i=0,   n=0;
    while(_____1_____)
      {   if(_____2_____)   n++;
          i++;
      }
        _____3_____;
}
void main()
{ int n;
    char str[N], ch;
    printf("Input a string:\n");
    gets(str);
    printf("Input a charactor:\n");
    scanf("%c",&ch);
    n=fun(str,ch);
    printf("number of %c: %d",ch,n);
}
```

(4) 程序填空：数组 str 全由大小写字母组成。请补充 fun 函数，该函数的功能是：把 str 中的字母转换成紧接着的下一个字母，如果原来的字母为'z'或'Z'，则相应地转换成'a'和'A'，结果仍保存在原数组中。

程序如下：

```
#include <stdio.h>
#define N 80
void fun(char s[])
{   int i;
    for(i=0;____1____;i++)
    {    if(s[i]=='z'||s[i]=='Z')
            s[i]=____2____;
        else
            s[i]+=____3____;
    }
}
void main()
{   char str[N];
    printf("Input a string:\n");
    gets(str);
    printf("original string :\n");
    puts(str);
    fun(str);
    printf("new string:\n");
    puts(str);
}
```

(5) 编写一个函数，其功能是计算 n 门课程的平均分，将计算结果作为函数值返回。

(6) 编写一个函数，该函数的功能是删除一维数组中所有相同的数，使之只剩一个。数组中的数已按由小到大的顺序排列，函数返回删除后数组中数据的个数。

实验九　结构体

1. 实验目的

(1) 掌握结构体类型变量的定义和使用方法。
(2) 掌握结构体类型数组的使用方法。
(3) 学会用结构体类型数据编写一般程序。

2. 实验准备

(1) 阅读主教材第 10 章的有关内容。
(2) 了解实验内容。

3. 实验内容

(1) 程序改错：输入 5 门功课的成绩，计算平均成绩并输出。请修改程序中的错误并调试。

程序如下：

```
#include <stdio.h>
void main()
{   struct student
    {   double score[5], ave;
    /**********found**********/
    }stu
    int i;
    stu.ave=0;
    for(i=0;i<5;i++)
    /**********found**********/
    {   scanf("%f",&stu.score[i]);
        stu.ave+=stu.score[i]/5.0;
    }
    for(i=0;i<5;i++)
    printf("%6.1f", stu.score[i]);
    printf(" average=%6.1f\n",stu.ave);
}
```

(2) 程序改错：输入 3 个复数的实部和虚部，存放在一个结构体数组中，根据复数模由大到小的顺序对数组进行排序并输出。请改正程序中的错误，使程序能得出正确的结果。

程序如下：

```
#include <stdio.h>
#include <math.h>
void main()
/**********found**********/
{   complex
    {   double x, y, m; } a[3], temp;
    int i,j,k;
    for(i=0;i<3;i++)
    {   scanf("%lf%lf",&a[i].x,&a[i].y);
    /**************found*************/
        a[i]->m=sqrt(a[i].x*a[i].x+a[i].y*a[i].y);
    }
    for(i=0;i<2;i++)
    {   k=i;
        for(j=i+1;j<3;j++)
            if(a[k].m<a[j].m) k=j;
        temp=a[i]; a[i]=a[k]; a[k]=temp;
    }
    for(i=0;i<3;i++) printf("%.2f%+.2fi\n",a[i].x,a[i].y);
}
```

(3) 程序填空：以下程序的功能是读入一行字符，按输入时的逆序建立一个链表，即先输入的位于链表尾，然后再按输入的相反顺序输出，并释放全部结点。请填空并运行该程序。

程序如下：

```c
#include <stdio.h>
#include <stdlib.h>
void main( )
{   struct node
      {   char info;
          struct node *link;
      } *top, *p;
    char c;
    top=NULL;
    while((c=_____1_____) != '\n'  )
    {   p=(struct node *)malloc(sizeof(struct node));
        p->info=c;
        p->link=top;
        _____2_____;
    }
    while( top )
    {   p=top;
        _____3_____;
        putchar(p->info);
        free(p);
    }
}
```

(4) 程序填空：给定程序中函数 fun 的功能是对 N 名学生的学习成绩，按从高到低的顺序找出前 m(m≤10)名学生来，并将这些学生数据存放在一个动态分配的连续存储区中，此存储区的首地址作为函数值返回。请填空并运行该程序。

程序如下：

```c
#include<stdio.h>
#include<string.h>
#include<stdlib.h>
#define    N 10
typedef struct ss
{   char num[10];
    int s;
}STU;
STU *fun(STU a[], int m)
{   STU b[N], *t;
    int i,j,k;
    t=       1
```

```
    for(i=0; i<N;i++) b[i]=a[i];
    for(k=0; k<m;k++)
      {  for(i=j=0;i<N; i++)
            if(b[i].s>b[j].s)j=i;
            _____2_____
          t[k].s=b[j].s;
          b[j].s=0;
      }
    return t;
}
void main()
{   STU a[N]={ {"A01",81},{"A02",89},{"A03",66},{"A04",87},{"A05",77},
                {"A06",90},{"A07",79},{"A08",61},{"A09",80},{"A10",71}};
    STU *porder;
    int   i, m;
    printf("\nGive the number of the students who have better score: ");
    scanf("%d",&m);
    while(m>10)
    {  printf("\nGinve the number of the students who have better score: ");
        scanf("%d",&m);
    }
    porder=fun(a,m);
    printf("The top :\n");
    for(i=0; i<m; i++)
        printf(" %s    %d\n",porder[i].num,porder[i].s);
    free(porder);
}
```

(5) 编写候选人得票的统计程序。假设有 3 个候选人，每次输入一个得票的候选人的名字，要求最后输出各人得票结果。

(6) 编写程序：已知学生的记录由学号和学习成绩构成，N 名学生的数据在 main 函数中被输入到结构体数组中。编写一个函数，该函数的功能是找出成绩最低的学生记录，通过形参返回主函数(规定只有一个最低分)。

实验十　文件

1. 实验目的

(1) 通过实验加深理解文本文件和二进制文件的概念和特点。

(2) 掌握文件的建立、读写和关闭方法。

(3) 熟悉顺序存取文件的处理方法。

(4) 了解随机存取文件的处理方法。

2. 实验准备

(1) 阅读主教材第 11 章的有关内容。

(2) 了解实验内容。

3. 实验内容

(1) 程序改错：从键盘输入一个字符串，将小写字母全部转换成大写字母，然后输出到磁盘文件 test 中保存。输入的字符串以！结束。请修改程序中的错误并调试。

程序如下：

```
#include "stdio.h"
#include "string.h"
void main()
{    FILE *fp;
     char str[100];
     int i=0;
     /*************found************/
     fp=fopen("test.txt","r");
     printf("please input a string:\n");
     /**********found*********/
     gets(&str);
     while(str[i]!='!')
     {    if(str[i]>='a'&&str[i]<='z')
          str[i]=str[i]-32;
          fputc(str[i],fp);
          i++;
     }
     /*******found*********/
     fclose(*fp);
     fp=fopen("test.txt","r");
     fgets(str,strlen(str)+1,fp);
     printf("%s\n",str);
     fclose(fp);
}
```

(2) 程序改错：将若干学生的档案存放于一个文件中，并显示其内容。请修改程序中的错误并调试。

程序如下：

```
#include <stdio.h>
struct student
{    int num;
     char name[10];
```

```
        int age;
};
struct student stu[3]={{101,"Li Mei",18},{102,"Ji Hua",19},{103,"Sun Hao",18}};
void main()
{   struct student *p;
    /*********found*********/
    file fp;
    int i;
    fp=fopen("stu_list","wb");
    /**********found********/
    for(*p=stu;p<stu+3;p++)
    fwrite(p,sizeof(struct student),1,fp);
    fclose(fp);
    fp=fopen("stu_list","rb");
    printf(" No.   Name           age\n");
    for(i=1;i<=3;i++)
        {   fread(p,sizeof(struct student),1,fp);
            printf("%4d %-10s %4d\n",p->num,p->name,(*p).age);
        }
    fclose(fp);
  }
```

(3) 程序填空：以下程序是关于文件的操作。请填空并运行该程序。

程序如下：

```
    #include <stdio.h>
    #include <stdlib.h>
    void main()
    { /* 定义一个文件指针 fp */
        _____1_____ *fp;
      char   filename[10];
      printf("Please input the name of file: ");
      scanf("%s", filename);   /* 输入字符串并赋给变量 filename */
     /* 以读的使用方式打开文件 filename */
      if((fp=fopen(filename, "r")) == NULL)
        {   printf("Cannot open the file.\n");
                _____2_____;  /* 正常跳出程序 */
        }
     /* 关闭文件 */
            _____3_____;
    }
```

(4) 程序填空：以下程序的功能是从键盘上输入一个字符串，将该字符串升序排列后输出到文件 test.txt 中，然后从该文件读出字符串并显示出来。请填空并运行该程序。

程序如下:

```
#include<stdio.h>
#include<string.h>
#include <stdlib.h>
void main()
{   FILE    *fp;
    char t,str[100];
    int n,i,j;
    if((fp=fopen("test.txt","w"))==NULL)
        { printf("can't open this file.\n");exit(0);}
    printf("input a string:\n");
    gets(str);
    _____1_____;
    for(i=0; i<n ;i++)
        for(j=0;_____2_____;j++)
            if(str[j]>str[j+1]) { t=str[j];str[j]=str[j+1];str[j+1]=t; }
    _____3_____;
    fclose(fp);
    fp=fopen("test.txt","r");
    fgets(str,100,fp);
    printf("%s\n",str);
    fclose(fp);
}
```

(5) 编写程序: 求 Fibonacci 数列前 40 项, 并将其存入一个文件中, 然后将该文件中的数据显示在屏幕上。该数列如下:

$$1, 1, 2, 3, 5, 8, 13, 21, \cdots$$

即最前面两个数均为 1, 其余每个数都是前面两个数之和。

(6) 编写程序: 有 5 个学生, 每个学生的数据包括学号、姓名、成绩, 从键盘输入 5 个学生的数据, 将其存放在文件 stud.dat 中, 然后将文件 stud.dat 中的数据读出并计算平均成绩, 最后将数据显示在屏幕上。

实验十一　综合设计

1. 实验目的

(1) 通过实验了解较大程序的设计方法。
(2) 掌握结构化程序设计方法。

2. 实验准备

(1) 复习各章主要内容。
(2) 了解实验内容。

3. 实验内容

编写一个综合的学生成绩管理程序。学生信息包括：学号、姓名、M 门功课成绩、总分、平均分。一名学生的信息称为一条记录，程序要求实现以下功能：

(1) 输入记录。

(2) 显示记录。

(3) 排序记录。

(4) 查询记录。

第3章　实验参考答案

实验一　熟悉 VC 环境

(1) 程序改错

第 1 处：将 int a,b;改为 int a,b,p;

第 2 处：将 scanf("%d%d,&a,&b");改为 scanf("%d%d",&a,&b);

(2) 程序填空

第 1 处填空："%f%f",&a,&b

第 2 处填空："c=%f\n",c

(3) 编写程序

/* 计算立方体体积的程序 */

```c
#include<stdio.h>
void main()
{
    float a,b,c,v;
    printf("a,b,c=?\n");
    scanf("%f%f%f",&a,&b,&c);
    v=a*b*c;;
    printf("v=%f\n",v);
}
```

程序运行结果如下：

a,b,c=?

2 3 4↙

v=24.000000

(4) 编写程序

/* 计算圆面积的程序 */

```c
#include<stdio.h>
void main()
{
    float r,s;
    printf("r=?");
    scanf("%f",&r);
    s=3.141592*r*r;
    printf("s=%f\n",s);
}
```

程序运行结果如下：

r=?1↙
s=3.141592

实验二　数据类型

(1) 程序改错

第 1 处：开头加#

第 2 处：将 getchar(c1);改为 c1=getchar();

(2) 程序填空

第 1 处填空：%d

第 2 处填空：%#o,%#x

(3) 编写程序

程序如下：

```c
#include<stdio.h>
void main()
{
    printf("char:%d\n",sizeof(char));
    printf("short:%d\n",sizeof(short));
    printf("int:%d\n",sizeof(int));
    printf("long:%d\n",sizeof(long));
    printf("float:%d\n",sizeof(float));
    printf("double:%d\n",sizeof(double));
}
```

程序运行结果如下：

char:1
short:2
int:4
long:4
float:4
double:8

(4) 编写程序

程序如下：

```c
#include<stdio.h>
#include<math.h>
void main()
{
    float a,b,c;
```

```
    scanf("%f%f",&a,&b);
    c=sqrt(a*a+b*b);
    printf("\n%f\n",c);
}
```

程序运行结果如下:

3　4✓
5.00000

实验三　运算符和表达式

(1) 程序改错

将 ch2= 'A'<=ch1<='Z'改为 ch2=ch1>='A' && ch1<='Z'

(2) 程序填空

第 1 处填空: n%10*10

(3) 编写程序

程序如下:

```
#include<stdio.h>
void main()
{
    int a,b;
    printf("Input two numbers:");
    scanf("%d%d",&a,&b);
    printf("%d+%d=%d\n",a,b,a+b);
    printf("%d-%d=%d\n",a,b,a-b);
    printf("%d*%d=%d\n",a,b,a*b);
    printf("%d/%d=%d\n",a,b,a/b);
    printf("%d%%%d=%d\n",a,b,a%b);
}
```

程序运行结果如下:

Input two numbers:12 10✓
12+10=22
12-10=2
12*10=120
12/10=1
12%10=2

(4) 编写程序

程序如下:

```
#include<stdio.h>
void main()
{   int a,b;
```

```
    printf("a=?");
    scanf("%d",&a);
    b=a/100+a%100/10+a%10;
    printf("b=%u\n",b);
}
```

程序运行结果如下：

a=?123✓
b=6

实验四　选择结构

(1) 程序改错

第 1 处：将 score/10 改为(int)score/10

第 2 处：加 break;

第 3 处：加 break;

(2) 程序填空

第 1 处填空：%lf

第 2 处填空：x<0

第 3 处填空：x= =0

(3) 编写程序

程序如下：

```
#include<stdio.h>
void main()
{   float x,y;
    printf("Input x:");
    scanf( "%f", &x);
    if(x>=0&&x<=8)y=x*x+10;
    else y=x*x*x-10;
    printf("y=%f\n",y);
}
```

程序运行结果如下：

Input x:4✓
y=26.000000
Input x:-3✓
y=-37.000000

(4) 编写程序

程序如下：

```
#include<stdio.h>
void main()
```

```
{   int x,max,mid,min,maxnum,minnum,t;
    printf("Input a number:");
    scanf( "%d", &x);
    max=x/100;
    mid=x%100/10;
    min=x%10;
    if(max<mid){t=max;max=mid;mid=t;}
    if(max<min){t=max;max=min;min=t;}
    if(mid<min){t=mid;mid=min;min=t;}
    maxnum=max*100+mid*10+min;
    minnum=min*100+mid*10+max;
    printf("maxnum=%d\nminnum=%d\n",maxnum,minnum);
}
```

程序运行结果如下：

Input a number:528✓

maxnum=852

minnum=258

实验五   循环结构

(1) 程序改错

第 1 处：将 sum 改为 sum=0

第 2 处：将 sum=sum+i;改为{ sum=sum+i;

第 3 处：将 i++;改为 i++;}

(2) 程序改错

第 1 处：将%d 改为%ld

第 2 处：将 x=0 改为 x!=0

(3) 程序填空

第 1 处填空：np=1;

第 2 处填空：np=np*i;

(4) 程序填空

第 1 处填空：f1=f2=1 或 f1=1;f2=1

第 2 处填空：f2+=f1 或 f2=f2+f1

(5) 编写程序

程序如下：

```
#include <stdio.h>
#include <math.h>
void main()
{   int N,n,i,k,flag,count=0;
    printf("input N:");
```

```
    scanf("%d",&N);
    for(n=2;n<=N;n++)
      {  flag=1;
         k=sqrt(n);
         for(i=2;i<=k;i++)
             if(n%i==0) {flag=0; break;}
         if(flag==1)
         {  printf("%5d",n);   count++;
            if(count%10==0) printf("\n");
         }
      }
      printf("\n");
}
```

程序运行结果如下：

input N:20↙

　　　2　　3　　5　　7　　11　　13　　17　　19

(6) 编写程序

程序如下：

```
#include <stdio.h>
void main()
{   int n,i,j;
    for(i=1;i<=6;i++)
      {   for(j=1;j<=6-i;j++) putchar(' ');
          for(j=1;j<=6;j++) putchar('*');
          putchar('\n');
      }
}
```

程序运行结果如下：

```
          * * * * * *
         * * * * * *
        * * * * * *
       * * * * * *
      * * * * * *
     * * * * * *
```

实验六　数组

(1) 程序改错

第 1 处：将 a(3) 改为 a[3]

第 2 处：将&a 改为&a[0]或 a

第 3 处：将 a 改为 a[0],a[1],a[2]

(2) 程序改错

第 1 处：将'\n'改为'\0'

第 2 处：将 c2!=' '改为 c2==' '

(3) 程序填空

第 1 处填空：k=i;

第 2 处填空：j<=N-1

第 3 处填空：i!=k

(4) 程序填空

第 1 处填空：i++

第 2 处填空：'A'+i

第 3 处填空：string[i]='\0'

第 4 处填空：string

(5) 编写程序

程序如下：

```c
#include <stdio.h>
void main()
  {   int i,j,a[3][3],sum=0;
      printf("Please input 3X3 array:\n");
      for(i=0;i<3;i++)
          for(j=0;j<3;j++)
              scanf("%d",&a[i][j]);
      for(i=0;i<3;i++) sum=sum+a[i][i];
      printf("sum=%d\n",sum);
  }
```

程序运行结果如下：

```
Please input 3X3 array:
1   2   3✓
4   5   6✓
7   8   9✓
sum=15
```

(6) 编写程序

程序如下：

```c
#include <stdio.h>
void main()
  {   int i,j,a[10][10]={0};
      for(i=0;i<10;i++)
```

```
        {  a[i][0]=1;
           a[i][i]=1;
        }
    for(i=2;i<10;i++)
        for(j=1;j<i;j++)
              a[i][j]=a[i-1][j-1]+a[i-1][j];
    for(i=0;i<10;i++)
        {  for(j=0;j<=i;j++)
           printf("%4d",a[i][j]);
           printf("\n");
        }
}
```

程序运行结果如下：

```
1
1   1
1   2   1
1   3   3   1
1   4   6   4   1
1   5  10  10   5   1
1   6  15  20  15   6   1
1   7  21  35  35  21   7   1
1   8  28  56  70  56  28   8   1
1   9  36  84 126 126  84  36   9   1
```

实验七　函数

(1) 程序改错

第 1 处：将 int f 改为 int f=1

第 2 处：将 n++改为 n--

(2) 程序改错

第 1 处：将 void 改为 int

第 2 处：将 n%i=0 改为 n%i==0

第 3 处：将 fun(m)==0 改为 fun(m)==1 或 fun(m)

(3) 程序填空

第 1 处填空：double

第 2 处填空：%lf%lf

(4) 程序填空

第 1 处填空：f=n*power(n -1)

第 2 处填空：power(n)

(5) 编写程序

程序如下：

```c
#include <stdio.h>
double fun(double x, int n)
{   double s=1.0,p=1.0;
    int i,j,t=1;
    for(i=1; i<=n; i++)
    {   t=t*i;
        p=p*x;
        s=s+p/t;
    }
    return s;
}
void main()
{
    printf("%f\n", fun(0.3,10));
}
```

程序运行结果如下：

1.349859

(6) 编写程序

程序如下：

```c
#include <math.h>
#include <stdio.h>
double   fun( int   n)
{   double s=0.0;
    int i;
    for(i=1; i<n; i++)
    if(i%3==0&&i%7==0) s=s+i;
    s=sqrt(s);
    return s;
}
main()
{   printf("s=%f\n",fun(1000));
}
```

程序运行结果如下：

s=153.909064

实验八 指针

(1) 程序改错

第 1 处：void fun(int a,int b)应改为 void fun(int*a,int*b)

第 2 处：t=b;b=a;a=t;应改为 t=*b;*b=*a;*a=t;

(2) 程序改错

第 1 处：t=s[k];应改为 t+=s[k];

第 2 处：*aver=&ave;应改为*aver=ave;

(3) 程序填空

第 1 处填空：s[i]

第 2 处填空：s[i]==ch

第 3 处填空：return n

(4) 程序填空

第 1 处填空：s[i]!='\0'

第 2 处填空：25

第 3 处填空：1

(5) 编写程序

程序如下：

```
#include <stdio.h>
float fun (float *a, int n)
{   float ave=0.0;
    int i;
    for(i=0; i<n; i++) ave+=a[i];
    ave/=n;
    return ave;
}
void main()
{   float score[30]={90.5,72,80,61.5,55}, aver;
    aver=fun(score,5);
    printf("Average score is:%5.2f\n",aver);
}
```

程序运行结果如下：

Average score is:71.80

(6) 编写程序

程序如下：

```
#include <stdio.h>
#define   N   80
int fun(int a[],int n)
```

```
{   int i,t,j=0,*p=a;
    t=p[0];
    for(i=1; i<n; i++)
        if(t!=p[i]) {a[j]=t; t=p[i]; j++; }
    if(i>=n) a[j]=t;
    return j+1;
}
void main()
{   int a[N]={2,2,2,3,4,4,5,6,6,6,6,7,7,8,9,9,10,10,10,10}, i,n=20;
    printf("The original data :\n");
    for(i=0; i<n; i++) printf("%3d",a[i]);
    n=fun(a,n);
    printf("\nThe data after deleted :\n");
    for(i=0;i<n;i++) printf("%3d",a[i]);
    printf("\n ");
}
```

程序运行结果如下：

```
The original data :
2  2  2  3  4  4  5  6  6  6  6  7  7  8  9  9 10 10 10 10
The data after deleted :
2  3  4  5  6  7  8  9  10
```

实验九　结构体

(1) 程序改错

第 1 处：句末加分号 "；"

第 2 处：%f 应改为%lf

(2) 程序改错

第 1 处：complex 应改为 struct complex

第 2 处：a[i]->m 应改为 a[i].m

(3) 程序填空

第 1 处填空：getchar()

第 2 处填空：top=p

第 3 处填空：top=p->link

(4) 程序填空

第 1 处填空：(STU*)malloc(sizeof(STU)*m);

第 2 处填空：strcpy(t[k].num,b[j].num);

(5) 编写程序

程序如下：

```
#include<stdio.h>
#include<string.h>
#define N 10
struct person
{ char name[20];
    int count;
}leader[3]={"wang",0,"liu",0,"li",0};
void main()
{   int i,j;
    char lname[20];
    printf("Please enter selected person's name:\n");
    for(i=1;i<=N;i++)
      {   gets(lname);
          for(j=0;j<3;j++)
              if(strcmp(lname,leader[j].name)==0)
              leader[j].count++;
      }
    printf("The result:\n");
    for(i=0;i<3;i++)
        printf("%5s:%d\n",leader[i].name,leader[i].count);
}
```

程序运行结果如下：

wang↙
wang↙
li↙
liu↙
li↙
wang↙
liu↙
liu↙
li↙
wang↙
The result:
wang:4
　　liu:3
　　　li:3

(6) 编写程序
程序如下：

```
#include <stdio.h>
#include <string.h>
```

```
#define N 10
typedef struct ss
{    char num[10];
     int s;
}STU;
void fun(STU a[], STU *s)
{    int i,min;
     min=a[0].s;
     for(i=0; i<N; i++)
         if(a[i].s<min)
         {    min=a[i].s;
              *s=a[i];
         }
}
void main()
{    STU a[N]={ {"A01",81},{"A02",89},{"A03",66},{"A04",87},{"A05",77},
                {"A06",90},{"A07",79},{"A08",61},{"A09",80},{"A10",71}}, m ;
     int i;
     printf("**** The original data *****\n");
     for(i=0;i<N; i++)
         printf("N0=%s Mark=%d\n", a[i].num,a[i].s);
     fun(a,&m);
     printf("***** The result *****\n");
     printf("The lowest : %s ,%d\n", m.num, m.s);
}
```

程序运行结果如下:

```
**** The original data *****
N0=A01 Mark=81
N0=A02 Mark=89
N0=A03 Mark=66
N0=A04 Mark=87
N0=A05 Mark=77
N0=A06 Mark=90
N0=A07 Mark=79
N0=A08 Mark=61
N0=A09 Mark=80
N0=A10 Mark=71
***** The result *****
The lowest :A08 ,61
```

实验十　文件

(1) 程序改错

第 1 处："r"应改为"w"

第 2 处：&str 应改为 str

第 3 处：*fp 应改为 fp

(2) 程序改错

第 1 处：file fp;应改为 FILE *fp;

第 2 处：*p=stu 应改为 p=stu

(3) 程序填空

第 1 处填空：FILE

第 2 处填空：exit(0)

第 3 处填空：fclose(fp)

(4) 程序填空

第 1 处填空：n=strlen(str)

第 2 处填空：j<n-i-1

第 3 处填空：fputs(str,fp)

(5) 编写程序

程序如下：

```c
#include<stdio.h>
void main()
{   long f1=1,f2=1;
    int i;
    FILE *fp;
    if((fp=fopen("fib.txt","w+"))==NULL)
        {   printf("can't open this file.\n");exit(0);}
    for(i=1;i<=20;i++)
    {
        fprintf(fp,"%15ld%15ld",f1,f2);
        if(i%2==0)fprintf(fp,"\n");
        f1=f1+f2;
        f2=f2+f1;
    }
    rewind(fp);
    printf("\n");
    for(i=1;i<=40;i++)
    {
        fscanf(fp,"%ld",&f1);
        printf("%15ld",f1);
        if(i%4==0)printf("\n");
    }
```

```
        fclose(fp);
    }
```

(6) 编写程序

程序如下：

```
#include<stdio.h>
#define N 5
struct stu
{   int num;
    char name[10];
    float score;
}st,*sp;
void main()
{   FILE *fp;
    int i;
    float x,ave=0;
    sp=&st;
    fp=fopen("stud.dat","wb+");
    printf("input number name score of %d students:\n",N);
    for(i=0;i<N;i++)
        {   scanf("%d%s%f",&sp->num,sp->name,&x);
            sp->score=x;
            fwrite(sp,sizeof(struct stu),1,fp);
        }
    rewind(fp);
    printf("\nnumber      name          score\n");
    for(i=0;i<N;i++)
        {   fread(sp,sizeof(struct stu),1,fp);
            printf("%-10d%-10s%-10.0f\n",sp->num,sp->name,sp->score);
            ave=ave+sp->score;
        }
    ave=ave/N;
    printf("average=%.0f\n",ave);
    fclose(fp);
}
```

实验十一　综合设计

分析：从题目要求可知，每个学生的记录包括 5 个属性——学号、姓名、M 科成绩、总分和平均分。

每个属性需要用不同的数据类型表示，学号可以用整数表示，姓名必须用字符串表示，每科成绩可用整数表示，M 科成绩可用整型数组表示，总分可用整数表示，平均分用实数表示。所以，每个学生的记录可用一个结构体表示。

程序如下：

```
struct student
{   int number;
    char name[15];
    int score[M];
    int sum;
    float average;
}
```

从题目所要求的功能看，可编写 4 个函数分别完成相应的功能，为了用户使用方便，再编写一个供用户选择功能的菜单函数。本题选择简单的字符界面作为操作菜单。菜单的形式确定后，从程序设计角度画出系统结构图，如图 3-1 所示。

图 3-1　系统结构图

根据以上分析，程序如下：

```
#include<stdio.h>
#include<stdlib.h>
#include<conio.h>
#define N    3              /* 学生人数 */
#define M    2              /* 功课门数 */
struct student
{
    int number;             /* 学号 */
    char name[15];          /* 姓名 */
    int score[M];           /* M 门功课成绩 */
    int sum;                /* 总成绩 */
    float average;          /* 平均成绩 */
};
typedef struct student STU;
/*   Output 函数
     功能：输出 n 个学生的信息
     参数：结构体数组的指针 pt 表示要输出学生的起始地址
     返回值：无
*/
void Output(STU *pt, int n)
```

```
{
    STU *p;
    int i;
    printf("%8s%10s","number","name");        /* 以下三行输出表头 */
    for(i=0;i<M;i++)
    printf("%7s%d","score",i+1);
    printf("%8s%8s\n","sum","average");
    for(p=pt;p<pt+n;p++)                        /* 输出 n 个学生信息 */
    {
        printf("%8d%10s",p->number,p->name);
        for(i=0;i<M;i++)
            printf("%8d",p->score[i]);
        printf("%8d%8.1f\n",p->sum,p->average);
    }
}
/*  Input 函数
    功能：从键盘输入学生信息
    参数：结构体数组的指针 pt 表示要输入学生的起始地址
    返回值：无
*/
void Input(STU *pt)
{
    int i;
    STU *p;
    for(p=pt;p<pt+N;p++)
    {
        printf("\n Input number of student:");
        scanf("%d",&p->number);
        printf("\n Input name:");
        scanf("%s",p->name);
        p->sum=0;
        for(i=0;i<M;i++)
        {
            printf("\n Input score%d:",i+1);
            scanf("%d",p->score+i);
            p->sum+=*(p->score+i);
        }
        p->average=p->sum/(float)M;
    }
}
/*  Sort 函数
    功能：用选择法按总成绩由高到低排序
    参数：指针 pt 表示指向结构体数组第一个元素的指针
    返回值：无
*/
void Sort(STU *pt)
```

```
{
    int i,j,k;
    STU temp;
    for(i=0;i<N;i++)
    {
        k=i;
        for(j=i;j<N;j++)
                if((pt+j)->sum>(pt+k)->sum) k=j;
        if(k!=i)
        {
                temp=*(pt+k);
                *(pt+k)=*(pt+i);
                *(pt+i)=temp;
        }
    }
}
/*   Find 函数
     功能：按学号查找学生
     参数：指针 pt 表示指向结构体数组第一个元素的指针
     返回值：无
*/
void Find(STU *pt)
{
    int i,k=-1,n;
    printf("Please input the number you want to search:");
    scanf("%d",&n);
    for(i=0;i<N;i++)
      if((pt+i)->number==n) k=i;
    if(k==-1)
            printf("\n Not found!\n");
    else
            Output(pt+k,1);
}
/*   Menu 函数
     功能：显示菜单功能并获得键盘选择
     参数：无
     返回值：从键盘输入的字符
*/
char Menu(void)
{
    system("cls");                    /* 清屏函数 */
    printf("\n******************************\n");
    printf("        1. Input record\n");
    printf("        2. List record\n");
    printf("        3. Sort record\n");
    printf("        4. Find record\n");
```

```
            printf("            5. Exit \n");
            printf("*****************************\n");
            printf("Input your choice:\n");
            return getch();
        }
        void main()                        /* 主程序 */
        {
            STU stu[N];
            while(1)
            {
                switch(Menu())              /* 显示菜单并获得输入的字符 */
                {
                case '1':
                        Input(stu);         /* 输入学生信息 */
                        break;
                case '2':
                        Output(stu,N);      /* 显示学生信息 */
                        break;
                case '3':
                        Sort(stu);          /* 排序 */
                        printf("Sorted result\n");
                        Output(stu,N);      /* 显示排序结果 */
                        break;
                case '4':
                        Find(stu);          /* 查找学生信息 */
                        break;
                case '5':
                        exit(0);            /* 退出程序 */
                        break;
                default:
                        break;
                }
            printf("\nPress any key to menu");
            getch();
            }
        }
```

程序运行后会出现以下菜单:

```
*****************************
            1. Input record
            2. List record
            3. Sort record
            4. Find record
            5. Exit
*****************************
Input your choice:
```

用户从键盘输入 1，则屏幕上出现：

Input number of student:1✓
Input name:LiuMing✓
Input score1:78✓
Input score2:80✓
Input number of student:2✓
Input name:WingLi✓
Input score1:60✓
Input score2:90✓
Input number of student:3✓
Input name:ZhangHong✓
Input score1:77✓
Input score2:88✓
Press any key to menu

用户按任意键，返回菜单，再选择 2，屏幕显示 3 位学生的信息：

number	name	score1	score2	sum	average
1	LiMing	78	80	158	79.0
2	WangLi	60	90	150	75.0
3	ZhangHong	77	88	165	82.5

Press any key to menu

用户按任意键，返回菜单，再选择 3，屏幕显示如下信息：

Sorted result

number	name	score1	score2	sum	average
3	ZhangHong	77	88	165	82.5
1	LiMing	78	80	158	79.0
2	WangLi	60	90	150	75.0

Press any key to menu

用户按任意键，返回菜单，再选择 4，屏幕显示如下信息：

Please input the number you want to search:

用户输入 2，则屏幕显示以下内容：

number	name	score1	score2	sum	average
2	WangLi	60	90	150	75.0

Press any key to menu

用户按任意键，返回菜单，再选择 5，退出程序。

程序说明：该程序所能管理的学生人数 N 和课程门数 M 是在程序中确定的，要调整就要修改程序，这正是静态结构体数组的致命伤。要解决这个问题，需要用动态链表结构。

第二篇 《计算机基础与C语言程序设计(第三版)》习题解答

第1章 习题解答

一、选择题

1. 一个完整的计算机系统包括_____两大部分。
   - A) 控制器和运算器
   - B) CPU 和 I/O 设备
   - C) 硬件和软件
   - D) 操作系统和计算机设备

   答案：C

2. 微机硬件系统包括_____。
   - A) 内存储器和外部设备
   - B) 显示器、主机箱、键盘
   - C) 主机和外部设备
   - D) 主机和打印机

   答案：C

3. 计算机软件系统应包括_____。
   - A) 操作系统和语言处理系统
   - B) 数据库软件和管理软件
   - C) 程序和数据
   - D) 系统软件和应用软件

   答案：D

4. 银行的储蓄程序属于_____。
   - A) 表格处理软件
   - B) 系统软件
   - C) 应用软件
   - D) 文字处理软件

   答案：C

5. 系统软件中最重要的是_____。
   - A) 解释程序
   - B) 操作系统
   - C) 数据库管理系统
   - D) 工具软件

   答案：B

6. 计算机能直接执行_____。
   - A) 高级语言编写的源程序
   - B) 机器语言程序
   - C) 英语程序
   - D) 十进制程序

答案：B

7. 将高级语言翻译成机器语言的方式有_____两种。

    A) 解释和编译　　　　　　　　　B) 文字处理和图形处理

    C) 图像处理和翻译　　　　　　　D) 语音处理和文字编辑

答案：A

8. "程序存储思想"是由_____提出来的。

    A) 丹尼尔·里奇　　　B) 冯·诺依曼　　　C) 贝尔　　　D) 马丁·理查德

答案：B

9. $(10110110)_2+(111101)_2=(\underline{\hspace{2cm}})_2$。

    A) 110101　　　　　　　　　　　B) 11110011

    C) 11001100　　　　　　　　　　D) 11010111

答案：B

10. $(10010100)_2-(100101)_2=(\underline{\hspace{2cm}})_2$。

    A) 11110101　　　　　　　　　　B) 10010011

    C) 1101111　　　　　　　　　　 D) 1100111

答案：C

11. $(1101)_2\times(101)_2=(\underline{\hspace{2cm}})_2$。

    A) 1000001　　　　　　　　　　 B) 1010011

    C) 1011100　　　　　　　　　　 D) 1101111

答案：A

12. $(10010)_2\div(11)_2=(\underline{\hspace{2cm}})_2$。

    A) 1010　　　　　　　　　　　　B) 111

    C) 1100　　　　　　　　　　　　D) 110

答案：D

13. 将补码转换为十进制数，即 $(11110110)_{补}=(\underline{\hspace{2cm}})_{10}$。

    A) 8　　　　　　　　　　　　　 B) −9

    C) −10　　　　　　　　　　　　 D) 11

答案：C

14. 已知字符"8"的 ASCII 码是 56，则字符"5"的 ASCII 码是_____。

    A) 52　　　　　　　　　　　　　B) 53

    C) 54　　　　　　　　　　　　　D) 55

答案：B

15. 1KB 表示_____。

    A) 1024 位　　　　　　　　　　 B) 1000 位

    C) 1000 字节　　　　　　　　　 D) 1024 字节

答案：D

16. 指令存储在存储器的_____存储区。

    A) 程序　　　B) 数据　　　C) 栈　　　D) 堆

答案：A

二、填空题

1. 计算机由 5 个基本部分组成，分别为：运算器、控制器、_____和输出设备。

答案：存储器、输入设备

2. 运算器的主要功能是算术运算和_____。

答案：逻辑运算

3. 存储器通常分为内存储器和_____。

答案：外存储器

4. 计算机能直接识别和执行的计算机语言是_____。

答案：机器语言

5. 中央处理器是决定一台微机性能的核心部件，由_____组成。

答案：运算器和控制器

6. $(254)_{10}$=(_____)$_2$=(_____)$_8$=(_____)$_{16}$。

答案：11111110   376   FE

7. $(3.40625)_{10}$=(_____)$_2$=(_____)$_8$=(_____)$_{16}$。

答案：11.01101   3.32   3.68

8. $(125)_{10}$=(_____)$_原$=(_____)$_反$=(_____)$_补$。

答案：01111101   01111101   01111101

9. $(-25)_{10}$=(_____)$_原$=(_____)$_反$=(_____)$_补$。

答案：10011001   11100110   11100111

10. 十进制数 3527 的 8421 码的表示形式为_____。

答案：0011 0101 0010 0111

11. 已知字符 a 的 ASCII 码是 97，则字符 f 的 ASCII 码是_____。

答案：102

第2章 习 题 解 答

一、选择题

1. C 语言程序的基本单位是_____。

    A) 函数   B) 过程

    C) 子程序   D) 子例程

答案：A

分析：C 程序由一个 main 函数和若干个(包括零个)其他函数组成，函数是 C 程序的基本单位。

2. 下列叙述中不正确的是_____。

A) main 函数在 C 程序中必须唯一

B) C 程序的执行从 main 函数开始，所以 main 函数必须放在程序最前面

C) 函数可以带参数，也可以不带参数

D) 每个函数执行时，按函数体中语句的先后次序，依次执行每条语句

答案：B

分析：C 程序是由函数组成的，函数的排列顺序是任意的。因此，main 函数放在其他函数的前面、后面或中间均可。

3. 以下叙述中正确的是_____。

A) C 程序中的注释只能出现在程序的开始位置和语句的后面

B) C 程序书写格式严格，要求一行内只能写一条语句

C) C 程序书写格式自由，一条语句可以写在多行上

D) 用 C 语言编写的程序只能放在一个程序文件中

答案：C

分析：C 语言书写格式自由，一条语句可以写在多行上，一行也可以写多条语句。

4. 以下叙述中正确的是_____。

A) C 程序的基本组成单位是语句　　　　B) C 程序中每一行只能写一条语句

C) 简单 C 语句必须以分号结束　　　　D) C 语句必须在一行内写完

答案：C

分析：分号是 C 语句的一部分，不能省略。

5. 计算机能直接执行的程序是_____。

A) 源程序　　　　B) 目标程序　　　　C) 汇编程序　　　　D) 可执行程序

答案：D

二、填空题

1. 在 C 源程序中，注释部分两侧的分界符分别为_____和_____。

答案：/*　　　　*/

分析：C 程序的注释部分由分界符"/*"和"*/"括起来。注释部分可以使用任何文字符号等，但分界符不能出现嵌套形式，即在注释内不能再出现分界符，例如"/*……/*……*/……*/"是错误的。

2. C 语言程序总是从_____开始执行。

答案：main 函数

分析：C 语言程序总是从 main 函数开始执行，不论它放在何处。

3. C 语言可以用来编写_____软件，也可用来编写应用软件。

答案：系统

分析：C 语言既像汇编语言那样允许直接访问物理地址，能进行位运算，能实现汇编语言的大部分功能，直接对硬件访问；也有高级语言的面向用户、容易记忆、容易学习和易于

书写的特点。所以，C 语言既可以用来编写系统软件，也可以用来编写应用软件。

4. C 语言源程序文件的后缀是_____，经过编译后，生成文件的后缀是_____，经过连接后，生成文件的后缀是_____。

答案：.c　　.obj　　.exe

三、编程题

1. 编写程序，在屏幕上显示如下信息：

```
****************************
Merry   Christmas!
Happy  New   Year!
****************************
```

分析：利用库函数 printf 的输出功能可方便地编出程序。

程序如下：

```
#include <stdio.h>
void main()
{
    printf("****************************\n");
    printf(" Merry Christmas!\n");
    printf(" Happy New Year!\n");
    printf("****************************\n");
}
```

2. 输入 a、b 后，输出一元一次方程 ax+b=0 的解。

分析：方程的解为 x=-b/a。

程序如下：

```
#include<stdio.h>
void main()
{
    float a,b,x;              /* 定义存放实数的 3 个变量 a、b、c */
    scanf("%f%f",&a,&b);      /* 输入两个实数，分别赋给 a、b */
    x=-b/a;                   /* 求方程的解 x */
    printf("x=%f\n",x);       /* 输出变量 x 的值 */
}
```

程序运行结果如下：

5 6✓
x=-1.200000

3. 输入 3 个数，输出其中最小者。

分析：可以按例 2.3 的形式编写程序，也可按如下算法编写：

第 1 步：输入 3 个数给 a、b、c；

第 2 步：将 a 的值赋给 min；

第 3 步：如果 min>b，将 b 的值赋给 min；

第 4 步：如果 min>c，将 c 的值赋给 min；

第 5 步：输出 min 的值。

注：第 3 步可用语句"if(min>b)min=b;"来实现。

程序如下：

```
#include<stdio.h>
void main()
{
    float a,b,c,min;                    /* 定义存放实数的变量 a、b、c、min */
    printf("a,b,c=?\n");                /* 输出提示信息"a,b,c=?" */
    scanf("%f%f%f",&a,&b,&c);           /* 输入 3 个实数，分别赋给 a、b、c */
    min=a;                             /* 将 a 的值赋给 min */
    if(min>b)min=b;                    /* 当 min>b 时，将 b 的值赋给 min */
    if(min>c)min=c;                    /* 当 min>c 时，将 c 的值赋给 min */
    printf("min=%f\n",min);            /* 输出变量 min 的值 */
}
```

程序运行结果如下：

```
a,b,c=?
5 3 8↙
min=3.000000
```

第3章 习题解答

一、选择题

1. 在 C 程序中，在_____。

　　A) 用户标识符中可以出现下划线和中划线(减号)

　　B) 用户标识符中不可以出现中划线，但可以出现下划线

　　C) 用户标识符中可以出现下划线，但不可以放在用户标识符的开头

　　D) 用户标识符中可以出现下划线和数字，它们都可以放在用户标识符的开头

答案：B

分析：C 语言中标识符的命名规则如下：

(1) 标识符由数字、字母、下划线组成；

(2) 标识符的首字符必须为字母或下划线；

(3) 标识符不能为 C 语言的保留字；

(4) C 语言中英文字母区分大小写，即 A 与 a 表示不同的标识符。

2. 以下选项中不合法的标识符是_____。

    A) print   B) FOR   C) &a   D) _00

答案：C

3. 以下选项中不属于 C 语言类型的是_____。

    A) signed short int   B) unsigned long int

    C) unsigned int   D) long short

答案：D

分析：选项 D 不是 C 语言合法的数据类型。C 语言的整型变量可以分为以下 6 种类型：有符号基本整型[signed]int(方括号表示可省略，即 signed int 可写为 int)；无符号基本整型 unsigned int；有符号短整型[signed]short[int]；无符号短整型 unsigned short[int]；有符号长整型[signed]long[int]和无符号长整型 unsigned long [int]。

4. C 语言中的基本数据类型包括_____。

    A) 整型、实型、逻辑型   B) 整型、实型、字符型

    C) 整型、逻辑型、字符型   D) 整型、实型、逻辑型、字符型

答案：B

分析：C 语言中没有逻辑型数据，而是用数值 0 表示"假"，用非 0 表示"真"。

5. 以下关于 long、int 和 short 类型数据占用内存大小的叙述中正确的是_____。

    A) 均占 4 个字节   B) 根据数据的大小来决定所占内存的字节数

    C) 由用户自己定义   D) 由 C 语言编译系统决定

答案：D

分析：C 语言并没有规定 long、int 和 short 类型数据占用的内存大小，而是由编译系统决定。

6. C 源程序中不能表示的数制是_____。

    A) 二进制   B) 八进制   C) 十进制   D) 十六进制

答案：A

分析：C 语言只用十进制、八进制和十六进制。

7. 能正确地定义符号常量的是_____。

    A) #define n=10   B) #define n 10

    C) #define n 10;   D) #DEFINE N 10

答案：B

分析：定义符号常量的格式为"#define 符号常量名 常量"。符号常量名用标识符命名，常量是 C 语言合法的常量形式。注意，在"符号常量名"前后要有空格。

8. 以下所列的 C 语言常量中，错误的是_____。

    A) 0xFF   B) l.2e0.5   C) 2L   D) '\n'

答案：B

分析：本题选项 A 中的常量是以 0x 开头的十六进制数；选项 C 中的常量是长整型常量；选项 D 中的常量是一个转义字符常量；选项 B 中的常量表示形式错误，e 的右侧不能为小数，只能是整数。

9. C 语言中，char 型数据在内存中的存储形式是_____。

　　A) 原码　　　　　　　B) 反码　　　　　　　C) 补码　　　　　　　D) ASCII 码

答案：D

分析：char 型数据在内存中存放的是其 ASCII 码，而 ASCII 码都是正整数，正整数的原码、反码和补码都相同。

10. 若有定义语句 char c='\72';，则变量 c_____。

　　A) 包含 1 个字符　　　　　　　　B) 包含 2 个字符

　　C) 包含 3 个字符　　　　　　　　D) 定义不合法

答案：A

分析：字符型变量只能存放一个字符，而'\72'是转义字符，表示编码为 072(八进制)的字符。

11. 不合法的八进制数是_____。

　　A) 0　　　　　　B) 028　　　　　　C) 077　　　　　　D) 01

答案：B

分析：八进制数由 0~7 八个数字组成，并且以 0 开头，没有数字 8。

12. 以下正确的字符串常量是_____。

　　A) "\\\"　　　　　B) 'abc'　　　　　C) OlympicGames　　　　D) ""

答案：D

分析：选项 A 错，因为转义字符\\表示一个字符\，转义字符\"表示一个字符"，所以选项 A 的右端缺少定界符"。选项 B 和 C 都错，因为字符串必须用双引号括起来。选项 D 表示一个空字符串。

13. 以下选项中正确的定义语句是_____。

　　A) double a;b;　　　B) double a=b=7;　　　C) double a=7,b=7;　　　D) double ,a,b;

答案：C

分析：选项 A 错，a 和 b 应该用逗号分开。选项 B 错，应为 double a=7,b=7。选项 D 错，double 和 a 之间用空格隔开，不能用逗号。

14. 设 c1、c2 为字符型变量，执行语句 cl=getchar(); c2=getchar(); 时，从键盘输入 A↙，c1 和 c2 的值分别为_____。

　　A) 都是'A'　　　　　　　　B) c1 是'A'，c2 未输入

　　C) c1 未输入，c2 是'A'　　　　D) c1 是'A'，c2 是'\n'

答案：D

分析：函数 getchar 的功能是从键盘接收一个字符，当输入 A↙(↙表示按回车键，即输入换行符'\n')时，第一个字符'A'被赋给 c1，第二个字符'\n'被赋给 c2。

15. 设 c 为字符型变量，其值为'A'，a 为整型变量，其值为 97，执行语句 putchar(c); putchar(a); 后，输出结果为_____。

　　A) Aa　　　　　　B) A97　　　　　　C) A9　　　　　　D) aA

答案：A

分析：函数 putchar(x)的功能是输出一个字符 x。参数 x 可以是一个字符，也可以是一个整数。当是整数时，输出以该整数作为 ASCII 码时对应的字符。

16. a、b 是整型变量，执行语句 scanf("a=%d,b=%d", &a,&b),，使 a 和 b 的值分别为 1 和 2，正确的输入是_____。

    A) 1 2   B) 1,2   C) a=1,b=2   D) a=l b=2

答案：C

分析：当输入函数 scanf 的格式字符串中有普通字符时，必须原样输入。比如该例的格式字符串"a=%d,b=%d"中的“a=”、“,b=”是普通字符，要原样输入。

17. 若要使用输入语句 scanf("%4d%4d%10f", &i, &j, &x);，为 i 输入-10，为 j 输入 12，为 x 输入 345.67，则正确的输入形式是_____。

    A) −1012345.67✓   B) −10 12 345.67✓
    C) −10001200345.67 ✓   D) −10,12,345.67✓

答案：B

分析：选项 D 是错误的，因为 scanf 的格式字符串中没有逗号。由于变量 i 的输入格式为%4d，即宽度为 4，因此从选项 A 或选项 C 中读取数据时将获得-101 或-100，所以选项 A 和 D 都是错的。选项 B 是对的，因为 B 中的 3 个数由空格分开，而为 3 个变量指定的输入格式的宽度都大于对应的数据，宽度不起作用。

18. 已知字母 A 的 ASCII 码为 65，以下语句段的输出结果是_____。

char cl='A'， c2='Y'; printf("%d,%d\n", c1,c2);

    A) 输出格式非法，输出错误信息   B) 65,90
    C) A,Y   D) 65,89

答案：D

分析：由于字符型数据实际是整型数据，即字符的 ASCII 码。'A'的 ASCII 码是 65，'B'的 ASCII 码是 65+1，以此类推，'Y'的 ASCII 码是 65+24，即 89。

二、填空题

1. 在 C 语言程序中，用关键字_____定义基本整型变量，用关键字_____定义单精度实型变量，用关键字_____定义双精度实型变量。

答案：int   float   double

2. 把 a1、a2 定义成单精度实型变量，并赋初值 1 的定义语句是_____。

答案：float a1=1.0, a2=1.0;

分析：也可以将 1.0 改为 1，因为赋值时，可以进行自动转换。

3. C 程序中定义的变量，代表内存中的一个_____。

答案：存储单元

分析：C 程序在编译时，要根据变量的类型给变量分配存储单元，给变量赋值就是将数据存放到变量所代表的存储单元中。

4. int i=123; float x=−45.678;，语句 printf("i=%5d   x=%7.4f\n",i,x); 的输出结果是_____。

答案：i= 123   x=−45.6780

分析：格式字符串中的普通字符原样输出；格式说明符%5d 表示输出项 i 的值(123)的宽

度为 5，左补 2 个空格；%7.4 表示输出项 x 的值的宽度为 7，其中小数位数为 4 位，整数部分以实际宽度输出。

5. float alfa=60,pi=3.1415926535626;，语句 printf("sin(%3.0f*%.4f/180)\n",alfa,pi);的输出结果是_____。

答案：sin(60*3.1416/180)

分析：printf 中的格式字符串中的普通字符原样输出，格式说明符%3.0f 表示输出项 alfa 的值小数部分不输出，%.4f 表示输出项 pi 的值小数部分保留 4 位，整数部分按实际位数输出。

6. char ch='$', float x=153.4523;，语句 printf("%c%-8.2f\n",ch,x); 的输出结果是_____。

答案：$153.45   \n

分析：%c 表示对应的输出项 ch 的值以字符形式输出；%-8.2f 表示对应的输出项 x 的值以小数形式输出，宽度为 8，小数点后取 2 位，负号表示左对齐，右补空格；转义字符\\表示输出一个\，然后输出 n。

7. 若整型变量 a 和 b 中的值分别为 7 和 9，要求按以下格式输出 a 和 b 的值：

a=7
b=9

请完成输出语句：printf("_____", a, b);

答案：a=%d\nb=%d

8. 执行以下程序时输入 1234567↙，则输出结果是_____。

```
#include < stdio.h >
main()
{ int   a=1,b;
  scanf("%2d%2d",&a,&b);   printf("%d    %d\n",a,b);
}
```

答案：12   34

分析：在输入语句中给 a 和 b 指定的输入宽度都是 2，所以从输入的数字中依次各取两位分别赋给 a 和 b。

三、编程题

1. 输入一个字符，输出该字符及其 ASCII 码。

分析：字符型数据在内存中以相应的 ASCII 码存放，既可以以字符的形式输出，也可以以 ASCII 码(整数)的形式输出。

程序如下：

```
#include<stdio.h>
void main()
{  char ch;                /* 定义一个字符型变量 ch */
   scanf("%c",&ch);        /* 给变量 ch 输入一个字符 */
   printf("%c    %d\n",ch,ch);
```

```
        }
```

程序运行结果如下：

B↙
B   66

2. 求平面上两点间的距离。

分析：求两点(x_1,y_1)、(x_2,y_2)间的距离公式为

$$d = \sqrt{(x_1 - x_2)^2 + (y_1 - y_2)^2}$$

程序如下：

```
#include <stdio.h>
#include <math.h>                          /* 函数 sqrt 的头文件 */
void main()
{
    float x1, y1,x2,y2,d;
    printf("input (x1,y1),(x2,y2):\n");     /* 输出提示信息 */
    scanf("%f%f%f%f",&x1,&y1,&x2,&y2);
    d=sqrt((x1-x2)*(x1-x2)+(y1-y2)*(y1-y2));   /* 用函数 sqrt 求平方根 */
    printf("d=%0.2f\n",d);
}
```

程序运行结果如下：

input (x1,y1),(x2,y2):
1   1   2   2↙↙
d=1.41

3. 已知等差数列的第一项为 a，公差为 d，求前 n 项之和，a、d、n 由键盘输入。

分析：等差数列前 n 项之和为 a*n+n*(n-1)*d/2。

程序如下：

```
#include<stdio.h>
void main()
{   int a,d,n,sum;                         /* 定义 4 个整型变量 */
    printf("input a d n:\n");              /* 显示提示信息 "input a d n:" */
    scanf("%d%d%d",&a,&d,&n);              /* 输入 3 个整数，分别赋给 a、d、,n */
    sum=a*n+n*(n-1)*d/2;                   /* 求等差数列前 n 项之和 */
    printf("sum=%d\n",sum);                /* 输出结果 */
}
```

程序运行结果如下：

input a d n:
1 3 50↙↙
sum=3725

第4章 习题解答

一、选择题

1. 若变量已正确定义并赋值，符合 C 语言语法的表达式是_____。

　　A) a=a+7;　　　　　B) a=7+b+c,a++　　C) int(12.3%4)　　D) a=a+7=c+b

答案：B

分析：表达式后加分号构成语句，选项 A 是语句；选项 C 错，应为(int)12.3%4；选项 D 错，赋值运算符的左端只能是变量。

2. 设 double x=1,y;，表达式 y=x+3/2 的值是_____。

　　A) 1　　　　　　　B) 2　　　　　　　C) 2.0　　　　　　D) 2.5

答案：C

分析：y=1.0+3/2，即 y=1.0+1，y=2.0。

3. 设 int x;float y;，下列表达式中结果为整型的是(　　)。

　　A) (int)y+x　　　B) (int)x+y　　　C) int(y+x)　　　　D) (float)x+y

答案：A

分析：选项 A 的表达式(int)y+x 将 y 的值转换成整数，然后和整数 x 相加，结果为整数；选项 B 的表达式(int)x+y 是将整数和实数相加，结果为实数；选项 C 有语法错误，类型转换必须用圆括号将类型说明符 int 括起来；选项 D 是将两个实数相加，结果为实数。

4. 设 int x=3,y=4,z=5;，下列表达式中值为 0 的是_____。

　　A) 'x'&&'y'　　　　　　　　　B) x<=y

　　C) x||y+z&&y-z　　　　　　　D) !((x<y)&&!z||1)

答案：D

分析：在选项 A 中，逻辑运算符&&两边的值均为非 0，故结果为 1；在选项 B 中，比较运算符<=两边的值分别为 3 和 4，故结果为 1；选项 C 中逻辑运算符||左边的值为非 0，右边的值就不计算了，结果为 1；选项 D 的表达式的值为!((3<4)&&!5||1)，即!(1&&0||1)，即!(0||1)，即!1，结果为 0。

5. 已知 x=10,ch='A',y=0;，则表达式 x>=y&&ch<'B'&&!y 的值是_____。

　　A) 0　　　　　　　B) 1　　　　　　　C) "假"　　　　　D) "真"

答案：B

分析：表达式的值是 10>=0&&'A'<'B'&&!0，即 1&&1&&1，即 1&&1，即 1。

6. 若 a、b、c、d 都是 int 类型变量且初始值为 0,以下选项中不正确的赋值语句是_____。

　　A) a=b=c=100;　　B) d++;　　　　　C) c+b;　　　　D) d=(c=22)-(b++);

答案：C

分析：选项 A 是正确的赋值语句；选项 B 中的 d++;，相当于 d=d+1;，是正确的赋值语句；选项 C 中的语句没有赋值运算符，不是赋值语句；选项 D 是正确的赋值语句。

7. 判断 char 型变量 c 为数字字符的正确表达式为_____。

　　A) '0'<=c<='9'　　　　　　　　　　　　B) '0'<=c&&c<='9'

　　C) c>='0'||c<='9'　　　　　　　　　　　D) c>=0&&c<=9

答案：B

分析：在选项 A 中，'0'<=c 的结果或是 1，或是 0，总小于'9'，所以不论 c 为何值，结果总是 1，故选项 A 是错误的；选项 B 中的表达式表示 c 不小于字符'0'，同时也不大于字符'9'，所以满足该表达式的 c 必为数字字符。

8. 下列运算符中，优先级最低的是_____。

　　A) ? :　　　　　　B) &&　　　　　　C) ==　　　　　　D) *=

答案：D

分析：本题中的运算符由高到低分别是==、&&、? : 、*=。

9. 若有条件表达式 x?a++:b--，则以下表达式中_____等价于表达式 x。

　　A) x==0　　　　　B) x!=0　　　　　C) x==l　　　　　D) x!=1

答案：B

分析：本题中，x 在条件表达式中起条件判断的作用，x 为 0 表示"假"，x 不等于 0(即非 0)表示"真"；当 x 的值为 0 时，表达式 x!=0 的值也为 0，当 x 的值不等于 0 时，表达式 x!=0 的值也不等于 0，故作为逻辑值(用于条件判断)时 x 和 x!=0 是等价的。

10. 设 int k=4,a=3,b=2,c=l;，表达式 k<a?k:c<b?c:a 的值是_____。

　　A) 4　　　　　　B) 3　　　　　　C) 2　　　　　　D) 1

答案：D

分析：条件表达式的结合性是自右向左，所以表达式 k<a?k:c<b?c:a 可写为 k<a?k:(c<b?c:a)，由于 k<a 为 0("假")，因此表达式的值为 c<b?c:a；又由于 c<b 的值为 1("真")，因此表达式的值为 c，即 1。

11. 设 int a=9;，语句 a+=a-=a+a;执行后，变量 a 的值是_____。

　　A) 18　　　　　B) 9　　　　　C) -18　　　　　D) -9

答案：C

分析：赋值运算符的结合性是自右向左，所以语句 a+=a-=a+a;先计算表达式 a-=a+a 的值，即 a=a-(a+a)，即 a=-9，然后计算表达式 a+=-9 的值，即 a=a+(-9)；即 a=-18。

12. 设有整型变量 x，下列说法中错误的是_____。

　　A) "5.0"不是表达式　　　　　　　B) "x"是表达式

　　C) "!x"是表达式　　　　　　　　　D) "sqrt(x)"是表达式

答案：A

分析：表达式是指用运算符将要运算的对象连接起来的合法的式子,就是表达式。例如，!x 是逻辑表达式。表达式总是有确定的值。常量、变量、有返回值的函数都是表达式。

13. 设 char x=040;，执行语句 printf("%d\n",x=x<<1);后的输出结果是_____。

　　A) 100　　　　　B) 160　　　　　C) 120　　　　　D) 64

答案：D

分析：表达式 x<<1 是将 x 值的二进制形式左移 1 位，相当于乘以 2，即 040(八进制)乘以 2，即 0100，等于十进制数 64。

14. 设 char a=3, b=6, c;，表达式 c=a^b<<2 的二进制值是_____。

    A) 00011011   B) 00010100   C) 00011100   D) 00011000

答案：A

分析：在表达式 c=a^b<<2 中，左移运算符<<的优先级最高，其次是按位异或运算符^(两个二进制整数对应位相同，结果为 0；对应位不同，结果为 1)，赋值运算符最低。先计算 b<<2，即 00000110<<2，结果为 00011000；再计算 a^00011000，即 00000011^00011000，结果为 00011011。

二、填空题

1. 设 int k=11;，请写出运算 k++后表达式的值_____和变量的值_____。

答案：11、12

分析：自增运算符++置于变量 k 的右边，表示先取 k 的值 11 作为表达式 k++的值，然后 k 自增 1，即 12。

2. C 语言中用_____表示逻辑值"真"，用_____表示逻辑值"假"。

答案：非 0、0

分析：C 语言没有逻辑型数据，在进行逻辑运算或判断时，用 0 表示"假"，用非 0 表示"真"，但在给出关系运算或逻辑运算的结果时，"假"用 0 表示，"真"用 1 表示。

3. 将数学式|x|>4 写成 C 语言的逻辑表达式_____。

答案：x<-4|| x>4

分析：当 x 是负数时，关系表达式 x<-4 与数学式|x|>4 等价；当 x 是非负数时，关系表达式 x>4 与数学式|x|>4 等价；一般情况下，逻辑表达式 x<-4|| x>4 与数学式|x|>4 等价。

4. 设 float x=2.5,y=4.7; int a=7;，表达式 a%3*(int)(x+y)%2/4 的值为_____。

答案：0

分析：表达式 a%3*(int)(x+y)%2/4 的值为 1*(int)(7.2)%2/4，即 7%2/4，即 1/4，即 0。

5. 设 int x=8,y=8;，执行语句 x+=x--+--y; 后 x 的值为_____。

答案：22

分析：x--是先取 x 的值，然后将 x 的值减 1，--y 是先将 y 的值减 1，然后取 y 的值，所以 x--+--y 的值是 8+7(即 15)；而执行 x+=15，即 x=x+15 时 x 的值已是 7，所以 x=7+15，即 x=22。

6. 设 int a=2,b=4,x,y;，表达式!(x=a)||(y=b)&&!(2-3.5)的值为_____。

答案：0

分析：表达式 x=a 的值是 2，所以!(x=a)的值是 0；表达式(y=b)&&!(2-3.5)的值是 4&&0，即 0；逻辑运算符||两侧的值都是 0，结果是 0。

7. 设 int m=2,n=1,a=1,b=2,c=3;，执行语句 d=(m=a==b)&&(n=b>c);后，m 和 n 的值分别为_____。

答案：0, 1

分析：表达式(m=a==b)的值是 m=1==2，即 m=0。由于&&运算符左侧的值是 0，因此其右侧表达式(n=b>c)不执行，从而 n 的值仍是原值 1。

8. 设 int a=2;，执行语句 a=3*5,a*4;后，a 的值为_____。

答案：15

分析：在所有的运算符中，逗号表达式的优先级最低，其功能是将两个或两个以上的表达式连接起来，从左到右计算各个表达式，最后一个表达式的值为整个逗号表达式的值。所以，表达式 a=3*5,a*4;的值为 60，但 a 的值是 15。

三、编程题

1. 输入一个华氏温度，要求输出摄氏温度。公式为

$$c = \frac{5}{9}(F - 32)$$

计算结果取两位小数。

分析：C 语言规定，两个整数相除，其结果取整数部分。在程序中，公式应写为 c=(5.0/9.0)*(f-32)或 c=5.0/9.0*(f-32)。

程序如下：

```
#include<stdio.h>
void main()
{   float c,f;
    scanf("%f",&f);            /* 输入华氏温度给变量 f */
    c=(5.0/9.0)*(f-32);        /* 按公式计算摄氏温度 c */
    printf("c=%.2f\n",c);      /* 输出摄氏温度 c */
}
```

运行结果：

```
56↙
c=13.33
```

2. 编写程序，输入一个实数，输出该数的绝对值。

分析：利用条件表达式可以求一个数的绝对值，如表达式 a>0?a:-a 的值就是 a 的绝对值。

程序如下：

```
#include <stdio.h>
void main()
{   float a;
    printf("input a:");
    scanf("%f",&a);
    a=a>0?a:-a;                /* 求 a 的绝对值 */
    printf("%f\n",a);
}
```

运行结果如下：

input a:-5↙ ↙
5.000000

3. 输入 3 个字符后，按各字符 ASCII 码从小到大的顺序输出这些字符。

分析：字符的比较与数值的比较类似。比较字符的大小，实际上是比较其 ASCII 码的大小。如比较'a'>'b'，即比较 97>98，因为字符 a、b 的 ASCII 码分别是 97、98。

程序如下：

```
#include <stdio.h>
void main()
{ char c1,c2,c3,m1,m2,m3;            /* 定义字符型变量 */
    printf("input c1,c2,c3:");        /* 显示提示信息 */
    scanf("%c%c%c",&c1,&c2,&c3);      /* 输入 3 个字符，分别赋给 c1、c2、c3 */
    m1=c1>c2?c1:c2;                   /* 将 c1、c2 中的较大字符赋给 m1 */
    m1=m1>c3?m1:c3;                   /* 将 3 个字符中的最大者赋给 m1 */
    m3=c1<c2?c1:c2;
    m3=m3<c3?m3:c3;
    m2=c1+c2+c3-m1-m3;                /* 注意：变量中存放的是 ASCII 码 */
    printf("%c %c %c\n",m3,m2,m1);
}
```

运行结果如下：

input c1,c2,c3:bac↙
a b c

4. 输入一个实数，使该数保留两位小数，对第三位小数进行四舍五入。
程序如下：

```
#include<stdio.h>
void main()
{   float x;
    printf("Enter x:");
    scanf("%f",&x);
    printf("x=%f\n",x);
    x=(int)(x*100+0.5)/100.0;
    printf("x=%f\n",x);
}
```

运行结果如下：

Enter x:12.3456↙
x=12.345600
x=12.350000

第 5 章　习 题 解 答

一、选择题

1. 设 int a=2,b= -1,c=2;，执行语句 if(a<b) if(b<0) c=0;else c+=1;后，变量 c 的值是
_____。

    A) 0　　　　　　　　B) 1　　　　　　　　C) 2　　　　　　　　D) 3

答案：C

分析：else 与 if 的匹配规则是，else 总是与它前面相距最近的尚未配对的 if 配对。本题中的 if 语句实际上是 if(a<b) {if(b<0) c=0; else c+=1;}，只有当条件 a<b 满足时，才执行语句 if(b<0) c=0; else c+=1;。

2. 运行以下程序后，输出_____。

```
main()
{    int k= -3;
     if(k<=0) printf("****\n")   else    printf("&&&&\n");
}
```

    A) ****　　　　　　　　　　　　B) &&&&

    C) ####&&&&　　　　　　　　　D) 有语法错误，不能通过编译

答案：D

分析：if 语句中的分支语句 printf("****\n")后缺少分号;。

3. 以下程序段的输出结果是_____。

```
int i,sum;
for(i=1; i<6; i++) sum+=sum;
printf("%d\n",sum);
```

    A) 15　　　　　　　　B) 14　　　　　　　　C) 不确定　　　　　　D) 0

答案：C

分析：变量 sum 没有赋初值，其值是不确定的。

4. 下列语句将小写字母转换为大写字母，其中正确的是_____。

    A) if(ch>='a'&ch<='z') ch=ch-32;　　　　B) if(ch>='a'&&ch<='z') ch=ch-32;

    C) ch=(ch>='a'&&ch<='z')?ch-32;　　　　D) ch=(ch>'a'&&ch<'z')?ch-32:ch;

答案：B

分析：选项 A 是错的，因为&是按位与运算符；选项 B 是对的，条件 ch>='a'&&ch<='z' 表示字符 ch 是小写字母，小写字母的 ASCII 码比对应的大写字母的 ASCII 码大 32，所以 ch=ch-32 可将小写字母转换为大写字母；选项 C 有语法错误，因为有?而无：；选项 D 是错误的，如果 ch 是小写字母'a'，执行后，ch 仍为'a'，并未转换为大写字母'A'。

5. 下列各语句序列中，能够将变量 u、s 中的最大值赋值给变量 t 的是_____。

   A) if(u>s) t=u;t=s;　　　　　　　　B) t=s;if(u>s)t=u;

   C) if(u>s)t=s;else t=u;　　　　　　D) t=u;if(u>s)t=s;

答案：B

分析：选项 A 是错误的，因为当 u>s 时，虽然执行了 t=u;，但还要执行 t=s;；选项 C 和 D 是错误的，因为 t 中存放的是最小值。

6. 与语句 while(!s)中的条件等价的是_____。

   A) s==0　　　　　　B) s!=0　　　　　C) s==1　　　　　D) s=0

答案：A

分析：当 s 为 0 时，!s 和 s==0 的值都为 1，表示真；当 s 为非 0 时，!s 和 s==0 的值都为 0，表示假，所以!s 和 s==0 等价。

7. 下列语句中，哪一个可以输出 26 个大写英文字母_____。

   A) for(a='A';a<='Z';printf("%c",++a));　　B) for(a='A';a<'Z';a++)printf("%c",a);

   C) for(a='A';a<='Z';printf("%c",a++));　　D) for(a='A';a<'Z';printf("%c",++a));

答案：C

分析：选项 A 和 D 没有输出大写字母'A'；选项 B 没有输出大写字母'Z'。

8. 判断下面的循环体执行多少次_____。

    i=0;k=10;　while(i=8)　i=k--;

   A) 8 次　　　　　　B) 10 次　　　　　C) 2 次　　　　　D) 无数次

答案：D

分析：while 循环的条件 i=8 是赋值表达式，其值永远是 8，循环体就一条语句，没有使循环停止的语句，所以循环无数次。

9. 以下程序段的输出结果是_____。

```
int k,j,s;
for(k=2; k<6; k++,k++)
  { s=1;  for(j=k; j<6; j++)  s+=j; }
printf("%d\n", s);
```

   A) 9　　　　　　　B) 1　　　　　　C) 11　　　　　D) 10

答案：D

分析：外循环 for 要循环两次，但在循环体中给 s 赋初值，所以只需分析最后一次循环体的执行情况，即 k 的值是 4 的情况，s=1+4+5，即 s=10。

10. 以下程序段的输出结果是_____。

```
int i,j,m=0;
for(i=1; i<=15; i+=4)
    for(j=3; j<=19; j+=4) m++;
printf("%d\n", m);
```

A) 12   B) 15   C) 20   D) 25

答案：C

分析：外循环 for 语句循环 4 次(i=1,5,9,13)，内循环 for 循环 5 次(j=3,7,11,15,19)，所以 m++共执行 4×5 次，即 m 的值是 20。

11. 以下程序段的输出结果是_____。

```
int x=3;
do { printf("%3d",x-=2); } while(!(--x));
```

A) 1   B) 30   C) 1 −2   D) 死循环

答案：C

分析：do 循环首先执行循环体,输出 x-=2 的值,即 x=x-2,即 x=1,然后计算循环条件!(--x),其值为 1(因 x=0),循环条件为真,执行循环体,输出 x-=2 的值,即 x=-2,然后再计算循环条件!(--x),其值为 0(因 x=-3),循环条件为假,结束循环。

12. 以下程序段的输出结果是_____。

```
int y=10;
for(; y>0; y--)  if(y%3==0)  {printf("%d", --y); continue; }
```

A) 741   B) 852   C) 963   D) 875421

答案：B

分析：当 y=10 时，for 循环的循环条件 y>0 为真，执行循环体：if 语句的条件 y%3==0 的值是 10%3==0，即 1==0(假)，从而不执行其后的分支语句(由大括号括起来的复合语句)。然后，计算 for 循环中的 y--，即 y=9，这时，循环条件 y>0 为真，第二次执行循环体：if 语句的条件 y%3==0 的值是 9%3==0，即 0==0(真)，从而执行其后的分支语句：输出--y 的值，即 y=8，再执行 continue;进行下一次循环，如表 5-1 所示。

表 5-1　循环执行情况

循环次数	y>0	y%3==0	--y	y--
第 1 次，y=10	真	假	不输出	y=9
第 2 次，y=9	真	真	输出 y=8	y=7
第 3 次，y=7	真	假	不输出	y=6
第 4 次，y=6	真	真	输出 y=5	y=4
第 5 次，y=4	真	假	不输出	y=3
第 6 次，y=3	真	真	输出 y=2	y=1
第 6 次，y=1	真	假	不输出	y=0
第 7 次，y=0	假，结束循环			

13. 以下程序段的输出结果是_____。

```
# include<stdio.h>
```

```
void main()
{   int i;
    for(i=1; i<=5; i++) { if(i%2) printf("*"); else   continue;   printf("#"); }
    printf("$\n");
}
```

　　　A) *#*#*#$　　　　B) #*#*#*$　　　　C) *#*#$　　　　D) #*#*#$

答案：A

分析：for 循环要执行 5 次循环体(i=1,2,3,4,5)，循环体由两条语句组成：双分支 if 语句和输出语句。当 i 为奇数时，输出字符*和字符#；当 i 为偶数时，不输出任何字符。所以，程序的输出结果是选项 A。

二、填空题

1. 请写出以下程序段的输出结果____。

```
int a=100;
if(a>100)   printf("%d\n",a>100); else   printf("%d\n",a<=100);
```

答案：1

分析：if 语句的条件 a>100 为假，故执行 else 后的语句，输出 a<=100 的值，即 1。

2. 当 a=1，b=2，c=3 时，语句 if(a>c) b=a; a=c; c=b; 执行后，a、b、c 中的值分别为____、____、____。

答案：3、2、2

分析：本题由 3 条语句组成，第一条语句是 if(a>c) b=a;，由于条件 a>c 为假，b 的值不变。执行后两条语句 a=c; c=b;，a 和 c 的值分别为 3 和 2。

3. 当执行以下程序段后，i 的值是____，j 的值是____，k 的值是____。

```
int a,b,c,d,i,j,k;
a=10;   b=c=d=5;   i=j=k=0;
for( ; a>b; ++b) i++;
while(a>++c) j++;
do k++;   while(a>d++);
```

答案：5、4、6

分析：for 循环中的循环体 i++;共执行 5 次，i 的值是 5；while 循环中的循环体 j++;执行了 4 次，j 的值是 4；do 循环中的循环体 k++;执行了 6 次，k 的值是 6。

4. 以下程序段的输出结果是____。

```
int x=2;
while(x--);
printf("%d\n",x);
```

答案：-1

分析：当 x 的值是 0 时，表达式 x-- 的值是 0，结束循环，然后 x 的值减 1，即 x 的值是-1。

5. 以下程序段的输出结果是____。

```
int i=0,sum=1;
do { sum+=i++; }while(i<5);
printf("%d\n",sum);
```

答案：11

分析：do 循环的循环体 sum+=i++;共执行了 5 次，sum 的值是 1+0+1+2+3+4，即 11。

三、编程题

1. 输入三角形的三条边长，计算并输出三角形的面积。

分析：三个正数构成三角形的三条边的条件是任意两个数的和大于第三个数。设这三个数分别为 x、y、z，则构成三角形的三条边的条件为 x+y>z&&y+z>x&&z+x>y。

利用数学公式

$$面积 = \sqrt{s(s-x)(s-y)(s-z)} \text{，其中} s = (x+y+z)/2$$

可以求出三角形的面积。

程序如下：

```
#include <stdio.h>
#include <math.h>
void main()
{   float x,y,z,s,dime;
    scanf("%f%f%f",&x,&y,&z);
    if(x+y>z&&y+z>x&&z+x>y)
      {   s=(x+y+z)/2;
          dime=sqrt(s*(s-x)*(s-y)*(s-z));
          printf("dime=%f\n",dime);
      }
    else printf("error\n");
}
```

2. 用 if 语句编写程序，输入 x 后按下式计算 y 值并输出。

$$y = \begin{cases} x + 2x^2 + 10 & 0 \leqslant x \leqslant 8 \\ x - 3x^3 - 9 & x < 0 或 x > 8 \end{cases}$$

分析：用双分支 if 语句计算 y 的值，条件 0≤x≤8 的表达式为 0<=x&&x<=8。

程序如下：

```
#include <stdio.h>
 void main()
```

```
{   float x,y;
    scanf("%f",&x);
    if(0<=x&&x<=8) y=x+2*x*x+10;
    else y=x-3*x*x*x-9;
    printf("y=%f\n",y);
}
```

3. 输入 10 个学生的成绩，输出最低分数。

分析：用变量 min 存放最低分数，先给 min 赋初值 100，然后将每个成绩都与 min 比较，只要比 min 小，就存入 min。

程序如下：

```
#define N 10
#include <stdio.h>
void main()
{   int i;
    float x,min=100;
    for(i=0;i<N;i++)
    {   scanf("%f",&x);
        if(x<min)min=x;
    }
    printf("min=%.1f\n",min);
}
```

4. 用 for 循环语句输出 26 个大写字母，用 while 循环语句输出 26 个小写字母。

分析：对字符型变量 ch，先赋初值'A'；然后利用字母连续的特点，循环输出 ch++，循环条件为 ch<='Z'。用类似的方法处理小写字母。

程序如下：

```
#include <stdio.h>
void main()
{   char ch;
    for(ch='A';ch<='Z';ch++) printf("%c ",ch);
    printf("\n");
    ch='a';
    while(ch<='z')
    {   printf("%c ",ch);   ch++; }
    printf("\n");
}
```

5. 编写程序，输入一个三位数的正整数，找出这 3 个数字组成的最大数和最小数，如输入 517，则最大数为 751，最小数为 157。

分析：设 x 为一个三位数的正整数，先求出 x 的百位、十位、个位上的数字，并分别存放在 a、b、c 三个变量中，然后对其排序，即 a 中存放最小的数字、b 中存放中间的数字、c

中存放最大的数字，则最大数为 100c+10b+a，最小数为 100a+10b+c。

程序如下：

```c
#include <stdio.h>
void main()
{   int x,a,b,c,t,max,min;
    printf("input a number:");
    scanf("%d",&x);
    a=x/100;
    b=x/10%10;
    c=x%10;
    if(a>b) {t=a;a=b;b=t;}
    if(a>c) {t=a;a=c;c=t;}
    if(b>c) {t=b;b=c;c=t;}
    max=c*100+b*10+a;
    min=a*100+b*10+c;
    printf("max=%d, min=%d\n",max,min);
}
```

运行结果：

```
input a number:517✓
max=751,min=157
```

6. 输入 n 后再输入 n 个数，输出它们的所有奇数的乘积。

分析：定义整型变量 n，用于存放数据的个数及控制循环的次数；定义整型变量 x 用于存放输入整数，用表达式 x%2 或 x%2!=0 判断是否是奇数；由于乘积的值比较大，因此定义实型变量 y(赋初值 1)，用于存放奇数的乘积。

程序如下：

```c
#include <stdio.h>
 void main()
{   int n,i,x;
    float y=1;                /* 用 y 存放所有奇数的乘积 */
    printf("input n:");
    scanf("%d",&n);
    printf("input %d numbers:",n);
    for(i=1;i<=n;i++)
    {   scanf("%d",&x);
        if(x%2!=0) y*=x;
    }
    printf("y=%.2f\n",y);
}
```

运行结果：

input n:7↙ ↙

input 7 numbers:1 2 3 4 5 6 7↙

y=105.00

7. 输入 n 后再输入 n 个数，统计输入的数中负数、零及正数的个数。

分析：用变量 pos、zero、neg 分别存放 n 个数中的正数、零、负数的个数。

程序如下：

```c
#include <stdio.h>
void main()
{   int n,i,pos=0,zero=0,neg=0;
    float x;
    scanf("%d",&n);
    for(i=0;i<n;i++)
    {   scanf("%f",&x);
        if(x>0) pos++;
        else if(x<0) neg++;
        else   zero++;
    }
    printf("pos=%d, zero=%d, neg=%d\n",pos,zero,neg);
}
```

运行结果：

6↙

1 0 −2 3 −4 5↙

pos=3, zero=1, neg=2

8. 求数列的和。设数列的首项为 81，以后各项为前一项的平方根(如 81,9,3,1.732,…)，求前 20 项之和。

分析：用库函数 sqrt 求平方根，设 s=0、t=81，循环执行 20 次循环体{s=s+t; t=sqrt(t)}即可。

程序如下：

```c
#define N  20            /* 定义符号常量N  */
#include <stdio.h>
#include <math.h>        /* 库函数 sqrt 的头文件 */
void main()
{   int i;
    double s=0,t=81;
    for(i=1;i<=N;i++)
      { s+=t;   t=sqrt(t);  }
    printf("s=%.3f\n",s);
}
```

运行结果:

s=111.336

9. 输出 n=3 且 1000 以内的水仙花数。水仙花数是指一个 n 位数($n \geqslant 3$)，它的每个位上的数字的 n 次幂之和等于它本身(如 $153=1^3+5^3+3^3$)。

分析: 对一个三位数 n, 用 i、j、k 分别表示其百位、十位、个位上的数字, 如果 $n=i^3+j^3+k^3$, 则 n 为水仙花数。

程序如下:

```c
#include <stdio.h>
void main()
{   int i,j,k,n;
    for(n=100;n<1000;n++)
    {   i=n/100;            /*  i 为百位上的数字  */
        j=n/10-i*10;        /*  j 为十位上的数字  */
        k=n%10;             /*  k 为个位上的数字  */
        if(n==i*i*i+j*j*j+k*k*k) printf("%6d",n);
    }
    printf("\n");
}
```

运行结果:

```
153    370    371    407
```

10. 求算式 1–1/2+1/3–1/4+1/5–1/6+···前 40 项之和。

分析: 在算式中, 每一项的符号和前一项相反, 分母比前一项大 1。利用这个规律, 设 s=1(表示和), sign=1(表示各项的符号), i=2(表示分母), 循环执行 39 次循环体{sign= -sign; s=s+sign/i++; }即可。注意: sign 和 i++ 至少有一个为实数, 否则 sign/i++ 为 0。

程序如下:

```c
#include <stdio.h>
void main()
{   int i,sign=1;
    float s=1;
    for(i=2;i<=40;i++)
    {    sign*=-1;
         s+=sign/(float)i;
    }
    printf("s=%f\n",s);
}
```

运行结果:

s=0.680803

11. 用循环语句编写程序，输出如下图形。

```
         *
       * * *
     * * * * *
   * * * * * * *
     * * * * *
       * * *
         *
```

分析：用两个二重循环结构完成。第一个二重循环先输出 4 行：其中，第 1 行先输出 3 个空格，然后输出 1 个"*"，第 2 行先输出 2 个空格，然后输出 3 个"*"，以此类推，第 i 行先输出 4–i 个空格。再输出 2i–1 个"*"。第二个二重循环输出 3 行：其中，第 1 行先输出 1 个空格，然后输出 5 个"*"，第 2 行先输出 2 个空格，然后输出 3 个"*"，以此类推，第 i 行先输出 i 个空格。再输出 7–2i 个"*"。

程序如下：

```c
#include <stdio.h>
void main()
{   int i, j;
    for(i=1;i<=4;i++)
    {   for(j=1;j<=4-i;j++) printf(" ");
        for(j=1;j<=2*i-1;j++) printf("*");
        printf("\n");
    }
    for(i=1;i<=3;i++)
    {   for(j=1;j<=i;j++) printf(" ");
        for(j=1;j<=7-2*i;j++) printf("*");
        printf("\n");
    }
}
```

第6章　习题解答

一、选择题

1. 下列能正确定义一维数组 a 的语句是_____。

    A) int a(10);

    B) int n=10, a[n];

    C) int n；scanf("%d"，&n);
       int a[n];

    D) # define　n　l0
       int　a[n];

答案：D

分析：选项 A 定义格式有错误，数组名后只能用方括号；C 语言不允许对数组进行动态定义，即定义数组元素的个数必须是常量，选项 B 和 C 都是错误的。选项 D 是对的，因为 n 为符号常量。

2. 能对一维数组正确初始化的语句是_____。

    A) int a[6]={6*1}   B) int a[6]={1…3}

    C) int a[6]={}   D) int a[6]=(0，0，0)

答案：A

分析：初值可以是常量表达式，如 6*1，选项 A 是对的；各初值之间用逗号分开，选项 B 是错误的；选项 C 的大括号中无初值，是错误的；选项 D 中的初值要用大括号括起来，而不是用圆括号。

3. 若有定义语句 int a[10];，则下列对 a 中数组元素的正确引用是_____。

    A) a[10/2 – 5]   B) a[10]   C) a[4.5]   D) a(1)

答案：A

分析：选项 A 是对的，a[10/2 – 5]即 a[0]；选项 B 是错的，因为下标越界；选项 C 是错的，下标必须是整数；选项 D 是错的，下标必须用方括号(即下标运算符)括起来。

4. 若有定义语句 char array[ ]="China";，则数组 array 所占的空间为_____。

    A) 4 个字节   B) 5 个字节   C) 6 个字节   D) 7 个字节

答案：C

分析：字符串结束标志'\0'占一个字节，共占 6 个字节。

5. 合法的数组定义语句是_____。

    A) char a[ ]="string";   B) int a[5]={0,1,2,3,4,5};

    C) char a="string";   D) char a[ ]=[0,1,2,3,4,5];

答案：A

分析：选项 B 中初值的个数大于数组元素的个数，是错误的；选项 C 中数组名 a 后缺少方括号；选项 D 的初值应该用大括号而不是方括号括起来。

6. 有定义语句 int a[5],i;，输入数组 a 的所有元素的语句应为_____。

    A) scanf("%d%d%d%d%d"，a[5]);

    B) scanf("%d"，a);

    C) for(i=0；i<5; i++) scanf("%d"，&a[i]);

    D) for(i=0；i<5; i++) scanf("%d"，a[i]);

答案：C

分析：选项 A 中输入项的个数、格式都不对；选项 B 只能给 a[0]赋值，数组名 a 表示第一个元素的地址，即&a[0]；选项 D 的输入项应为&a[i]。

7. 以下能正确定义二维数组的语句为_____。

    A) int a[][];   B) int a[][4];   C) int a[3][]   D) int a[3][4];

答案：D

分析：在定义数组时，如果对全部元素都赋初值，则第一维的长度可不指定，但第二维的长度不能省略，所以选项 A、B、C 都是错误的。

8. 若有数组定义 int a[3][4];，则对 a 中数组元素的正确引用是＿＿＿＿＿。

   A) a[3][1]   B) a[2,1]   C) a[3][4]   D) a[3−1][4−4]

答案：D

分析：选项 A 的第一维下标越界；选项 B 的两个下标应该用两个方括号括起来；选项 C 的下标越界。

9. 以下能对二维数组 a 进行正确初始化的语句为＿＿＿＿＿。

   A) int a[2][ ]={{1}, {4, 5}};   B) int a[2][3]={1, 2, 3, 4, 5, 6, 7};

   C) int a[ ][ ]={1, 2, 3, 4, 5, 6};   D) int a[ ][3]={1, 2, 3, 4, 5};

答案：D

分析：定义数组时，第二维的长度不能省略，所以选项 A 和 C 是错误的；选项 B 的初值个数超过了数组元素的个数。

10. 下列对字符数组 s 的初始化语句中不正确的是＿＿＿＿＿。

   A) char s[5]="abc";   B) char s[5]={'a','b','c','d','e'};

   C) char s[5]="abcde";   D) char s[ ]="abcde";

答案：C

分析：选项 B 是对的，但存放的是字符，而不是字符串，因为字符串必须有结束标志；选项 C 是错误的，因为初值的字符个数加结束标志共 6 个字符，而数组只有 5 个元素。

11. 判断字符串 s1 与 s2 是否相等，应当使用的语句是＿＿＿＿＿。

   A) if(s1==s2)   B) if(s1=s2)

   C) if(s1[ ]=s2[ ])   D) if(strcmp(s1,s2)==0)

答案：D

分析：判断字符串是否相等，不能用比较运算符"=="进行整体比较，更不能用赋值运算符"="进行整体比较，而应该用比较字符串的 strcmp 函数进行比较。

12. 下列程序段的运行结果为＿＿＿＿＿。

char s[ ]= "ab\0cd"; printf("%s", s);

   A) ab0   B) ab   C) abcd   D) ab cd

答案：B

分析：字符串的结束标志是'\0'，所以只有选项 B 是对的。

13. 下列程序段的运行结果为＿＿＿＿＿。

char s[]= "a\128b\\\tcd\n"; printf("%d", strlen(s));

   A) 8   B) 9   C) 10   D) 14

答案：B

分析：转义字符'\12'、'\\'、'\t'、'\n'各代表一个字符，strlen 函数是求字符串长度的，字符串长度不包括结束标志。

14. 以下程序段的输出结果是_____。

```
main()
{   int n[2]={0},i,j,k=2;
    for(i=0;i<k;i++)
        for(j=0;j<k;j++)   n[j]=n[i]+1;
    printf("%d\n",n[k]);
}
```

　　　A) 不确定的值　　　B) 3　　　　　　　C) 2　　　　　　　D) 1

答案：A

分析：循环语句是对数组的两个元素 n[0] 和 n[1] 赋值；输出语句中的 n[k] 为 n[2]，没有赋值，其值不确定。

15. 以下程序段的输出结果是_____。

```
main()
{   int i,x[3][3]={1,2,3,4,5,6,7,8,9};
    for(i=0; i<3; i++)   printf("%d,",x[i][2-i]);
}
```

　　　A) 1,5,9　　　　　　B) 1,4,7　　　　　　C) 3,5,7　　　　　　D) 3,6,9

答案：C

分析：输出元素为 x[0][2],x[1][1],x[2][0]，即 3,5,7。

二、填空题

1. 在 C 语言中，一维数组的定义方式为：类型说明符　数组名_____。

答案：[常量表达式]

2. 构成数组的各个元素必须具有相同的_____。

答案：类型

3. 在 C 语言中，数组名是一个_____，不能对其进行赋值操作。

答案：地址常量

4. 若有定义 int a[10]={1,2};，则数组元素 a[2] 的值为_____。

答案：0

分析：部分元素赋初值，其他元素为 0。

5. 若有定义 int a[3][4];，则数组 a 的行下标的上限为_____，列下标的上限为_____。

答案：2,3

6. C 语言程序在执行过程中，不检查数组下标是否_____。

答案：越界

7. 在 C 语言中，二维数组元素在内存中的存放顺序是_____。

答案：按行存放

8. 若有定义 int a[3][4];，则在数组元素 a[2][2]前的元素个数有____。

答案：10

分析：二维数组元素在内存中的存放顺序按行存放。

9. 有定义语句 char s1[10]="aaa",s2[]="bbb";，则表达式 strcmp(strcat(s1,s2),s2)的值是____。

答案：－1

分析：函数 strcat(s1,s2)的返回值是字符串"aaabbb"，函数 strcmp("aaabbb","bbb")的返回值是两个字符串中第一对对应位不同字符的差值，即'a'－'b'的值，即－1。

10. 若有定义语句 char s1[]="abc",s2[]={'a','b','c'};，则数组 s1 与 s2 的长度是_____。

答案：4，3

分析：数组 s1 所赋的初值是字符串，包括结束标志；而数组 s2 所赋的初值是 3 个字符。

三、编程题

1. 将 5 个数 21、32、35、18、40 存放于一个数组中，求出这 5 个数的和及平均值。

程序如下：

```
#include<stdio.h>
void main()
{   int a[5]={21,32,35,18,40};
    int i,sum=0;
    float aver;
    for(i=0;i<5;i++) sum+=a[i];
    aver=sum/5.0;                /* 注意：不能写成 sum/5 */
    printf("sum=%d, aver=%.2f",sum,aver);
}
```

运行结果：

```
sum=146, aver=29.20
```

2. 输入 n(n≤100)个数后存入数组中，求出这 n 个数的最大值和最小值。

分析：将数组 a 的大小定义为 100，n 的值由程序运行时确定，然后根据 n 的值输入 n 个数并存入数组 a 中。用 max 表示最大数，用 min 表示最小数。先将数组 a 中的第一个数存入 max 和 min 中，然后，将数组 a 中其余 n－1 个数分别与 max 和 min 比较，从而选出最大数和最小数。

程序如下：

```
#include <stdio.h>
void main()
{   float a[100],max,min;
    int n,i;
    printf("input n: ");
    scanf("%d",&n);
    for(i=0;i<n;i++) scanf("%f",&a[i]);
```

```
        max=min=a[0];
        for(i=1;i<n;i++)
          {  if(max<a[i]) max=a[i];
             if(min>a[i]) min=a[i];
          }
        printf("max=%.2f, min=%.2f\n",max,min);
     }
```

运行结果：

```
input n:5↙
12   43   8   78   21↙
max=78.00,min=8.00
```

3. 将一个数组中的值按逆序重新存放。例如，原来顺序为 9,1,6,4,2。要求改为 2,4,6,1,9。

分析：先输入 N 个数并存入数组 a 中，然后将 a[0]的值与 a[N−1]的值交换，将 a[1]的值与 a[N−2]的值交换，以此类推。

程序如下：

```
#include <stdio.h>
#define N   5
void main()
{    int a[N],t,i,j;
     for(i=0;i<N;i++)
          scanf("%d",&a[i]);
     for(i=0,j=N-1;i<j;i++,j--)
          { t=a[i];a[i]=a[j];a[j]=t;}
     putchar('\n');
     for(i=0;i<N;i++)
          printf("%d    ",a[i]);
     putchar('\n');
}
```

运行结果：

```
9   1   6   4   2↙
2   4   6   1   9
```

4. 有 n(n<=10)个数，已按从小到大顺序排列好，要求输入一个数，把它插到数列中，使数列仍有序，并输出新的数列。

分析：设数组 a 中的 n 个数已由小到大排序，x 为要插入的数。先将 x 与最后一个数 a[n−1]比较，若 x>a[n−1]，将 x 存入 a[n]中；否则，将 a[n−1]的值往后移动一位，即 a[n]=a[n−1]，然后将 x 与 a[n−2]比较，以此类推，重复前面的操作。

程序如下：

```
#include <stdio.h>
void main()
{   int i,n,x;
    int a[21]={1,3,6,15,20};
    n=5;                             /* 用 n 表示数组中数据的个数 */
    scanf("%d",&x);
    for(i=n-1;i>=0;i--)
        { if(x<a[i]) a[i+1]=a[i]; else break; }
    a[i+1]=x;
    n++;
    for(i=0;i<n;i++)   printf("%d    ",a[i]);
    printf("\n");
 }
```

运行结果：

10↙
1   3   6   10   15   20

5. 输入 n(n<=50)个职工的工资(单位为元，一元以下部分舍去)，计算工资总额，计算给职工发放工资时，所需各种面额人民币的最小张数(分 100 元、50 元、10 元、5 元、1 元 5 种)。

分析：设数组 a 中存放 n 个职工工资，用 m100 表示所需一百元张数，用 m50 表示所需 50 元张数，以此类推。若用 t 表示一个职工的工资，则所需一百元张数为 $t/100$，所需 50 元张数为 $(t\%100)/10$，以此类推。

程序如下：

```
#include <stdio.h>
void main()
{
    int a[50],total=0;                /* 用 total 存放工资总额 */
    int m100=0,m50=0,m10=0,m5=0,m1=0;
    int i,n,t;
    printf("How many mens? \n");
    scanf("%d",&n);
    for(i=0;i<n;i++)
      {
    scanf("%d",&a[i]);                /* 输入第 i+1 个职工工资 */
        t=a[i];   total+=t;           /* 累计工资总额 */
        m100+=t/100;   t%=100;        /* 统计 100 元张数 */
        m50+=t/50;   t%=50;               /* 统计 50 元张数 */
        m10+=t/10; t%=10;
        m5+=t/5; t%=5;
```

```
            m1+=t;
        }
    printf("total=%d\n", total);
    printf("m100=%d   m50=%d   m10=%d   m5=%d   m1=%d\n",
            m100,m50,m10,m5,m1);
}
```

运行结果为：

How many mens?

5↙

356　569　782　625　983↙

m100=30　m50=4　m10=9　m5=3　m1=10

6. 有 n(n≤20)个学生，每人考 m(m≤5)门课，求每个学生的平均成绩和每门课的平均成绩，并输出每门课成绩均在平均成绩以上的学生的编号。

分析：定义数组 s 的大小为 21×6，用 s[i][j](1≤i≤n，1≤j≤m)存放第 i 个学生的第 j 门课的成绩，用 s[i][0]存放第 i 个学生的平均成绩，用 s[0][j]存放第 j 门课的平均成绩。

程序如下：

```
#include<stdio.h>
void main()
{   float s[21][6],t;
    int n,m,i,j,flag;
  printf("input n   m: ");
  scanf("%d%d",&n,&m);
  for(i=1;i<=n;i++)
      { s[i][0]=0;
        for(j=1;j<=m;j++)
            { scanf("%f",&s[i][j]); s[i][0]+=s[i][j];}
        s[i][0]/=m;
      }
  for(j=1;j<=m;j++)
      {   s[0][j]=0;
          for(i=1;i<=n;i++)   s[0][j]+=s[i][j];
          s[0][j]/=n;
      }
    printf("the student over the average:\n");
    for(i=1;i<=n;i++)
      {   flag=1;
          for(j=1;j<=m;j++)
              if(s[i][j]<s[0][j]) flag=0;
          if(flag) printf("%d   ",i);
      }
}
```

运行结果：

input n　m:4　3✓✓
56　78　65✓✓
63　72　78✓✓
75　83　90✓✓
82　92　85✓✓
the student over the average:
3　4

7. 输入一个字符串，统计其中数字字符出现的次数。

分析：判断一个字符 ch 是数字字符的表达式是 ch>='0'&&ch<='9'。

程序如下：

```c
#include<stdio.h>
void main()
{   char str[81];
    int i=0,n=0;
    gets(str);
    while(str[i]!='\0')
      {   if(str[i]>='0'&&str[i]<='9') n++;
          i++;
      }
    printf("n=%d\n",n);
}
```

运行结果：

abc123ef01✓✓
n=5

8. 输入一个字符串，判断其是否是 C 的合法标识符。

分析：C 的合法标识符由字母、下划线及数字组成，且数字不能为第一个字符。

程序如下：

```c
#include<stdio.h>
void main()
{   char c[81];
    int i=0,n=0;
    gets(c);
    while(c[i++]!='\0') n++;                /* 计算字符串的长度 */
    if(!(c[0]=='_'||c[0]>='A'&&c[0]<='Z'||c[0]>='a'&&c[0]<='z'))
      {printf("No\n"); exit(0); }      /* 若第一个字符不是字母或下划线，则不是标识符 */
```

```
        for(i=1;i<n;i++)
            if(!(c[i]=='_'||c[i]>='A'&&c[i]<='Z'||c[i]>='a'&&c[i]<='z'|| c[i]>='0'&&c[i]<='9'))
                {printf("No\n"); exit(0); }  /* 若某个字符不是下划线、字母、数字，则不是标识符 */
        printf("Yes\n");
    }
```

第一次运行：

pro_12↙ ↙
Yes

第二次运行：

1ab↙ ↙
No

9. 从键盘输入一个字符串，查找其中的最大元素，在该元素后面插入字符串"(max)"。

分析：设字符串存放在数组 c 中，首先找出最大元素的下标，假设为 k。为将字符串"(max)"插入到 c[k]之后，须将 c[k]之后的所有元素均往后移动 5 个位置。若用函数 strcpy 移动元素，还要考虑到字符串结束标志'\0'。

程序如下：

```
#include<stdio.h>
#include<string.h>
void main()
{   char c[81];
    int i,n,max,k;
    gets(c);
    i=n=0;
    while(c[i++]!='\0') n++;              /* 计算字符串长度 */
    max=c[0]; k=0;                        /* 用 k 表示最大元素的下标 */
    for(i=1;i<n;i++)
        if(max<c[i]){ max=c[i];k=i;}
    strcpy(&c[k+7],&c[k+1]);              /* 将 c[k+1]及以后元素后移 6 个位置 */
    strcpy(&c[k+1],"(max)");              /* 将"(max)"插入到 c[k]之后 */
    strcpy(&c[k+6],&c[k+7]);              /* 将"(max)"之后的'\0'删除 */
    puts(c);
}
```

程序运行结果如下：

abcdefghab↙
abcdefgh(max)ab

第 7 章 习 题 解 答

一、选择题

1. 以下说法中正确的是_____。

    A) C 语言程序总是从第一个定义的函数开始执行

    B) 在 C 语言程序中,要调用的函数必须在 main 函数中定义

    C) C 语言程序总是从 main 函数开始执行

    D) C 语言程序中的 main 函数必须放在程序的开始部分

   答案:C

   分析:C 语言对 main 函数和其他函数的排放顺序没有要求,程序总是从 main 函数开始执行,选项 A 和 D 是错的;不能在一个函数的内部再定义一个函数,所以 B 是错的。

2. 下列叙述中,正确的叙述项是_____。

    A) 定义函数时,必须要有形参

    B) 函数中可以没有 return 语句,也可以有多条 return 语句

    C) 函数 f 可以用 f(f(x)) 形式调用,这种调用形式是递归调用

    D) 函数必须有返回值

   答案:B

   分析:函数可以没有参数,所以选项 A 是错的。选项 C 是错的,如果函数 f 有返回值,则可以用 f(f(x)) 形式调用,但不是递归调用。递归调用是指在定义一个函数时调用它自己。函数可以没有返回值,选项 D 是错的。

3. 下列叙述中,不正确的叙述项是_____。

    A) 函数调用时,形参只有在被调用时才被创建(分配存储单元)

    B) 函数调用时,实参可以是常量、变量或表达式

    C) 定义局部变量时,省略对变量的存储类别定义,则变量是自动型变量

    D) 对于语句 return(a,b);,函数可以返回两个值

   答案:D

   分析:语句 return(a,b); 只能返回一个值 b,(a,b) 是逗号表达式。

4. 以下函数的类型是_____。

```
fun(float x)
{ printf("%d\n",x*x); }
```

    A) 与参数 x 的类型相同   B) void 类型
    C) int 类型   D) 无法确定

   答案:C

   分析:C 语言规定,在定义函数时如果省略函数返回值的类型说明符,默认为 int 类型。

5. 在 max((a,b),max((c,d),e))函数调用中，含有的实参个数是_____。

A) 2   B) 3   C) 4   D) 5

答案：A

分析：在 max 函数中只有两个实参，一个是逗号表达式(a,b)，另一个是函数 max((c,d),e)。

6. 如果在函数的复合语句中定义一个变量，有关该变量的作用域的说法中，正确的是

_____。

A) 只在该复合语句中有效   B) 在该函数中有效

C) 在本程序中有效   D) 为非法变量

答案：A

分析：可以在函数的复合语句中定义变量，这些变量只在本复合语句中有效。

7. 对于下面的函数 f，f(f(3))的值是_____。

```
int f(int x)
{  static  int  k=0;
   x+=k--;
   return  x;
}
```

A) 5   B) 3   C) 2   D) 4

答案：C

分析：第一次调用 f(3)，将 3 传递给 x，执行语句 x+=k--;即 x=x+k--;，得到 x 的值是 3；k 是局部静态变量，其值变为 –1；执行语句 return x;后得到 f(3)的值是 3。再次调用 f(3)，同前面的过程类似，注意 k 的值是 –1，即可得到返回值 2。

8. 以下程序的输出结果是_____。

```
main()
{   int i=2,p;
    p=f(i,i+1);
    printf("%d",p);
}
int f(int a, int b)
{   int c;
    c=a;
    if(a>b) c=1;
    else   if(a==b)  c=0;
    else   c=-1;
    return(c);
}
```

A) –1   B) 0   C) 1   D) 2

答案：A

分析：i=2，执行 p=f(i,i+1)，即 p=f(2,3)，将 2、3 分别传给 a、b；执行 if 语句，由于 a>b 为假，a==b 为假，执行 c=–1，函数返回值为–1，即 p=–1。

9. 以下程序的输出结果是_____。

```
fun(int a,int b,int c)
{   c=a*b;      }
main()
{   int c;
    fun(2,3,c);
    printf("%d\n",c);
}
```

A) 0   B) 1   C) 6   D) 无定值

答案：D

分析：函数只能将实参值传给形参变量，不能将形参值传给实参变量，即只能单向传递。主函数中的变量 c 没有赋值，其值是不确定的。

10. 有以下程序：

```
#include   <stdio.h>
int fun(int   a,int    b)
{   if(b==0)   return a;
    else   return(fun(--a,--b));
}
main()
{   printf("%d\n", fun(4,2));}
```

程序的运行结果是_____。

A) 1   B) 2   C) 3   D) 4

答案：B

分析：函数递归调用的过程可分为递归过程和回溯过程两个阶段。

(1) 递归过程，将原始问题不断转变为规模更小且处理方式相同的新问题。

(2) 回溯过程，从已知条件出发，沿递归的逆过程，逐一求值返回，直至递归初始处，完成递归调用。

执行函数 fun(4,2)的过程如下：

递归执行 return fun(3,1)   ----> 递归执行 return fun(2,0)
回溯执行 return 2   <---- 回溯执行 return 2

二、填空题

1. 程序执行时是从_____开始执行。

答案：主函数(或 main 函数)

2. 当函数调用在前、函数定义在后时，必须在主调函数中_____函数。

答案：声明

3. 在函数调用时，如果实参类型与形参类型不同，C 的处理方法是_____。

答案：对实参进行类型转换

4. 以下程序段的输出结果是____。

```
unsigned fun6(unsigned num)
{   unsigned k=1;
    do { k*=num%10; num/=10; } while(num);
    return k;
}
main()
{   unsigned n=26;
    printf("%d\n",fun6(n));
}
```

答案：12

分析：fun6 函数的参数和返回值的类型都是 unsigned 类型，即无符号基本整型，函数的功能是将一个无符号整数的各个位上的数字相乘，将结果作为返回值。

5. 以下程序段的输出结果是____。

```
double sub(double x,double y,double z)
{   y-=1.0;
    z=z+x;
    return z;
}
main()
{   double a=2.5,b=9.0;
    printf("%f\n",sub(b-a,a,a));
}
```

答案：9.000000

分析：函数调用 sub(b−a,a,a)，即 sub(6.5,2.5,2.5)时，将实参传给形参，使 x=6.5,y=2.5,z=2.5，执行语句 z=z+x;后，z=9.0，返回值即 9.000000。注意，函数中的语句 y-=1.0;无意义，从而函数的第二个参数也无意义。

6. 以下程序段的输出结果是____。

```
fun1(int a,int b)
{   int c;
    a+=a; b+=b;
    c=fun2(a,b);
    return c*c;
}
fun2(int a,int b)
{   int c;
    c=a*b%3;
```

```
        return c;
    }
    main()
    {   int x=11,y=19;
        printf("%d\n",fun1(x,y));
    }
```

答案：4

分析：定义函数时返回值类型省略，隐含为 int 类型。调用函数 fun1(11,19)时，将实参传给形参，即 a=11,b=19，执行语句 a+=a; b+=b;后，a=22,b=38，执行语句 c=fun2(a,b);调用函数 fun2(22,38)，将实参传给形参，即 a=22,b=38，执行语句 c=a*b%3;即 c=22*38%3;后，c=2，返回到 fun2 函数的调用处，即 fun1 函数中 c=fun2(a,b);处，得到 c=2，将 c*c 的值(即 4)返回到主函数中 fun1 函数调用处。

7. 以下程序段的输出结果是_____。

```
#include <stdio.h>
int fun(int x)
{   static int t=0;
    return(t+=x);
}
main()
{   int s,i;
    for(i=1;i<=5;i++)    s=fun(i);
    printf("%d\n",s);
}
```

答案：15

分析：当包含静态变量的函数调用结束后，静态变量的存储空间不释放，所以其值仍然存在。当再次调用进入该函数时，则静态变量上次调用结束时的值就作为本次的初值使用。

第 1 次调用：s=fun(1)=1; t=1;

第 2 次调用：s=fun(2)=3; t=3;

第 3 次调用：s=fun(3)=6; t=6;

第 4 次调用：s=fun(4)=10; t=10;

第 5 次调用：s=fun(5)=15; t=15。

三、编程题

1. 编写函数，计算正整数的各个数字之和。

分析：对于整数 x，个位数字为 x%10，十位数字为(x/10)%10，以此类推。实现该函数的算法可描述为：

(1) s=0;

(2) s=s+x%10;

(3) x=x/10;

(4) 如果 x==0，结束；否则转到(2)。

程序如下：

```c
#include <stdio.h>
int sum(long x)
{   int s=0,i,j;
    do {s+=x%10; x/=10;} while(x>0);
    return s;
}
void main()
{   long a;
    scanf("%ld",&a);
    printf("sum=%d\n",sum(a));
}
```

运行结果：

2137✓
sum=13

2. 编写程序，输出 3 个数的最小值，要求编写函数求两个数的较小值。

分析：编写函数 int min(int x, int y)，使返回值为 x、y 中的较小值；在主函数中输入 3 个数 a、b、c，输出 min(min(a,b),c)即可。

程序如下：

```c
#include <stdio.h>
int min(int x,int y)
{   if(x<y)return x;
    else return y;
}
void main()
{   int a,b,c;
    scanf("%d%d%d",&a,&b,&c);
    printf("The smallest: %d\n",min(min(a,b),c));
}
```

运行结果：

5 2 8✓
The smallest: 2

3. 编写程序，连续将某个字符输出 n 次后换行(该字符和 n 的值由主调函数指定)。

分析：编写函数 void pc(char c, int n)，在函数体中循环调用 n 次库函数 putchar(c)，就可输出 n 个字符 c。void 表示返回值为空，因为函数 pc 的功能已在函数体中完成，不需要返回值。

程序如下:

```
#include <stdio.h>
void pc(char c,int n)
{   int i;
    for(i=0;i<n;i++)putchar(c);
    putchar('\n');
}
void main()
{   char ch;
    ch=getchar();
    pc(ch,10);
}
```

运行结果:

```
*↙
**********
```

4. 输入 5 个实数,分别将 5 个实数的小数点后的第一位数四舍五入转换成整数后累加。要求将实数的小数点后的第一位数四舍五入转换成整数的操作编写成函数 long round(float x)。

分析:要将一个实数的小数点后的第一位数字四舍五入转换为整数,可用表达式 (int)(x+0.5)实现,即将该实数加 0.5 后取整即可。

程序如下:

```
#include <stdio.h>
long round(float x)
{   return (int)(x+0.5);        /* 将 x 的第一位小数四舍五入 */
}
void main()
{   float x; long s=0;   int i;
    for(i=0;i<5;i++)
      {   scanf("%f",&x);
          s=s+round(x);
      }
    printf("s=%ld\n",s);
}
```

运行结果:

```
3.15   2.19   1.56   4.61   5.81↙
s=18
```

5. 编写程序,在 main 函数中输出 1!+2!+3!…+15!的值。要求将计算阶乘的运算写成函数。

分析：编写函数 double jc(int n)，由于 15!是很大的数，不能用整型表示，可用 double 类型表示。

程序如下：

```
#include <stdio.h>
double jc(int n)
{   double p=1;
    int i;
    for(i=1;i<=n;i++) p=p*i;
    return p;
}
void main()
{   double s=0;   int i;
    for(i=1;i<=15;i++) s=s+jc(i);
    printf("s=%18.0f\n",s);
}
```

运行结果：

```
s=1401602636313
```

6. 编写函数 int digit(long n，int k)，函数返回 n 中从右边开始的第 k 位数字的值。例如，digit(231456,3)的返回值为 4；digit(1456,5)的返回值为 0。

分析：循环执行 k−1 次 n=n/10，则 n%10 即为所求。

程序如下：

```
#include <stdio.h>
int digit(long n,int k)
{   int i;
    for(i=1;i<k;i++) n=n/10;        /* 将 n 的第 k 位数字变成个位上的数字 */
    return n%10;                    /* 返回个位上的数字 */
}
void main()
{   long m;   int i;
    scanf("%ld%d",&m,&i);
    printf("%d\n",digit(m,i));
}
```

第一次运行：

```
231456   3✓
4
```

第二次运行：

```
1456   5✓
```

0

7. 输入 5 个数，要求编写一个排序函数，能够实现按绝对值从大到小排序。在 main 函数中输入 5 个数，输出排序后的 5 个数。

分析：用选择排序法编写函数 sort。

程序如下：

```c
#include <stdio.h>
#include <math.h>
#define N 5
void sort(int a[],int n)
{   int i,j,k,t;
    for(i=0;i<n-1;i++)
    {   k=i;
        for(j=i+1;j<N;j++) if(fabs(a[j])>fabs(a[k])) k=j;
        t=a[k]; a[k]=a[i]; a[i]=t; }
    }
void main()
{   int a[N],i;
    for(i=0;i<N;i++) scanf("%d",&a[i]);
    sort(a,N);
    for(i=0;i<N;i++) printf("%d    ",a[i]);
    printf("\n");
}
```

运行结果：

12   32   22   56   10↙
56   32   22   12   10

8. 编写函数，计算 x^n(用两种方法：非递归方法和递归方法)。

分析：

(1) 用非递归方法编写函数 float pow1(float x,int n)，设 y=1，循环执行 n 次 y=y*x，则 y 的值就是 x^n。

(2) 用递归方法编写函数 float pow2(float x,int n)，当 n==0 时返回 1.0，否则返回 pow2(x,n−1)*x。

程序如下：

```c
#include <stdio.h>
float pow1(float x,int n)          /* 非递归方法 */
{   int i;float y=1;
    for(i=0;i<n;i++) y=y*x;
    return y;
}
float pow2(float x,int n)          /* 递归方法 */
```

```
{   int i;float y=1;
    if(n==0) return 1.0;
    else return pow2(x,n-1)*x;
}
void main()
{   float x; int n;
    scanf("%f%d",&x,&n);
    printf("%f    %f\n",pow1(x,n),pow2(x,n));
}
```

运行结果:

2　4✓

16.000000　　16.000000

9. 编写函数，判断一个正整数 a 是否为完数，如果是完数，函数返回值为 1，否则为 0。
(完数:一个数的所有因子之和等于该数本身。比如 6、28 都是完数; 6=1+2+3, 28=1+2+4+7+14。)

分析:编写函数 int fun(long x)用于判断 x 是否是完数，将 x 的所有因子求和。如果结果等于 x，返回 1，否则返回 0。

程序如下:

```
#include <stdio.h>
int fun(long x)
{   int s=0,i,j;
    for(i=1;i<x;i++) if(x%i==0) s=s+i;
    if(s==x)return 1;
    else return 0;
}
void main()
{   long a;
    scanf("%ld",&a);
    if(fun(a))printf("%d: Yes\n",a);
    else printf("%d: No\n",a);
}
```

第一次运行:

28✓

28: Yes

第二次运行:

105✓

105: No

第8章 习题解答

一、选择题

1. 以下叙述中正确的是_____。

A) 用#include 包含的头文件的后缀不可以是 ".a"

B) 假设一些源程序中包含某个头文件，当该头文件有错时，只需对该头文件进行修改，包含此头文件的所有源程序不必重新进行编译

C) 宏命令行可以看成一行 C 语句

D) C 编译中的预处理是在编译之前进行的

答案：D

分析：用#include 包含的头文件的后缀是任意的，所以选项 A 是错的；如果对头文件进行了修改，则包含该头文件的源程序必须重新进行编译，选项 B 错；宏命令行不是 C 语句，选项 C 错。

2. 下列宏定义命令中，哪一种格式是正确的_____？

A) #define pi=3.14159;   B) define pi=3.14159

C) #define pi="3.14159"   D) #define pi (3.14159)

答案：D

分析：宏定义的格式是 "#define 宏名 字符串"，其中宏名前后有空格，所以选项 A、B、C 都是错的。

3. 宏定义为#define div(x,y) x/y;，语句 "printf("div(x,y)=%d\n", div(x+3,y-3));" 作宏替换后为_____。

A) printf("x/y%d\n",(x+3)/(y−3));

B) printf("x/y=%d\n", x+3/y−3);

C) printf("div(x,y)=%d\n ",x+3/y−3;);

D) printf("x/y=%d\n",x+3/y−3;);

答案：C

分析：字符串中的 div(x,y)不作替换，所以只有选项 C 是对的。

4. 定义带参数的宏计算两个表达式的乘积，下列定义中哪个是正确的_____？

A) #define mult(u,v) u*v   B) #define mult(u,v) u*v;

C) #define mult(u,v) (u)*(v)   D) #define mult(u,v)=(u)*(v)

答案：C

分析：定义带参数的宏计算两个表达式的乘积，应将两个表达式用圆括号括起来，所以选项 A 和 B 不对；选项 D 的格式不对；只有选项 C 对。

5. 程序中调用了库函数 strcmp，必须包含头文件_____。

A) stdlib.h   B) math.h   C) ctype.h   D) string.h

答案：D

分析：头文件 string.h 中有关于库函数 strcmp 的原型说明。

6. 以下程序段的输出结果是_____。

```
#define  MIN(x,y)  (x)<(y)?(x):(y)
main()
{  int i,j,k;
   i=10;  j=15;  k=10*MIN(i,j);
   printf("%d\n",k);
}
```

A) 15　　　　　　　B) 100　　　　　　C) 10　　　　　　D) 150

答案：A

分析：语句 k=10*MIN(i,j);在宏展开后为 k=10*(i)<(j)?(i):(j);，即 k=100<15?10:15;，即 k=15。

7. 以下程序段中 for 循环执行的次数是_____。

```
#define  N    2
#define  M    N+1
#define  NUM   (M+1)*M/2
main()
{  int i;
   for(i=1; i<=NUM; i++);
}
```

A) 5　　　　　　　　B) 6　　　　　　　C) 8　　　　　　　D) 9

答案：C

分析：宏 NUM 展开为(M+1)*M/2,再展开后为(N+1+1)*N+1/2,再展开后为(2+1+1)*2+1/2,即 8。所以 for 循环条件为 i≤8，即循环 8 次。

8. 有以下程序：

```
#include<stdio.h>
#define f(x) x*x*x
main()
{  int a=3,s,t;
   s=f(a+1);    t=f((a+1));
   printf("%d,%d",s,t);
}
```

程序运行后的输出结果是_____。

A) 10，64　　　　　B) 10，10　　　　　C) 64，10　　　　D) 64，64

答案：A

分析：s=f(a+1)=a+1*a+1*a+1=10, t=f((a+1))=(a+1)*(a+1)*a+1)=64。

二、填空题

1. 定义一个宏，用于判断所给的年份 year 是否为闰年：

```
#define LEAP_YEAR(y)        _____
```

答案：(y%4==0)&&(y%100!=0)||(y%400==0)

分析：y 是闰年必须符合以下条件之一：1)能被 4 整除，但不能被 100 整除；2)能被 400 整除。

2. 定义带参数的宏为：

```
#define MAX(a,b) ((a)>(b)?(a):(b))
```

对表达式 MAX(a, MAX (b, MAX(c,d)))作宏替换后为(用文字描述)_____。

答案：求 a、b、c、d 的最大者

3. 定义一个带参数的宏，若变量中的字符为大写字母，则转换成小写字母_____。

答案：#define BIGC(x) (x>='A'&&x<='Z'?x+32:x)

分析：如果 x 是大写字母，则对应的小写字母的 ASCII 码为 x+32。

4. 以下程序完成 a、b 的互换，给出 SWAP(a,b)的宏定义。

```
#include<stdio.h>
_____
void main()
{   int a,b;
    scanf("%d,%d",&a,&b);
    SWAP(a,b);
    printf("%d,%d\n",a,b);
}
```

答案：#define SWAP(a,b) {int t; t=a;a=b;b=t;}

三、编程题

1. 输入两个整数，求它们相除的余数。用带参数的宏来实现。

程序如下：

```
#include<stdio.h>
#define RM(a,b) a%b
void main()
{   int a,b;
    printf("a,b=");
    scanf("%d,%d",&a,&b);
    printf("%d\n",RM(a,b));
}
```

运行结果：

a,b=8,3↙

2

2. 输入 5 个整数，输出其中绝对值最小的数。要求定义带参数的宏，计算 3 个数中绝对值最小的数。

分析：用库函数 abs 求一个整数的绝对值。

程序如下：

```
#include <stdio.h>
#include <math.h>
#define S(a,b) (abs(a)<abs(b)?a:b)
#define MIN(a,b,c) (abs(S(a,b))<abs(c)?S(a,b):c)
void main()
{   int a,b,c,d,e;
    scanf("%d%d%d%d%d",&a,&b,&c,&d,&e);
    printf("The smallest: %d\n", MIN(MIN(a,b,c),d,e));
}
```

运行结果：

4 3 2 7 9↙
The smallest: 2

第 9 章 习 题 解 答

一、选择题

1. 若有定义 int x,*pb;，则以下赋值表达式中正确的是_____。

A) pb=&x   B) pb=x   C) *pb=&x   D) *pb=*x

答案：A

分析：选项 B 中的赋值号的左端是地址，右端是数值，错误；选项 C 中的赋值号的左端是数值，右端是地址，错误；选项 D 是错误的，因为"*"运算符的后面只能是地址，而 x 是整型变量，不是地址。

2. 下列语句定义 p 为指向 float 型变量 d 的指针，其中正确的是_____。

A) float d, *p=d;   B) float *p=&d, d;

C) float d, *p=&d;   D) float d, p=d;

答案：C

分析：选项 A 中的赋值号的左端是指针变量，右端是实型变量，错误；选项 B 中的赋值号的右端的 d 没有定义，错误；选项 D 中的 p 不是要定义的指针变量，错误。

3. 指针变量 p1、p2 类型相同,要使 p2、p1 指向同一变量,哪一条语句是正确的_____?

A) p2=*&p1;   B) p2=**p1;   C) p2=&p1;   D) p2=*p1;

答案：A

4. 若有 float a=1.5, b=3.5, *pa=&a;*pa*=3;pa=&b;，则正确的是_____。

A) pa 的值是 1.5   B) *pa 的值是 4.5

C) *pa 的值是 3.5   D) pa 的值是 3.5

答案：C

分析：本题共有3条语句。第一条语句是定义语句，将&a赋给pa，则pa指向a。第二条语句是赋值语句*pa*=3;，即 a*=3;，即 a=a*3;，即 a=4.5。第三条语句也是赋值语句，使pa指向b，即*pa 是 3.5。所以，选项B是错误的而选项C是对的。pa 是指针变量，所以选项A和D是错误的。

5. 若已定义 int a[ ]={0,1,2,3,4,5,6,7,8,9},*p=a, i;，其中 0≤i≤9，则对数组 a 中元素的引用不正确的是_____。

  A) a[p−a]   B) *(&a[i])   C) p[i]   D) *(*(a+i))

答案：D

分析：两个地址相减是普通整数，由于p的值是a，指向同一个地址，所以 p−a 是 0，选项A是对的；选项B是对的，因为*(&a[i])即 a[i]；选项C是对的，因为p和a指向同一地址，p[i]即 a[i]；选项D的*(*(a+i))即*(a[i])是错误的，因为"*"运算符的后面只能是地址。

6. 数组定义为 int a[4][5];，下列哪一个引用是错误的_____？

  A) *a   B) *(*(a+2)+3) C) &a[2][3]   D) ++a

答案：D

分析：选项A中的*a，即 a[0]，即&a[0][0]，正确；选项B中的*(*(a+2)+3)，即*(a[2]+3)，即 a[2][3]，正确；选项C正确；选项D错误，因为数组名是常量，++运算符只能用于变量。

7. 表达式 c=*p++的执行过程是_____。

  A) 复制*p的值给c后再执行 p++   B) 复制*p的值给c后再执行(*p)++

  C) 复制p的值给c后再执行 p++   D) 执行 p++后将*p的值复制给c

答案：A

分析：指针运算符*和自增运算符++的优先级相同，结合性自右向左，所以表达式 c=*p++等价于 c=*(p++)，先将*P赋给c，然后p自增1。

8. 若有定义语句 char s[4][15], *p1, **p2;int x, *y;，下列语句中正确的是_____。

  A) p2=s;   B) y=*s;   C) *p2=s;   D) y=&x;

答案：D

分析：选项A中的p2是二级指针变量，而s是行指针，即指向长度为15的字符型一维数组，两者类型不同，不能赋值；选项B中的y是指向整型变量的指针，而*s，即 s[0]，即&s[0][0]是指向字符型变量的指针，类型不同，不能赋值；选项C中的*p2是字符型指针，而s是行指针，两者类型不同，不能赋值。

9. 定义函数 int *max()的确切含义是_____。

  A) 返回整型值的函数   B) 返回指向整型变量的指针

  C) 返回指向函数 max()的指针   D) 上面的叙述都不正确

答案：B

10. 若有语句 int c[4][5],(*cp)[5];cp=c;，则对数组 c 中元素的引用正确的是_____。

  A) cp+1   B) *(cp+3)   C) *(cp+1)+3 D) **(cp+2)

答案：D

分析：行指针加上一个整数仍是行指针，经*运算后变成列指针(即数组元素指针)，列指针加上一个整数仍是列指针，列指针经*运算后即为数组元素。选项 A 中的 cp+1 等于 c[1]，是行指针，不是数组元素；选项 B 中的*(cp+3)等于&c[3][0]，不是数组元素；选项 C 中的 *(cp+1)+3 等于&c[1][3]，不是数组元素；选项 D 中的**(cp+2)等于 c[2][0]，是数组元素。

11. 若有定义 int (*ptr)(float);，其正确的含义是_____。

    A) ptr 是指向一维数组的指针变量

    B) ptr 是指向 int 型数据的指针变量

    C) ptr 是指向函数的指针变量，该函数有一个 float 型参数，返回值是整型

    D) ptr 是一个函数名，该函数的返回值是指向 int 型数据的指针

答案：C

12. 以下程序段的输出结果是_____。

```
#include <stdio.h>
void main()
{    int a[10]={1,2,3,4,5,6,7,8,9,10},*p=a;
     printf("%d\n",*(p+2));
}
```

    A) 3   B) 4   C) 1   D) 2

答案：A

分析：*(p+2)为 a[2]。

13. 以下程序段的输出结果是_____。

```
#include <stdio.h>
void main()
{    int a[ ]={2,4,6,8,10},y=1,x,*p;
     p=&a[1];
     for(x=0;x<3;x++) y+=*(p+x);
     printf("%d\n",y);
}
```

    A) 17   B) 18   C) 19   D) 20

答案：C

分析：for 语句循环 3 次，使 y=1+4+6+8，即 y=19。

14. 以下程序段的输出结果是_____。

```
#include <stdio.h>
void main()
{    int aa[3][3]={{2},{4},{6}},i,*p=&aa[0][0];
     for(i=0; i<2; i++)
     {    if(i==0) aa[i][i+1]=*p+1;   else ++p;
          printf("%d",*p);
     }
     printf("\n");
```

```
    }
```

A) 23   B) 26   C) 33   D) 36

答案：A

分析：给数组 aa 赋初值的元素是 aa[0][0]=2，aa[1][0]=4，aa[2][0]=6，其他元素为 0。第一次执行 for 循环体(i=0 时)，执行 aa[0][1]=*p+1，即 a[0][1]=aa[0][0]+1，即 a[0][1]=3，并输出*p，即 aa[0][0]=2；第 2 次执行 for 循环体(i=1 时)，执行++p，使 p 指向 aa[0][1]，并输出*p，即输出 aa[0][1]=3；所以选项 A 正确。

二、填空题

1. 将以下程序中的函数声明语句补充完整：

```
#include <stdio.h>
int _____ ;
main()
{   int x,y,(*p)( );
    scanf("%d%d",&x,&y);
    p=max;
    printf("%d\n",(*p)(x,y));
}
int max(int a,int b)
{   return (a>b?a:b); }
```

答案：max(int a,int b)

2. 以下程序段的输出结果是_____。

```
    int *var, ab;
    ab=100;     var=&ab;      ab=*var+10;
    printf("%d\n",*var);
```

答案：110

3. 以下程序段的输出结果是_____。

```
#include<stdio.h>
void main()
{   int a[]={2,4,6},*prt=&a[0],x=8,y,z;
    for(y=0; y<3; y++)    z=(*(prt+y)<x)?*(prt+y):x;
    printf("%d\n",z);
}
```

答案：6

分析：输出结果是第 3 次执行 for 循环体(y=2 时)，z=(6<8)?6:8，即 z=6。

4. 以下程序段的输出结果是____。

```
#include<stdio.h>
#define  N  5
int fun(char *s,char a,int n)
{    int j;   *s=a;   j=n;
     while(a<s[j])  j--;
     return j;
}
void main()
{    char   s[N+1];   int k,p;
     for(k=1; k<=N; k++)     s[k]='A'+k+1;
     printf("%d\n",fun(s,'E',N));
}
```

答案：3

分析：主函数中的 for 循环给数组 s 赋值，使 a[1]='C'、a[2]='D'、a[3]='E'、a[4]='F'、a[5]='G'。调用 fun(s,'E',N)，将实参值传给形参，然后执行语句*s=a;使主函数中的 a[0]='E'；while 循环中的循环条件 a<s[j]，即'E'<s[j]，从 j=5 开始循环，当 j=3 时结束循环，函数返回值为 3。

5. 以下程序段的输出结果是____。

```
#include<stdio.h>
void main()
{    char *p[]={"BOOL","OPK","H","SP"};
     int i;
     for(i=3; i>0; i--,i--)    printf("%c",*p[i]);

     printf("\n");
}
```

答案：SO

分析：for 循环共循环 2 次：第 1 次循环(i=3 时)输出*p[3]，即字符'S'，因为 p[3]就是字符'S'的地址；第 2 次循环(i=1 时)输出*p[1]，即字符'O'。

6. 以下程序段的输出结果是____。

```
#include<stdio.h>
int ast(int x,int y,int *cp,int *dp)
{    *cp=x+y;
     *dp=x-y;
}
void main()
{    int a,b,c,d;
     a=4; b=3;
     ast(a,b,&c,&d);
```

```
        printf("%d, %d\n",c,d);
    }
```

答案：7，1

分析：虽然函数 ast 的返回值为一个整数，但不确定，因为没有 return 语句。该函数是通过两个指针型参数带回两个整数。调用函数 ast(a,b,&c,&d)时，将实参分别传给相应的形参：x=4,y=3,cp=&c,dp=&d; 执行语句*cp=x+y;，即*cp=7;，即主函数中的 c=7;；执行语句*dp=x−y;，即*dp=1;，即主函数中的 d=1;。

7. 以下程序段的输出结果是_____。

```
#include<stdio.h>
void fun(int n,int *s)
{   int f1,f2;
    if(n==1||n==2)   *s=1;
    else
    {    fun(n-1,&f1);   fun(n-2,&f2);
        *s=f1+f2;
    }
}
void main()
{   int x;
    fun(6,&x);
    printf("%d\n",x);
}
```

答案：8

分析：函数 fun(6,&x)是递归函数，其功能是求 Fibonacci 数列(1,1,2,3,5,8,…)的第 6 项。递归调用过程如下：

第 1 次，调用 fun(6,&x)，n=6，调用 fun(5,&f1)，fun(4,&f2)；

第 2 次，调用 fun(5,&x)，n=5，调用 fun(4,&f1)，fun(3,&f2)；

第 3 次，调用 fun(4,&x)，n=4，调用 fun(3,&f1)，fun(2,&f2)；

第 4 次，调用 fun(3,&x)，n=3，调用 fun(2,&f1)，fun(1,&f2)；

第 5 次，调用 fun(2,&x)，n=2，得到 x=1；

第 6 次，调用 fun(1,&x)，n=1，得到 x=1；

推出 fun(3,&x)中的 x=2；

推出 fun(4,&x)中的 x=3；

推出 fun(5,&x)中的 x=5；

推出 fun(6,&x)中的 x=8。

三、编程题(要求用指针完成)

1. 输入 3 个整数，由小到大顺序输出。

程序如下：

```
#include<stdio.h>
void main()
{   int a,b,c,*p1=&a,*p2=&b,*p3=&c,*p;
    scanf("%d%d%d",p1,p2,p3);
    if(*p1>*p2){p=p1;p1=p2;p2=p;}
    if(*p1>*p3){p=p1;p1=p3;p3=p;}
    if(*p2>*p3){p=p2;p2=p3;p3=p;}
    printf("%d %d %d\n",*p1,*p2,*p3);
}
```

运行结果：

23 11 56✓
11 23 56

2. 输入 5 个数，按绝对值从小到大排序后输出。

分析：库函数 fabs 用于求一个实数的绝对值，其头文件为 math.h。排序方法用选择排序法。

程序如下：

```
#include <stdio.h>
#include <math.h>
#define N 5
void main()
{   float a[N],t;     int i,j,k;
    printf("input %d numbers:\n",N);
    for(i=0;i<N;i++) scanf("%f",a+i);    /* a+i 为&a[i] */
    for(i=0;i<N-1;i++)
      {   k=i;
          for(j=i+1;j<N;j++) if(fabs(*(a+j))<fabs(*(a+k))) k=j;
          t=*(a+k); *(a+k)=*(a+i); *(a+i)=t; }
    for(i=0;i<N;i++) printf("%.2f   ",*(a+i));
    printf("\n");
}
```

运行结果：

11 22 −3 45 −44✓
−3.00 11.00 22.00 −44.00 45.00

3. 编写程序，将一个字符串中的所有小写字母转换为相应的大写字母，其余字符不变。

分析：编写函数 fun 完成字符转换，其参数为字符型指针变量 p，利用指针变量 p，通过循环语句对字符串中的每个字符进行操作。若为小写字母，则转换为对应的大写字母，其他字符不变。

程序如下：

```
#include <stdio.h>
void fun(char *p)
{
    while(*(p)!='\0') {if(*p>='a'&&*p<='z') *p-=32; p++;}
}
void main()
{   char a[81];
    printf("input a string:\n");
    gets(a);
    fun(a);
    puts(a);
}
```

运行结果：

```
input a string:
abcdef123✓
ABCDEF123
```

4. 编写程序，求一维数组中的最大值及最小值。适当选择参数，使求得的最大值和最小值能传递到 main 函数。

分析：编写函数 maxmin 求数组中的最大值及最小值，不通过函数名带回数据，所以设为 void；形参 x 指向数组，形参 n 表示数组元素的个数，形参 max 和 min 分别指向存放最大值和最小值的整型变量。

程序如下：

```
#include<stdio.h>
void maxmin(int *x, int n,int *max, int *min)
{   int i;
    *max=*min=*x;
    for(i=1;i<n;i++)
    {   if(*(x+i)>*max) *max=*(x+i);
        if(*(x+i)<*min) *min=*(x+i);
    }
}
void main()
{   int a[10]={1,4,8,3,23,11,9,5,2,10};
    int max,min;
    maxmin(a,10,&max,&min);
    printf("max=%d, min=%d\n",max,min);
}
```

运行结果：

```
max=23, min=1
```

5. 求一维数组中的最大值。要求编写一个返回最大值的地址的函数。

分析：假设要编写的函数为 max，返回值为指针类型，参数 x 指向一维数组，参数 n 表示数组元素个数。

程序如下：

```c
#include<stdio.h>
int *max(int *x, int n)
{   int i,*p;
    p=x;
    for(i=1;i<n;i++) if(*(x+i)>*p) p=x+i;
    return p;
}
void main()
{   int a[10]={1,4,8,3,25,11,9,5,2,10};
    int *pmax;
    pmax=max(a,10);
    printf("max=%d\n",*pmax);
}
```

运行结果：

max=25

6. 编写程序，将字符串中连续的相同字符仅保留 1 个(如字符串"a bb　cccd　ddd　ef"处理后为"a b cd d ef")。

分析：编写函数 del_sm，将字符串中连续的相同字符仅保留 1 个，函数没有返回值，参数 p 指向字符串的首地址，利用循环语句依次对字符串中连续的两个字符进行比较，若相同，就删掉一个。例如，若 p1 指向的字符和其后的字符相同，即满足条件*p1==*(p1+1)，则用库函数 strcpy 删掉一个字符，即执行 strcpy(p1,p1+1)。

程序如下：

```c
#include<stdio.h>
void del_sm(char *p)
{   char *p1;p1=p;
    while(*p1!='\0')
        if(*p1==*(p1+1)) strcpy(p1,p1+1);
        else   p1++;
}
void main()
{   char a[81]";
    gets(a);
    del_sm(a);
    puts(a);
}
```

运行结果:

a bb　cccd　ddd　ef✓
a b cd d ef

7. 编写程序，将 float 型二维数组的每一行的各元素除以该行上绝对值最大的元素。

分析：用库函数 fabs 计算实数的绝对值，其头文件为 math.h，编写两个函数。

第一个函数为 float max(float *p, int n)，参数 p 表示数组某行第一个元素的地址，则该行第一个元素为*p，第二个元素为*(p+1)，以此类推；参数 n 表示数组一行元素的个数，函数返回值为该行中绝对值最大的元素的绝对值。

第二个函数为 void fun(float a[][4],int m, int n)，参数 a 表示二维数组，是一个行指针变量，每行 4 个元素，调用时若将二维数组的数组名传给 a，则*a 表示第一行的第一个元素的地址，*(a+1)表示第二行的第一个元素的地址，以此类推；参数 m 表示行数，参数 n 表示列数，函数没有函数值(返回值)，其功能是将数组的每一行的各元素除以该行上绝对值最大的元素。

程序如下:

```c
#include<stdio.h>
#include<math.h>
float max(float *p, int n)
{   int i;
    float m;
    m=fabs(*p);          /*  求第一个元素的绝对值  */
    for(i=1;i<n;i++) if(fabs(*(p+i))>m) m=fabs(*(p+i));
    return m;
}
void fun(float a[][4],int m, int n)
{   float x;
    int i,j;
    for(i=0;i<m;i++)
    {   x=max(*(a+i),n);          /*调用函数 max，求第 i+1 行中绝对值最大的元素的绝对值*/
        for(j=0;j<n;j++) *(*(a+i)+j)/=x;      /* a[i][j]/=x    */
    }
}
void main()
{   float a[3][4]={{1,2,3,4},{11,12,13,14},{21,22,23,24}};
    int i,j;
    for(i=0;i<3;i++)
    {   for(j=0;j<4;j++) printf("%7.2f",a[i][j]);
        printf("\n");
    }
    fun(a,3,4);
    for(i=0;i<3;i++)
    {   for(j=0;j<4;j++) printf("%7.2f",a[i][j]);
        printf("\n");
```

```
        }
    }
```

运行结果:

```
 1. 00    2. 00    3. 00    4. 00
11. 00   12. 00   13. 00   14. 00
21. 00   22. 00   23. 00   24. 00
 0. 25    0. 50    0. 75    1. 00
 0. 79    0. 86    0. 93    1. 00
 0. 88    0. 92    0. 96    1. 00
```

8. 编写程序, 将 5×5 的矩阵转置。

分析: 编写函数 tran 完成 5×5 矩阵的转置, 形参 x 表示二维数组, 是一个行指针变量, 参数 m 表示行数, 参数 n 表示列数, 函数没有函数值(返回值), 矩阵转置即指 x[i][j] 和 x[j][i] 的值互换, 用指针法表示即*(*(x+i)+j)和*(*(x+j)+i)的值互换。

程序如下:

```c
#include<stdio.h>
void tran(int x[][5], int m,int n)
{    int i,j;   float y;
     for(i=0;i<m;i++)
         for(j=i+1;j<n;j++)
             {  y=*(*(x+i)+j);*(*(x+i)+j)=*(*(x+j)+i); *(*(x+j)+i)=y;}
}
void main()
{    int a[][5]={{1,2,3,4,5},{11,12,13,14,15},{21,22,23,24,25},
                {31,32,33,34,35},{41,42,43,44,45}};
     int i,j;
     for(i=0;i<5;i++)
        {   for(j=0;j<5;j++) printf("%4d",a[i][j]);
            printf("\n");
        }
     tran(a,5,5);
     for(i=0;i<5;i++)
        {   for(j=0;j<5;j++) printf("%4d",a[i][j]);
            printf("\n");
        }
}
```

运行结果:

```
 1   2   3   4   5
11  12  13  14  15
21  22  23  24  25
31  32  33  34  35
41  42  43  44  45
```

```
1   11   21   31   41
2   12   22   32   42
3   13   23   33   43
4   14   24   34   44
5   15   25   35   45
```

9. 编写程序，将 5×5 的二维数组中每行的最大值，按一一对应的顺序放入一维数组中。如 int a[5][5]和 s[5]，即将 a 中第 1 行的最大值存入 s[0]，将 a 中第 2 行的最大值存入 s[1]，以此类推。

分析：编写函数 fun 完成此功能，形参 a 表示二维数组，是一个行指针变量，形参 s 表示一维数组，是一个指向 int 类型的指针变量，参数 m 表示行数，参数 n 表示列数。外循环 for 语句循环 m 次，将二维数组 a 中每行的最大值存入一维数组 s；内循环 for 语句循环 n 次，将一行中的最大值求出。

程序如下：

```c
#include<stdio.h>
void fun(int a[][5],int s[],int m,int n)
{   int i,j,t;
    for(i=0;i<m;i++)
      {   t=*(*(a+i));
          for(j=1;j<n;j++)
          if(*(*(a+i)+j)>t) t=*(*(a+i)+j);
        *(s+i)=t;
      }
}
void main()
{   int a[][5]={{1,2,3,4,5},{11,12,13,14,15},{21,22,23,24,25},
                {31,32,33,34,35},{41,42,43,44,45}};
    int s[5],i,j;
    for(i=0;i<5;i++)
    {   for(j=0;j<5;j++) printf("%4d",a[i][j]);
        printf("\n");
    }
    printf("\n");
    fun(a,s,5,5);
    for(i=0;i<5;i++)
    printf("%4d",s[i]);
    printf("\n");
}
```

运行结果：

```
1    2    3    4    5
11   12   13   14   15
```

```
21  22  23  24  25
31  32  33  34  35
41  42  43  44  45

 5  15  25  35  45
```

第10章　习 题 解 答

一、选择题

1. 有以下结构体变量定义语句：

struct student {int num;char name[9];} stu;

则下列叙述中错误的是_____。

    A) 结构体名为 student　　　　　　B) 结构体类型名为 stu

    C) num 是结构体成员名　　　　　　D) struct 是 C 的关键字

答案：B

分析：选项 B 中 stu 是结构体变量名，不是结构体类型名。

2. 若有以下定义语句：

struct date{int y,m,d;};

struct student

{ int num;char name[9];struct date bir;} stu,*p=&stu;

则以下对结构体变量 stu 成员的引用中错误的是_____。

    A) p->bir->y　　　　B) p->bir.y　　　　C) stu.bir.y　　　　D) stu.name

答案：A

分析：选项 A 中的 bir 不是指针，不能使用指向运算符->，应为 bir.y。

3. 若有以下定义语句：

struct student {int num;char name[9];};

则不能正确定义结构体数组并赋初值的是_____。

    A) struct student stu[2]={1, "zhangsan",2,"li si"};

    B) struct student stu[2]={{1,"zhangsan"},{2,"li si"}};

    C) struct stu[2]={{1, "zhangsan"},{2,"li si"}};

    D) struct student stu[]={{1,"zhangsan"},{2,"li si"}};

答案：C

分析：选项 C 中缺少结构体名 student。

4. 若有以下定义语句:

struct student {int num;char name[9];} stu[2]={1, "zhangsan",2, "lisi"};

以下能输出字符串"lisi"的语句是_____。

A) printf("%s",stu[0].name);　　　　　　B) printf("%s",&stu[1].name);

C) printf("%s",stu[1].name[0]);　　　　　D) printf("%s",&stu[1].name[0]);

答案：D

分析：选项 A 输出"zhangsan"；选项 B 错误，因为 name 是数组名，是地址，前面不能再加运算符&；选项 C 错误，因为 name[0]是元素，不是地址；选项 D 正确。

5. 以下程序的输出结果是_____。

```
#include<stdio.h>
void main()
{   struct cmplx { int x; int y; } cnum[2]={1,3,2,7};
    printf("%d\n",cnum[0].y/cnum[0].x*cnum[1].x);
}
```

A) 0　　　　　　　B) 1　　　　　　　C) 3　　　　　　　D) 6

答案：D

分析：表达式 cnum[0].y/cnum[0].x*cnum[1].x 为 3/1*2，即 6。

6. 若有以下定义语句:

struct node{ int n; struct node *next;} x, y, *p=&x, *q=&y;

则能将 y 结点链接到 x 结点之前的语句为_____。

A) x.next=p;　　　　B) x.next=q;　　　　C) y.next=p;　　　　D) y.next=q;

答案：C

分析：由下图可以看出，选项 C 中，语句 y.next=p;可以将 y 结点链接到 x 结点之前。

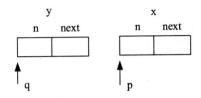

7. 已建立一个单向链表，指针变量 p1 指向链表中某一结点，p2 指向下一结点，将 p2 所指结点从链表中删除并释放的语句为_____。

A) p1=p2; free(p2);　　　　　　B) p1->next=p2->next; free(p2);

C) *p1.next=*p2.next; free(p2);　　　D) p1=p2->next; free(p2);

答案：B

分析：由下图可以看出选项 B 正确。

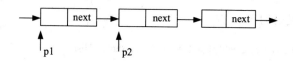

8. 已建立一个单向链表，指针变量 p1 指向链表中某一结点，p2 指向下一结点；指针变量 p 指向新申请结点，将 p 所指结点插入到链表中 p1 与 p2 之间的语句为_____。

A) p->next=p2; p1->next=p;　　　　B) p1=p; p=p2;

C) p=p2; p1->next=p;　　　　　　　D) p1=p; p->next=p2;

答案：A

分析：由下图可以看出选项 A 正确。

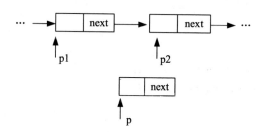

9. 下面程序的输出结果是_____。

```c
#include<stdio.h>
void main()
{  union {char n[12]; int m[4]; double x[2];} a;
   printf("%d\n",sizeof(a));
}
```

A) 12　　　　　　B) 16　　　　　　C) 18　　　　　　D) 36

答案：B

分析：共用体变量中的所有成员占用同一个存储空间，sizeof(a)的值为各成员所占字节最大者，即 16。

10. 以下程序的输出结果是_____。

```c
#include<stdio.h>
void main()
{  int x=1,y=2,z=3;
   struct aa {int a; int*p;} s[]={4, &x, 5, &y, 6, &z};
   struct aa *q=s+1;
   printf("%d\n",*(q->p)++);
}
```

A) 1　　　　　　B) 2　　　　　　C) 3　　　　　　D) 4

答案：B

分析：数组 s 有 3 个元素，即 s[0]、s[1]和 s[2]，指针 q 指向数组 s 的第 2 个元素 s[1]。

在输出项中，表达式*(q->p)++的值是*(q->p)，即*(&y)，即 y=2。

11. 以下程序的输出结果为_____。

```
#include<stdio.h>
void main()
{   struct node { int n; struct node *next;} a[4];
    int i;
    for(i=0;i<3;i++)
        { (a+i)->n=i+1; (a+i)->next=a+i+1;}
    (a+i)->next=a;
    printf("%d,%d\n",(a[1].next)->n, a[3].next->n);
}
```

   A) 1,2   B) 2,1   C) 1,3   D) 3,1

答案：D

分析：程序中的 for 语句及其后续赋值语句给数组 a 赋值，结果如下图所示，可以看出输出结果为 3,1。

12. 以下程序的输出结果是_____。

```
#include<stdio.h>
typedef union {long x[4]; int y[4]; char z[8]; } MYTYPE;
MYTYPE them;
void main()
{   printf("%d\n",sizeof(them));   }
```

   A) 32   B) 16   C) 8   D) 24

答案：B

分析：程序用 typedef 将其后的共用体类型命名为 MYTYPE，再用类型 MYTYPE 定义共用体变量 them，所以 sizeof(them)为该共用体变量所占字节数。

二、填空题

1. 设有以下结构体类型定义和变量定义，则变量 a 在内存中所占字节数是_____。

```
struct stud
{   char num[6];
    int s[4];
    double ave;
    }a;
```

答案：30

分析：变量 a 在内存中所占字节数是 6+16+8=30(在 VC++ 6.0 中)。

2. 以下程序用来输出结构体变量 ex 所占存储单元的字节数，请填空。

```
#include<stdio.h>
struct st
{   char name[20]; double score; };
void main()
  {   struct st ex;
      printf("ex size:%d\n", sizeof(_____));
   }
```

答案：struct st 或 ex

3. 设有以下语句：

```
struct st {int n; struct st *next; };
static struct st a[3]={5, &a[1], 6, &a[2], 9, '\0'}, *p;
p=&a[0];
```

则表达式++p->n 的值是_____。

答案：6

4. 用 typedef 定义整型一维数组：

```
typedef int ARRAY;
```

则对整型数组 a[10]、b[10]、c[10]，可以定义为_____。

答案：ARRAY a[10],b[10],c[10];

5. 下面程序的运行结果是_____。

```
#include<stdio.h>
void main()
{   struct EXAMPLE
    {   struct { int x; int y;}in;   int a;   int b; }e;
    e.a=1; e.b=2;
    e.in.x=e.a*e.b;
    e.in.y=e.a+e.b;
    printf("%d, %d",e.in.x, e.in.y);
}
```

答案：2, 3

6. 若已定义：

```
struct num {int a; int b; float f;} n={1,3,5.0};
struct num *pn=&n;
```

则表达式 pn->b/n.a*++pn->b 的值是_____，表达式(*pn).a+pn->f 的值是_____。

答案：12, 6.0

三、编程题

1. 输入某学生的两门功课成绩，计算总成绩和平均成绩并输出(用结构体变量)。

程序如下：

```
#include <stdio.h>
void main()
{   struct student
    { float s1,s2,sum,ave; }stu;
    scanf("%f%f",&stu.s1,&stu.s2);
    stu.sum=stu.s1+stu.s2;
    stu.ave=stu.sum/2.0;
    printf("sum=%.1f,average=%.1f\n",stu.sum,stu.ave);
}
```

运行结果：

82　91✓
sum=173.0, average=86.5

2. 编写程序，求空间任意两点间的距离，点用结构体表示。

分析：两点 (x_1, y_1, z_1) 和 (x_2, y_2, z_2) 间的距离为 $\sqrt{(x_2-x_1)^2+(y_2-y_1)^2+(z_2-z_1)^2}$，用库函数 sqrt 求平方根。

程序如下：

```
#include <stdio.h>
#include <math.h>
struct point
{ float x, y, z;};
void main()
{   struct point p1,p2;
    float d;
    printf("Input a point:");
    scanf("%f%f%f",&p1.x,&p1.y,&p1.z);
    printf("Input another point:");
    scanf("%f%f%f",&p2.x,&p2.y,&p2.z);
    d=sqrt((p2.x-p1.x)*(p2.x-p1.x)+(p2.y-p1.y)*(p2.y-p1.y)+(p2.z-p1.z)*(p2.z-p1.z));
    printf("d=%.2f\n",D);
}
```

运行结果：

Input a point: 2　2　2✓
Input another point: 1　1　1
d=1.73

3. 编写程序，用结构体类型实现复数的加、减、乘、除运算，每种运算用函数完成。

分析：复数的加、减、乘、除运算公式如下：

$$(a+ib)+(c+id)=(a+c)+i(b+d)$$

$$(a+ib)-(c+id)=(a-c)+i(b-d)$$

$$(a+ib)(c+id)=(ac-bd)+i(bc+ad)$$

$$(a+ib)\div(c+id)=\frac{ac+bd}{c^2+d^2}+i\frac{bc-ad}{c^2+d^2}$$

程序如下：

```c
#include <stdio.h>
struct complex
{ float real, imag;};
struct complex add(struct complex a,struct complex b)
{    struct complex c;
     c.real=a.real+b.real;
     c.imag=a.imag+b.imag;
     return c;
}
struct complex sub(struct complex a,struct complex b)
{    struct complex c;
     c.real=a.real-b.real;
     c.imag=a.imag-b.imag;
     return c;
}
struct complex mul(struct complex a,struct complex b)
{    struct complex c;
     c.real=a.real*b.real-a.imag*b.imag;
     c.imag=a.real*b.imag+a.imag*b.real;
     return c;
}
struct complex div(struct complex a,struct complex b)
{    struct complex c;
     float t;
     t=b.real*b.real+b.imag*b.imag;
     c.real=(a.real*b.real+a.imag*b.imag)/t;
     c.imag=(b.real*a.imag-a.real*b.imag)/t;
     return c;
}
void main()
{    struct complex x,y,s1,s2,s3,s4;
     printf("Input a complex number:");
     scanf("%f%f",&x.real,&x.imag);              /* 输入复数的实部和虚部 */
     printf("Input another complex number:");
     scanf("%f%f",&y.real,&y.imag);
```

```
        s1=add(x,y);
        s2=sub(x,y);
        s3=mul(x,y);
        s4=div(x,y);
        printf("The sum is: %.1f%+.1fi\n",s1.real,s1.imag);
        printf("The difference is: %.1f%+.1fi\n",s2.real,s2.imag);
        printf("The product is: %.1f%+.1fi\n",s3.real,s3.imag);
        printf("The quotient is: %.1f%+.1fi\n",s4.real,s4.imag);
    }
```

运行结果：

Input a complex number: 5　6↙

Input another complex number: 3　4↙

The sum is: 8.0+10.0i

The difference is: 2.0+2.0i

The product is: -9.0+38.0i

The quotient is: 1.6-0.1i

4. 编写程序，输入当天日期，要求输出明天日期(利用结构体类型)。

分析：算法如下。

(1) 确定每个月的天数，设 int mm[13]={0,31,28,31,30,31,30,31,31,30,31,30,31}；

(2) 输入年、月、日——y、m、d；

(3) 如果闰年，则 mm[2]++；

(4) 如果 d+1<=mm[m]，则 d++；

(5) 如果 d+1>mm[m]，且 m<12，则 m++，d=1；

(6) 如果 d+1>mm[m]，且 m=12，则 y++，m=1，d=1；

(7) 输出年、月、日——y、m、d。

程序如下：

```
#include<stdio.h>
void main()
{   struct date{int y,m,d;}x;
    int mm[13]={0,31,28,31,30,31,30,31,31,30,31,30,31};
    printf("Input year month day:");
    scanf("%d%d%d",&x.y,&x.m,&x.d);
    if(x.y%4==0&&x.y%100!=0||x.y%400==0)mm[2]+=1;
    if(x.d+1<=mm[x.m]) x.d+=1;
    else if(x.m<12) {x.m+=1;x.d=1;}
        else {x.y+=1; x.m=1;x.d=1;}
    printf("Output year month day:%d, %d, %d\n",x.y,x.m,x.d);
}
```

运行结果:

Input year month day: 2006　5　31↙

Output year month day: 2006, 6, 1

5. 输入 5 个学生的信息，每个学生包括学号和三门功课的成绩，计算每个学生的总成绩和平均成绩并输出(用结构体变量)。

程序如下:

```c
#include <stdio.h>
void main()
{   struct student
    {   int num;                          /* 表示学号   */
        int score[3],sum;                 /* 表示三科成绩及总成绩 */
        float ave;                        /*  表示平均成绩 */
    }stu[5];
    int i, j;
    for(i=0;i<5;i++)                      /* 输入 5 个学生信息 */
    {   scanf("%d",&stu[i].num);          /* 输入学号 */
        stu[i].sum=0;
        for(j=0;j<3;j++)                  /* 输入三科成绩及求总成绩 */
        {   scanf("%d",&stu[i].score[j]);
            stu[i].sum+=stu[i].score[j];
        }
        stu[i].ave=stu[i].sum/3.0;        /* 求平均成绩 */
    }
    printf("%8s%8s%8s%8s%8s%8s\n","No.","score1","score2","score3","total", "average");
    for(i=0;i<5;i++)
    {   printf("%8d",stu[i].num);
        for(j=0;j<3;j++)
            printf("%8d", stu[i].score[j]);
        printf("%8d%8.1f\n",stu[i].sum,stu[i].ave);
    }
}
```

运行结果:

```
1  60  70  80↙
2  50  65  70↙
3  80  82  78↙
4  40  50  70↙
5  80  95  88↙
```

No.	score1	score2	score3	total	average
1	60	70	80	210	70.0
2	50	65	70	185	61.7
3	80	82	78	240	80.0
4	40	50	70	160	53.3
5	80	95	88	263	87.7

第 11 章 习 题 解 答

一、选择题

1. C 语言中，文件由_____。

    A) 记录组成   B) 数据行组成

    C) 数据块组成   D) 字符(字节)序列组成

答案：D

分析：C 语言把文件看成字符(字节)的序列，即由一个一个的字符(字节)顺序组成。选项 D 正确。

2. C 语言可以处理的文件类型是_____。

    A) 文本文件和数据文件   B) 文本文件和二进制文件

    C) 数据文件和二进制文件   D) 以上答案都不完全正确

答案：B

分析：C 语言根据数据的组织形式，可将文件分为文本(text)文件和二进制文件。文本文件又称 ASCII 文件，它的每个字节存放一个 ASCII 代码，代表一个字符；二进制文件是把内存中的数据按其在内存中的存储形式原样输出到磁盘上存放。选项 B 正确。

3. C 语言中文件的存储方式_____。

    A) 只能顺序存取   B) 只能随机存取(或直接存取)

    C) 可以顺序存取，也可随机存取   D) 只能从文件的开头进行存取

答案：C

分析：C 语言中文件的存储方式可以顺序存取，也可随机存取。顺序存取，即读写文件只能从头开始，顺序读写各个数据；随机存取可将文件内部的位置指针移动到需要读写的位置，再进行读写。选项 C 正确。

4. fgetc 函数的作用是从指定文件读入一个字符，该文件的打开方式必须是_____。

    A) 只写   B) 追加

    C) 读或读写   D) 答案 B 和 C 都正确

答案：C

分析：fgetc 函数从指定的文件中读一个字符，该文件必须是以读或读写方式打开的。选项 C 正确。

5. fgets(str,n,fp)函数从文件中读入一个字符串，以下叙述中正确的是_____。

    A) 字符串读入后不会自动加入'\0'

    B) fp 是 file 类型的指针

    C) fgets 函数将从文件中最多读入 n−1 个字符

    D) fgets 函数将从文件中最多读入 n 个字符

答案：C

分析：fgets 函数从 fp 指向的文件中读一个字符串到字符数组 str 中，所读字符个数不超

过 n−1，并在读入的最后一个字符后加上字符串结束标志'\0'，所以选项 A 和 D 是错误的，而选项 C 正确；由于 fp 是 FILE 类型指针，因此选项 B 错误。

6. fscanf 函数的正确调用形式是_____。

　　A) fscanf(fp, 格式字符串, 输出表列)

　　B) fscanf(格式字符串, 输出表列, fp)

　　C) fscanf(格式字符串, 文件指针, 输出表列)

　　D) fscanf(文件指针, 格式字符串, 输入表列)

答案：D

7. fseek 函数的正确调用形式是_____。

　　A) fseek(文件类型指针, 起始点, 位移量)

　　B) fseek(fp, 位移量, 起始点)

　　C) fseek(位移量, 起始点, fp)

　　D) fseek(起始点, 位移量, 文件类型指针)

答案：B

8. 若 fp 是指向某文件的指针，且已读到此文件末尾，则库函数 feof(fp)的返回值是_____。

　　A) 0　　　　　　　　　　　　　　B) NULL

　　C) 真　　　　　　　　　　　　　　D) 非 0

答案：D

分析：函数 feof 判断文件是否处于文件结束位置，如文件结束，则返回值为非 0，否则为 0。

9. 若要打开 A 盘上 user 子目录下名为 abc.txt 的文本文件进行读写操作，下面符合此要求的函数调用是_____。

　　A) fopen("A:\user\abc.txt","r")　　　　B) fopen("A:\\user\\abc.txt","r+")

　　C) fopen("A:\user\abc.txt","rb")　　　　D) fopen("A:\\user\\abc.txt","w")

答案：B

分析："\\"是转义字符，表示一个字符"\"，所以选项 A 和 C 错误；由于"w"表示写，"r+"表示读写，所以选项 B 正确而选项 D 错误。

10. 系统的标准输入文件是指_____。

　　A) 键盘　　　　　　　　　　　　B) 显示器

　　C) 软盘　　　　　　　　　　　　D) 硬盘

答案：A

二、填空题

1. C 语言把文件看成一个_____的序列。

答案：字符或字节

2. C 语言中调用_____函数来打开文件。

答案：fopen 或 fopen()

3. 在 C 程序中，数据可以用二进制和_____两种代码形式存放。

答案：ASCII

三、编程题

1. 从键盘输入一段文字(字符)，以字符"#"结束，存入文件 ch.txt 中。

程序如下：

```c
#include<stdio.h>
void main()
{   FILE *fp;
    char ch;
    fp=fopen("ch.txt","w");
    printf("Input strings:\n");
    ch=getchar();
    while (ch!='#')
    {   fputc(ch,fp);
        ch=getchar();
    }
    fclose(fp);
}
```

运行结果：

```
Input strings:
Computer Networks, Fourth Edition↙
Discrete Mathematics, Fifth Edition↙
Data Structures and Algorithms↙
#↙
```

2. 将编程题 1 所建立的文件 ch.txt 中的信息读出，显示在屏幕上。

程序如下：

```c
#include<stdio.h>
void main()
{   FILE *fp;
    char ch;
    fp=fopen("ch.txt","r");
    ch=fgetc(fp);
    while (!feof(fp))
    {   putchar(ch);
        ch=fgetc(fp);
    }
    fclose(fp);
}
```

运行结果：

Computer Networks, Fourth Edition
Discrete Mathematics, Fifth Edition
Data Structures and Algorithms

3. 求出 1000 以内的素数，并保存到文件 prime.txt 中。
程序如下：

```c
#include<stdio.h>
#include<math.h>
void main()
{   FILE *fp;
    int m,n=0,i,k;                        /* n 表示素数的个数   */
    fp=fopen("prime.txt","w");
    for(m=2;m<1000;m++)
    {   k=(int)sqrt(m);
        for(i=2;i<=k;i++)if(m%i==0) break;
        if(i>k)
        {   if(n%10==0)fprintf(fp,"\n");      /* 每行 10 个素数 */
            fprintf(fp,"%6d",m);
            n++;
        }
    }
    fprintf(fp,"\n");
    fclose(fp);
}
```

4. 将编程题 3 所建立的文件 prime.txt 中的数据读出，显示在屏幕上。
程序如下：

```c
#include<stdio.h>
void main()
{   FILE *fp;
    char ch;
    fp=fopen("prime.txt","r");
    ch=fgetc(fp);
    while(!feof(fp))
    {   putchar(ch);
        ch=fgetc(fp);
    }
    fclose(fp);
}
```

运行结果:

2	3	5	7	11	13	17	19	23	29
31	37	41	43	47	53	59	61	67	71
73	79	83	89	97	101	103	107	109	113
127	131	137	139	149	151	157	163	167	173
179	181	191	193	197	199	211	223	227	229
233	239	241	251	257	263	269	271	277	281
283	293	307	311	313	317	331	337	347	349
353	359	367	373	379	383	389	397	401	409
419	421	431	433	439	443	449	457	461	463
467	479	487	491	499	503	509	521	523	541
547	557	563	569	571	577	587	593	599	601
607	613	617	619	631	641	643	647	653	659
661	673	677	683	691	701	709	719	727	733
739	743	751	757	761	769	773	787	797	809
811	821	823	827	829	839	853	857	859	863
877	881	883	887	907	911	919	929	937	941
947	953	967	971	977	983	991	997		

5. 有 5 名学生,每名学生有三科成绩,从键盘输入每名学生的数据(包括学号、姓名、三科成绩),计算平均成绩,将所有数据存放在文件 stud.dat 中,然后将文件 stud.dat 中的数据显示在屏幕上。

分析:学生的数据用结构体表示。

程序如下:

```c
#include<stdio.h>
#define N   5
struct student
{   int num;                /* 表示学号 */
    char name[10];          /* 表示姓名 */
    int score[3];           /* 表示三科成绩 */
    float ave;              /* 表示平均成绩 */
}st[N];
void main()
{   FILE *fp;
    int i,j;
 /* 输入数据,并求平均分 */
    for(i=0;i<N;i++)
    {   scanf("%d%s",&st[i].num,st[i].name);
        st[i].ave=0;
        for(j=0;j<3;j++)
        {   scanf("%d",&st[i].score[j]);
            st[i].ave+=st[i].score[j]/3.0;
```

```
        }
    }
    /* 将数据写入文件 */
    fp=fopen("stud.dat","wb");
    for(i=0;i<N;i++)
    {   if(fwrite(&st[i],sizeof(struct student),1,fp)!=1)
        printf("File write error\n");
    }
    fclose(fp);
    /* 将文件中的数据读出，显示在屏幕上 */
    fp=fopen("stud.dat","rb");
    for(i=0;i<N;i++)
    {   fread(&st[i],sizeof(struct student),1,fp);
        printf("%5d%8s%4d%4d%4d%6.1f",st[i].num,st[i].name,
        st[i].score[0],st[i].score[1],st[i].score[2],st[i].ave);
        printf("\n");
    }
    fclose(fp);
}
```

运行结果：

101 wang 50 60 70↙
102 li 60 70 80↙
103 zhang 80 82 73↙
104 liu 76 68 80↙
105 liang 68 75 69↙

101	wang	50	60	70	60.0
102	li	60	70	80	70.0
103	zhang	80	82	73	78.3
104	liu	76	68	80	74.7
105	liang	68	75	69	70.7

6. 将编程题 5 中的文件 stud.dat 中的数据按平均分排序，并将排序结果存入一个新文件
stud1.dat 中。

程序如下：

```
#include<stdio.h>
#define N    10
struct student
{   int num;
    char name[10];
    int score[3];
    float ave;
}st[N],temp;
```

```
void main()
{   FILE *fp;
    int i,j,k,n;
/* 打开文件 stud.dat */
    fp=fopen("stud.dat","rb");
/* 将文件 stud.dat 中的数据读入数组 st 中，并显示在屏幕上 */
    printf("\nIn file stud:\n");
    for(i=0;fread(&st[i],sizeof(struct student),1,fp)!=0;i++)
    {   printf("%5d%8s",st[i].num,st[i].name);
        for(j=0;j<3;j++)
            printf("%4d",st[i].score[j]);
        printf("%6.1f\n",st[i].ave);
    }
    fclose(fp);
    n=i;    /* n 表示数组 st 中学生数据的个数 */
/* 采用选择排序法，按平均值降序排序 */
    for(i=0;i<n-1;i++)
    {   k=i;
        for(j=i+1;j<n;j++)
            if(st[k].ave<st[j].ave)k=j;
        if(i!=k) {temp=st[i]; st[i]=st[k]; st[k]=temp;}
    }
/*输出文件 stud1.dat 中的数据 */
    printf("\nIn file stud1:\n");
    fp=fopen("stud1.dat","wb");
    for(i=0;i<n;i++)
    {   fwrite(&st[i],sizeof(struct student),1,fp);
        printf("%5d%8s",st[i].num,st[i].name);
        for(j=0;j<3;j++)
            printf("%4d",st[i].score[j]);
        printf("%6.1f\n",st[i].ave);
    }
    fclose(fp);
}
```

运行结果：

```
In file stud:
   101    wang     50  60  70   60.0
   102      li     60  70  80   70.0
   103   zhang     80  82  73   78.3
   104     liu     76  68  80   74.7
   105   liang     68  75  69   70.7
In file stud1:
   103   zhang     80  82  73   78.3
```

104	liu	76	68	80	74.7
105	liang	68	75	69	70.7
102	li	60	70	80	70.0
101	wang	50	60	70	60.0

第三篇　全国计算机等级考试二级C介绍

第1章　全国计算机等级考试大纲

1.1　全国计算机等级考试(二级 C)考试大纲

◆ 基本要求

1. 熟悉 Visual C++ 6.0 集成开发环境。
2. 掌握结构化程序设计的方法，具有良好的程序设计风格。
3. 掌握程序设计中简单的数据结构和算法并能阅读简单的程序。
4. 在 Visual C++ 6.0 集成开发环境下，能够编写简单的 C 程序，并具有基本的纠错和调试程序的能力。

◆ 考试内容

一、C 语言程序的结构

1. 程序的构成，main 函数和其他函数。
2. 头文件、数据说明、函数的开始和结束标志以及程序中的注释。
3. 源程序的书写格式。
4. C 语言的风格。

二、数据类型及其运算

1. C 的数据类型(基本类型、构造类型、指针类型、无值类型)及其定义方法。
2. C 运算符的种类、运算优先级和结合性。
3. 不同类型数据间的转换与运算。
4. C 表达式类型(赋值表达式、算术表达式、关系表达式、逻辑表达式、条件表达式、逗号表达式)和求值规则。

三、基本语句

1. 表达式语句、空语句和复合语句。
2. 输入输出函数的调用，正确输入数据并正确设计输出格式。

四、选择结构程序设计

1. 用 if 语句实现选择结构。

2. 用 switch 语句实现多分支选择结构。

3. 选择结构的嵌套。

五、循环结构程序设计

1. for 循环结构。

2. while 和 do-while 循环结构。

3. continue 语句和 break 语句。

4. 循环的嵌套。

六、数组的定义和引用

1. 一维数组和二维数组的定义、初始化和数组元素的引用。

2. 字符串与字符数组。

七、函数

1. 库函数的正确调用。

2. 函数的定义方法。

3. 函数的类型和返回值。

4. 形参与实参，参数值传递。

5. 函数的正确调用，嵌套调用，递归调用。

6. 局部变量和全局变量。

7. 变量的存储类别(自动存储、静态存储、寄存器、外部存储)，变量的作用域和生存期。

八、编译预处理

1. 宏定义和调用(不带参数的宏，带参数的宏)。

2. "文件包含"处理。

九、指针

1. 地址与指针变量的概念，地址运算符与间址运算符。

2. 一维数组、二维数组和字符串的地址以及指向变量、数组、字符串、函数、结构体的指针变量的定义。通过指针引用以上各种类型数据。

3. 用指针作为函数参数。

4. 返回地址值的函数。

5. 指针数组，指向指针的指针。

十、结构体(即"结构")与共用体(即"联合")

1. 用 typedef 说明一个新类型。

2. 结构体和共用体类型数据的定义和成员的引用。

3. 通过结构体构成链表，单向链表的建立，结点数据的输出、删除与插入。

十一、位运算

1. 位运算符的含义和使用。

2. 简单的位运算。

十二、文件操作

只要求缓冲文件系统(即高级磁盘 I/O 系统)，对非标准缓冲文件系统(即低级磁盘 I/O 系统)不要求。

1. 文件类型指针(FILE 类型指针)。

2. 文件的打开与关闭(fopen、fclose)。

3. 文件的读写(fputc、fgetc、fputs、fgets、fread、fwrite、fprintf、fscanf 函数的应用)，文件的定位(rewind、fseek 函数的应用)。

1.2　全国计算机等级考试(二级公共基础)考试大纲

◆ 基本要求

1. 掌握算法的基本概念。

2. 掌握基本数据结构及其操作。

3. 掌握基本排序和查找算法。

4. 掌握逐步求精的结构化程序设计方法。

5. 掌握软件工程的基本方法，具有初步应用相关技术进行软件开发的能力。

6. 掌握数据库的基本知识，了解关系数据库的设计。

◆ 考试内容

一、基本数据结构与算法

1. 算法的基本概念；算法复杂度的概念和意义(时间复杂度与空间复杂度)。

2. 数据结构的定义；数据的逻辑结构与存储结构；数据结构的图形表示；线性结构与非线性结构的概念。

3. 线性表的定义；线性表的顺序存储结构及其插入与删除运算。

4. 栈和队列的定义；栈和队列的顺序存储结构及其基本运算。

5. 线性单链表、双向链表与循环链表的结构及其基本运算。

6. 树的基本概念；二叉树的定义及其存储结构；二叉树的前序、中序和后序遍历。

7. 顺序查找与二分法查找算法；基本排序算法(交换类排序、选择类排序、插入类排序)。

二、程序设计基础

1. 程序设计方法与风格。

2. 结构化程序设计。

3. 面向对象的程序设计方法、对象、方法、属性及继承与多态性。

三、软件工程基础

1. 软件工程的基本概念，软件生命周期的概念，软件工具与软件开发环境。

2. 结构化分析方法，数据流图，数据字典，软件需求规格说明书。

3. 结构化设计方法，总体设计与详细设计。

4. 软件测试的方法，白盒测试与黑盒测试，测试用例的设计，软件测试的实施，单元测试、集成测试和系统测试。

5. 程序的调试，静态调试与动态调试。

四、数据库设计基础

1. 数据库的基本概念：数据库、数据库管理系统、数据库系统。

2. 数据模型，关系数据模型及 E-R 图，从 E-R 图导出关系数据模型。

3. 关系代数运算，包括集合运算及选择、投影、连接运算，数据库规范化理论。

4. 数据库设计方法和步骤：需求分析、概念设计、逻辑设计和物理设计的相关策略。

◆ 考试方式

(1) 上机考试：120 分钟，满分 100 分。

(2) 题型及分值：

　　单项选择题，40 分(含公共基础知识部分的 10 分)。

　　填空题，18 分。

　　改错题，18 分。

　　编程题，24 分。

第2章　数据结构与算法

用计算机解决实际问题，需要编写程序。一个程序应包括两个方面：一是对数据的描述，即在程序中要指定数据的类型和组织形式，就是数据结构(Data Structure)；二是对操作的描述，即操作步骤，也就是算法(Algorithm)。这就是著名计算机科学家 Nikiklaus Wirth 提出的一个公式(沃思公式)：

程序=数据结构+算法

本章主要介绍数据结构与算法。

2.1　算法

2.1.1　算法的基本概念

用计算机解决实际问题，首先要设计出解决问题的算法，然后根据算法编写程序。算法设计是程序设计的基础。

1. 算法的定义

算法(Algorithm)是指解题方案的准确而完整的描述。对于一个实际问题来说，如果通过编写一个计算机程序，并使其在有限的存储空间内运行有限的时间而得到正确的结果，则称这个问题是算法可解的。

2. 算法的基本特征

一般来说，一个算法应该具有以下几个基本特征：

(1) 有穷性(Finiteness)

一个算法应包含有限的操作步骤而不能是无限的。算法的有穷性包括合理的执行时间及有限的存储空间需求的含义。因为，一个算法需要无穷长的时间来执行就意味着该算法永远得不到计算结果。同样，算法执行时如果需要无限的空间，则该算法不可能找到合适的运行环境。

(2) 确定性(Definiteness)

算法中的操作都应是确定的，而不是含糊、模棱两可的。算法中的每一个步骤应当不被解释成不同的含义，而应是十分明确无误的。

(3) 可行性(Effectiveness)

一个算法应该可以有效地执行，即算法描述的每一步都可通过已实现的基本运算执行有限次数来完成。

(4) 输入(Input)

所谓输入，是指在执行算法时需要从外界取得必要的信息。算法可以有输入，也可以没有输入。

(5) 输出(Output)

算法的目的是求解，"解"就是输出。一个算法可以有一个或多个输出。没有输出的算法是没有意义的。

2.1.2　算法的复杂度

设计算法首先要考虑正确性，还要考虑执行算法所耗费的时间和存储空间。算法的复杂度是衡量算法优劣的度量，包括时间复杂度和空间复杂度。

1. 算法的时间复杂度

算法的时间复杂度是指执行算法所需要的计算工作量。在度量一个算法的工作量时，不仅应该与所使用的计算机、程序设计语言无关，而且还应该与算法实现过程中的许多细节无关。算法的工作量可以用算法在执行过程中所需要的基本运算的执行次数来度量。例如，在考虑两个矩阵相乘时，可以将两个实数之间的乘法运算作为基本运算，而对于所用的加法(或减法)运算忽略不计，这是因为加法和减法需要的运算时间比乘法和除法少得多。

2. 算法的空间复杂度

算法的空间复杂度是指执行算法所需要的内存空间。一个算法所占用的存储空间包括算法程序所占用的空间、输入的初始数据所占用的存储空间以及算法执行过程中所需要的额外空间。其中，额外空间包括算法程序执行过程中的工作单元以及某种数据结构所需要的附加存储空间(例如，在链式结构中，除了要存储数据本身外，还需要存储链接信息)。

设计一个算法时，既要考虑到该算法的执行速度快(时间复杂度小)，又要考虑到该算法所需要的存储空间小(空间复杂度小)，这常常是一个矛盾，很难兼顾，应根据实际需要而有所侧重。

2.2　数据结构的基本概念

在利用计算机进行数据处理时，需要处理的数据元素一般很多，并且需要把这些数据元素都存放到计算机中。因此，大量的数据元素如何在计算机中存放，以便提高数据处理的效率，节省存储空间，这是数据处理的关键问题。显然，将大量的数据随意地存放在计算机中，这对数据处理是不利的。数据结构主要研究以下三个问题：

(1) 数据集合中各数据元素之间所固有的逻辑关系，即数据的逻辑结构(Logical Structure)。

(2) 在对数据进行处理时，各数据元素在计算机中的存储关系，即数据的存储结构(Storage Structure)。

(3) 对各种数据结构进行的运算。

讨论上述问题的主要目的是提高数据处理的效率，包括提高数据处理的速度和节省数据处理所占用的存储空间。

本节主要讨论一些常用的基本数据结构，它们是软件设计的基础。

2.2.1　什么是数据结构

数据(Data)是计算机可以保存和处理的数字、字母和符号。数据元素(Data Element)是数据的基本单位，即数据集合中的个体。有时也把数据元素称作结点、记录等。实际问题中的各数据元素之间总是相互关联的。数据处理是指对数据集合中的各元素以各种方式进行运算，包括插入、删除、查找、更改等运算，也包括对数据元素进行统计分析。在数据处理领域，人们最感兴趣的是知道数据集合中各数据元素之间存在什么关系，应如何组织它们，即如何表示所需要处理的数据元素。

数据结构(Data Structure)是指相互有关联的数据元素的集合。例如，向量和矩阵就是数据结构，在这两个数据结构中，数据元素之间有着位置上的关系。再比如，图书馆中的图书卡片目录，则是一个较为复杂的数据结构，对于写在各卡片上的各种书之间，可能在主题、作者等问题上相互关联。

数据元素的含义非常广泛，现实世界中存在的一切实体都可以用数据元素表示。例如，描述一年四季的季节名"春、夏、秋、冬"，可以作为季节的数据元素；表示数值的各个数据，如"26、56、65、73、26、…"，可以作为数值的数据元素；再比如，表示家庭成员的名称"父亲、儿子、女儿"，可以作为家庭成员的数据元素。

在数据处理中，通常把数据元素之间所固有的某种关系(即联系)用前后件关系(或直接前驱与直接后继关系)来描述。例如，在考虑一年中四个季节的顺序关系时，"春"是"夏"的前件，而"夏"是"春"的后件。同样，"夏"是"秋"的前件，"秋"是"夏"的后件；"秋"是"冬"的前件，"冬"是"秋"的后件。一般来说，数据元素之间的任何关系都可以用前后件关系来描述。

1. 数据的逻辑结构

数据的逻辑结构是指数据之间的逻辑关系，与它们在计算机中的存储位置无关。数据的逻辑结构有两个基本要素：

(1) 表示数据元素的信息，通常记为 D；

(2) 表示各数据元素之间的前后件关系，通常记为 R。

因此，一个数据结构可以表示成 B=(D，R)，其中 B 表示数据结构。为了表示出 D 中各数据元素之间的前后件关系，一般用二元组来表示。例如，假设 a 与 b 是 D 中的两个数据元素，则二元组(a, b)表示 a 是 b 的前件，b 是 a 的后件。

例 2.1　一年四季的数据结构可以表示成：

B=(D，R)

D={春，夏，秋，冬}

R={(春，夏), (夏，秋), (秋，冬)}

例 2.2　家庭成员数据结构可以表示成：

B=(D，R)

D={父亲，儿子，女儿}

R={(父亲，儿子), (父亲，女儿)}

2. 数据的存储结构

数据的逻辑结构是从逻辑上来描述数据元素之间的关系的，它独立于计算机。然而，研究数据结构的目的是在计算机中实现对它的处理，因此还要研究数据元素及其相互关系如何在计算机中表示和存储，也就是数据的存储结构。数据的存储结构应包括数据元素自身值的存储表示和数据元素之间关系的存储表示两个方面。在实际进行数据处理时，被处理的各数据元素在计算机存储空间中的位置关系与它们的逻辑关系不一定是相同的。例如在家庭成员的数据结构中，"儿子"和"女儿"都是"父亲"的后件，但在计算机存储空间中，不可能将"儿子"和"女儿"这两个数据元素都紧邻存放在"父亲"这个数据元素的后面。

由于数据元素在计算机存储空间中的位置关系可能与逻辑关系不同，因此，为了表示存放在计算机存储空间中的各数据元素之间的逻辑关系(即前后件关系)，在数据的存储结构中，不仅要存放各数据元素的信息，还需要存放各数据元素之间的前后件关系的信息。实际上，一种数据的逻辑结构可以表示成多种存储结构。常用的存储结构有顺序、链式、索引等。对于同一种逻辑结构，如果采用的存储结构不同，则数据处理的效率往往是不同的。

2.2.2　数据结构的图形表示

数据结构除了可以用前面所述的二元关系表示外，还可以用图形来表示。在数据结构的图形表示中，数据集合 D 中的数据元素用中间标有元素值的方框表示，称为数据结点，简称结点。为了表示各数据元素之间的前后件关系，对于关系 R 中的每一个二元组，用一条有向线段从前件结点指向后件结点。例如，一年四季的数据结构可以用如图 2-1 所示的图形来表示。对于家庭成员间辈分关系的数据结构可以用如图 2-2 所示的图形来表示。

图 2-1　一年四季数据结构的图形表示

图 2-2　家庭成员数据结构的图形表示

用图形方式表示数据结构不仅方便，而且也很直观。有时在不会引起误解的情况下，前件结点到后件结点连线上的箭头可以省去。

在数据结构中，没有前件的结点称为根结点；没有后件的结点称为终端结点(也称为叶子结点)。例如，在图 2-1 所示的数据结构中，结点"春"为根结点，结点"冬"为终端结点；在图 2-2 所示的数据结构中，结点"父亲"为根结点，结点"儿子"与"女儿"都是终端结点。在数据结构中，除根结点与终端结点外的其他结点一般称为内部结点。

2.2.3　线性结构与非线性结构

一个数据结构可以是空的，即一个数据元素都没有，称为空数据结构。在一个空的数据结构中插入一个新的数据元素后就变为非空；在只有一个数据元素的数据结构中，将该元素删除后就变为空数据结构。根据数据结构中各数据元素之间前后件关系的复杂程度，一般将数据结构分为两大类：线性结构和非线性结构。如果一个非空的数据结构满足下面两个条件：

(1) 有且只有一个根结点；

(2) 每个结点最多有一个前件，也最多有一个后件。

则称该数据结构为线性结构。线性结构又称线性表。

例 2.1 中描述一年四季的数据结构就属于线性结构。需要说明的是，在一个线性结构中插入或删除一个结点后还是线性结构。

如果一个数据结构不是线性结构，则称为非线性结构。例 2.2 中描述家庭成员间辈分关系的数据结构就是非线性结构。

2.3　线性表及其顺序存储结构

2.3.1　线性表的基本概念

线性表(Linear List)是最简单、最常用的一种数据结构，它由一组数据元素组成。例如，一年的月份号(1，2，3，…，12)是一个长度为 12 的线性表。再如，英文小写字母表(a，b，c，…，z)是一个长度为 26 的线性表。

线性表是由 $n(n \geq 0)$ 个数据元素 $a_1, a_2, \cdots, a_n$ 组成的一个有限序列，表中的每个数据元素，除第一个外，有且只有一个前件，除最后一个外，有且只有一个后件。即线性表可以表示为 $(a_1, a_2, \cdots, a_i, \cdots, a_n)$，其中 $a_i(i=1, 2, \cdots, n)$ 是属于数据对象的元素，通常也称其为线性表中的一个结点。当 $n=0$ 时，称为空表。

2.3.2　线性表的顺序存储结构

在计算机中存放线性表，最简单的方法是采用顺序存储结构。用顺序存储结构存储的线性表也称为顺序表，其特点如下：

(1) 顺序表中所有元素所占的存储空间是连续的；

(2) 顺序表中各数据元素在存储空间中是按逻辑顺序依次存放的。

可以看出，在顺序表中，其前后件两个元素在存储空间中是紧邻的，且前件元素一定存储在后件元素的前面。

图 2-3 说明了顺序表在计算机内的存储情况。其中 a_1，a_2，…，a_n 表示顺序表中的数据元素。

	a_1	a_2	…	a_{i-1}	a_i	…	a_n	

图 2-3　线性表的顺序存储结构示意图

假设长度为 n 的顺序表 $(a_1, a_2, \cdots, a_i, \cdots, a_n)$ 中每个数据元素所占的存储空间相同(假设都为 k 个字节)，要在该顺序表中查找某个元素是很方便的。假设第 i 个数据元素 a_i 的存储地址用 $ADR(a_i)$ 表示，则有：

$$ADR(a_i)=ADR(a_1)+(i-1)k$$

即线性表的顺序存储结构中各元素的存储地址可以直接计算求得。

在计算机程序设计语言中，一般用一个一维数组来表示线性表的顺序存储(即顺序表)空间，因为程序设计语言中的一维数组与计算机中实际的存储空间结构是类似的，这便于对顺序表进行各种处理。实际上，在定义一个一维数组的大小时，总要比顺序表的长度大些，以便对顺序表能进行各种运算，如插入运算等。

顺序表的运算主要有以下几种：

(1) 在顺序表的指定位置插入一个新的元素(即顺序表的插入)；

(2) 在顺序表中删除指定的元素(即顺序表的删除)；

(3) 在顺序表中查找满足给定条件的元素(即顺序表的查找)；

(4) 按要求重排顺序表中各元素的顺序(即顺序表的排序)；

(5) 按要求将一个顺序表分解成多个顺序表(即顺序表的分解)；

(6) 按要求将多个顺序表合并成一个顺序表(即顺序表的合并)；

(7) 复制一个顺序表(即顺序表的复制)；

(8) 逆转一个顺序表(即顺序表的逆转)等。

2.4　栈和队列

2.4.1　栈及其基本运算

1. 栈的基本概念

栈(Stack)是一种特殊的线性表，它是限定仅在一端进行插入和删除运算的线性表。其中，允许插入与删除的一端称为栈顶(Top)，而不允许插入与删除的另一端称为栈底(Bottom)。栈顶元素总是最后被插入的那个元素，从而也是最先能被删除的元素；栈底元素总是最先被插入的元素，从而也是最后才能被删除的元素。

栈是按照"先进后出"(First In Last Out，FILO)或"后进先出"(Last In First Out，LIFO)的原则操作数据的，因此，栈也被称为"先进后出"表或"后进先出"表。由此可以看出，栈具有记忆作用。

如图 2-4 所示，通常用指针 top 指向栈顶，用指针 bottom 指向栈底。往栈中插入一个元素称为入栈运算，从栈中删除一个元素(即删除栈顶元素)称为出栈运算。

在图 2-4 中，a_1 为栈底元素，a_n 为栈顶元素。栈中的元素按照 a_1, a_2, …, a_n 的顺序进栈，出栈的顺序则相反。

图 2-4　栈的示意图

2. 栈的顺序存储及基本运算

栈的顺序存储结构是利用一组地址连续的存储单元依次存放自栈底到栈顶的数据元素，并设有指针指向栈顶元素的位置，如图 2-4 所示。用顺序存储结构来存储的栈简称为顺序栈。

栈的基本运算有 3 种：入栈、出栈与读栈。

(1) 入栈运算

入栈运算是指在栈顶位置插入一个新元素。运算过程如下：

① 修改指针，将栈顶指针加 1(top 加 1)；

② 在当前栈顶指针所指位置插入新元素。

当栈顶指针已经指向存储空间的最后一个位置时，说明栈空间已满，这时不能再进行入栈操作。

(2) 出栈运算

出栈运算是指取出栈顶元素并赋给某个变量。运算过程如下：

① 将栈顶指针指向的栈顶元素读取后赋给一个变量；

② 将栈顶指针减 1(top 减 1)。

当栈顶指针为 0(即 top=0)时，说明栈空，这时不能进行出栈运算。

(3) 读栈运算

读栈运算是指将栈顶元素赋给一个指定的变量。运算过程是：将栈顶指针指向的栈顶元素读出并赋给一个变量，栈顶指针保持不变。

当栈顶指针为 0(即 top=0)时，说明栈空，读不到栈顶元素。

2.4.2 队列及其基本运算

1. 队列的基本概念

队列(Queue)也是一种特殊的线性表，它是限定仅能在表的一端进行插入，而在表的另一端进行删除的线性表。在队列中，允许插入的一端称为队尾，允许删除的一端称为队头。

队列是按照"先进先出"(First In First Out，FIFO)或"后进后出"(Last In Last Out，LILO)的原则操作数据的，因此，队列也被称为"先进先出"表或"后进后出"表。在队列中，通常用指针 front 指向队头，用 rear 指向队尾，如图 2-5 所示。

图 2-5 队列示意图

队列的基本运算有两种：往队列的队尾插入一个元素称为入队运算，从队列的队头删除一个元素称为出队运算。与栈类似，在程序设计语言中，用一维数组作为队列的顺序存储空间。用顺序存储结构存储的队列称为顺序队列。

2. 循环队列及其运算

为了充分利用存储空间，在实际应用中，队列的顺序存储结构一般采用循环队列的形式。当 rear 或 front 指向最后一个存储位置时，把第一个存储位置作为下一个存储位置，即队列指针在整个存储空间内循环游动，从而使顺序队列形成逻辑上的环状空间，称为循环队列(Circular Queue)，如图 2-6 所示。

图 2-6 循环队列存储空间示意图

在循环队列结构中，当存储空间的最后一个位置已被使用而要再次进行入队运算时，只要存储空间的第一个位置空闲，就可以将元素插入到第一个位置，即将第一个位置作为新的队尾。可以设置 n 来表示循环队列的最大存储空间。

在循环队列中，从队头指针 front 指向的位置直到队尾指针 rear 指向的前一个位置之间，所有元素均为队列中的元素。循环队列的初始状态为空，即 rear=front=n，如图 2-6 所示。

循环队列主要有两种基本运算：入队运算与出队运算。每进行一次出队运算，队头指针加 1。当队头指针 front=n+1 时，则设置 front=1。每进行一次入队运算，队尾指针加 1。当队尾指针 rear=n+1 时，则设置 rear=1。

当循环队列满时有 front=rear，而当循环队列空时也有 front=rear。为了区分队列是满还是空，需要设置一个标志 sign，sign=0 时表示队列是空的，sign=1 时表示队列是非空的。从而可给出队列空与队列满的条件：队列空的条件为 sign=0；队列满的条件为 sign=1，且 front=rear。

下面具体介绍循环队列的入队与出队运算。

假设循环队列的初始状态为空，即 sign=0，且 front=rear=n。

(1) 入队运算

入队运算是指在循环队列的队尾插入一个新元素。算法如下：

① 如果 sign=0 或 sign=1 且 front≠rear，执行下述操作：

② 插入元素，将新元素插入到队尾指针指向的位置；

③ 队尾指针加 1，若 rear=n+1，则置 rear=1；

④ 如果 sign=0，则置 sign=1。

(2) 出队运算

出队运算是指在循环队列的队头位置退出一个元素并赋给指定的变量。算法如下：

① 如果 sign=1，执行下述操作：

② 退出元素，即将队头指针指向的元素赋给指定的变量；

③ 队头指针加 1，若 front=n+1，则设置 front=1；

④ 如果 front=rear，则置 sign=0。

2.5　线性链表

2.5.1　线性链表的基本概念

线性表的顺序存储结构在插入或删除元素时往往需要移动大量的数据元素。另外，在顺序存储结构下，线性表的存储空间不便于扩充。如果线性表的存储空间已满，但还要插入新的元素时，就会发生"上溢"错误。再如，在实际应用中，经常用到若干个线性表(包括栈与队列)。如果将存储空间平均分配给各线性表，就有可能造成有的线性表的空间不够用，而有的线性表的空间根本用不着或用不满，这就使得有的线性表空间处于空闲状态，而另一些线性表却产生"上溢"，使操作无法进行。

由于线性表的顺序存储结构存在以上缺点，因此对于数据元素需要频繁变动的大线性表应采用链式存储结构。

1. 线性链表

线性表的链式存储结构称为线性链表。

为了表示线性表的链式存储结构，通常将计算机存储空间划分为一个一个的小块，每一小块占连续的若干字节，通常称这些小块为存储结点。为了存储线性表中的元素，一方面要存储数据元素的值，另一方面还要存储各数据元素之间的前后件关系。这就需要将存储空间中的每一个存储结点分为两部分：一部分用于存储数据元素的值，称为数据域；另一部分用于存储下一个数据元素的存储结点的地址，称为指针域。

在线性链表中，一般用一个专门的指针 HEAD 指向线性链表中第一个数据元素的结点，即用 HEAD 存放线性表中第一个数据元素的存储结点的地址。在线性表中，最后一个元素没有后件，所以线性链表中最后一个结点的指针域为空(用 NULL 或 0 表示)，表示链表终止。

假设有 4 个学生的某门功课的成绩分别是 a_1、a_2、a_3、a_4，这 4 个数据在内存中的存储单元地址分别是 1248、1488、1366 和 1522，其链表结构如图 2-7(a)所示。实际上，常用图 2-7(b)来表示它们间的逻辑关系。

(a) 线性链表的物理状态

(b) 线性链表的逻辑状态

图 2-7　线性链表示意图

在线性表的链式存储结构中，各数据结点的存储地址一般是不连续的，而且各结点在存储空间中的位置关系与逻辑关系一般也是不一致的。在线性链表中，各数据元素之间的前后件关系是由各结点的指针域来指示的。对于线性链表，可以从头指针开始，沿着结点指针遍历链表中的所有结点。

前面讨论的线性链表又称为线性单链表。在线性单链表中，每个结点只有一个指针域，由这个指针只能找到后件结点，即线性单链表只能沿着指针向一个方向扫描，这对于有些问题而言是很不方便的。为了克服线性单链表的这个缺点，在一些应用中，对线性链表中的每个结点设置两个指针域：一个指针指向其前件结点，称为前件指针或左指针；另一个指针指向其后件结点，称为后件指针或右指针。一般把这种包含前件指针和后件指针的线性链表称为双向链表，其逻辑表示如图 2-8 所示。

图 2-8 双向链表示意图

2. 带链的栈

与一般的线性表类似，在程序设计时，栈也可以使用链式存储结构。用链式存储结构来存储的栈，称为带链的栈，简称链栈。图 2-9 是栈在链式存储时的逻辑表示示意图。

图 2-9 带链的栈

3. 带链的队列

与一般的线性表类似，在程序设计时，队列也可以使用链式存储结构。用链式存储结构来存储的队列，称为带链的队列，简称链队列。图 2-10 是队列在链式存储时的逻辑表示示意图。

图 2-10 带链的队列

2.5.2 线性链表的基本运算

线性链表的基本运算如下：

(1) 在线性链表中插入一个包含新元素的结点。

(2) 在线性链表中删除包含指定元素的结点。

(3) 将两个线性链表合并成一个线性链表。

(4) 将一个线性链表按要求进行分解。

(5) 逆转线性链表。

(6) 复制线性链表。

(7) 线性链表的排序。

(8) 线性链表的查找。

2.5.3 循环链表

循环链表(Circular Linked List)的结构具有下面两个特点：

(1) 在循环链表中增加了一个表头结点。表头结点的数据域任意，也可根据需要来设置，指针域指向线性表的第一个元素的结点。循环链表的头指针指向表头结点。

(2) 循环链表中最后一个结点的指针域不是空的，而是指向表头结点。即在循环链表中，所有结点的指针构成了一个环状链，如图 2-11 所示。其中图 2-11(a)是一个非空的循环链表，图 2-11(b)是一个空的循环链表。

(a) 非空循环链表

(b) 空循环链表

图 2-11 循环链表的逻辑状态

在循环链表中，从任何一个结点出发，都可以访问到表中所有的其他结点。另外，由于在循环链表中设置了一个表头结点，循环链表中至少有一个结点存在，从而使空表与非空表的运算统一。

2.6 树与二叉树

2.6.1 树的基本概念

树(Tree)是一种非线性结构。在树型数据结构中，所有数据元素之间的关系具有明显的层次特点。图 2-12 表示了一棵树的一般形式。

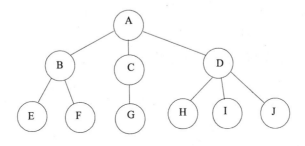

图 2-12 树的结构图

由图 2-12 可以看出，在用图形表示树结构时，很像自然界中的树，只不过是一棵倒置的树。因此，这种数据结构就用"树"来命名。在树的图形表示中，一般把用直线连起来的两个结点中上端的结点作为前件，把下端的结点作为后件，这样表示前后件关系的箭头就可以省略。

实际上，能用树结构表示的例子很多。例如，学校行政关系结构就可以用树来表示。由于树具有明显的层次关系，因此具有层次关系的数据都可以用树结构来描述。

关于树的基本术语如下：

树中没有前件的结点只有一个，称为根结点(简称根)，在图 2-12 中，结点 A 是树的根结点。除根结点外，每个结点只有一个前件，称为该结点的父结点。

树中的每个结点可以有多个后件，它们都称为该结点的子结点。没有后件的结点称为叶子结点。例如，图 2-12 中，结点 E、F、G、H、I、J 均为叶子结点。

树中一个结点所拥有的后件的个数称为该结点的度。例如，图 2-12 中，根结点 A 的度为 3；结点 B 的度为 2；结点 C 的度为 1；叶子结点的度为 0。

树的所有结点中度数最大的结点的度称为树的度。例如，图 2-12 所示的树的度为 3。

由于树结构具有明显的层次关系，即树是一种层次结构，因此在树结构中，按如下原则分层：

根结点在第 1 层。同一层上所有结点的所有子结点都在下一层。例如，在图 2-12 中，根结点 A 在第 1 层；结点 B、C、D 在第 2 层；结点 E、F、G、H、I、J 在第 3 层。

树的最大层数称为树的深度。例如，图 2-12 所示的树的深度为 3。

树中以某结点的一个子结点为根构成的树称为该结点的一棵子树。例如，在图 2-12 中，根结点 A 有 3 棵子树，它们分别以 B、C、D 为根结点；结点 B 有两棵子树，它们分别以 E、F 为根结点。树的叶子结点没有子树。

2.6.2　二叉树及其基本运算

由于二叉树的操作算法简单，而且任何树都可以转换为二叉树进行处理，因此二叉树在树结构的实际应用中起着重要的作用。

1. 二叉树的基本概念

二叉树(Binary Tree)是一种非常有用的非线性数据结构。二叉树与前面介绍的树结构很相似，并且有关树结构的所有术语都可以用到二叉树上。

二叉树的特点如下：

(1) 非空二叉树只有一个根结点；

(2) 每个结点最多有两棵子树，且分别称为该结点的左子树与右子树。

图 2-13 是一棵二叉树，根结点为 A，其左子树包含结点 B、D、G、H，右子树包含结点 C、E、F、I、J。根 A 的左子树又是一棵二叉树，其根结点为 B，有非空的左子树(由结点 D、G、H 组成)和空的右子树。根 A 的右子树也是一棵二叉树，其根结点为 C，有非空的左子树(由结点 E、I、J 组成)和右子树(由结点 F 组成)。

图 2-13　二叉树

在二叉树中，每个结点的度最大为 2，即所有子树(左子树或右子树)也均为二叉树，而树结点的度可以是任意的。另外，二叉树中每一个结点的子树区分为左子树与右子树。例如，图 2-14 中所示的是 4 棵不同的二叉树，但如果作为树，它们就相同了。

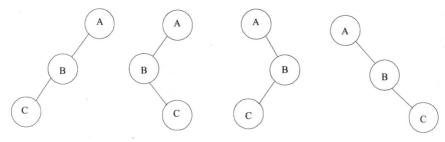

图 2-14　4 棵不同的二叉树

2. 满二叉树与完全二叉树

满二叉树与完全二叉树是两种特殊的二叉树。

1) 满二叉树

在一棵二叉树中，如果所有分支结点都存在左子树和右子树，并且所有叶子结点都在同一层上，这样的二叉树称为满二叉树。图 2-15(a)、图 2-15(b)分别是深度为 2、3 的满二叉树。

(a) 深度为 2 的满二叉树　　　　　　(b) 深度为 3 的满二叉树

图 2-15　满二叉树

2) 完全二叉树

完全二叉树是指除最后一层外，每一层上的结点数均达到最大值，而在最后一层上只缺少右边的若干结点。更确切地说，一棵深度为 m 的有 n 个结点的二叉树，对树中的结点按从上到下、从左到右的顺序编号。如果编号为 i(1≤i≤n)的结点与满二叉树中编号为 i 的结点在二叉树中的位置相同，则这棵二叉树称为完全二叉树。显然，满二叉树也是完全二叉树，而完全二叉树不一定是满二叉树。图 2-16 是两棵深度为 3 的完全二叉树。

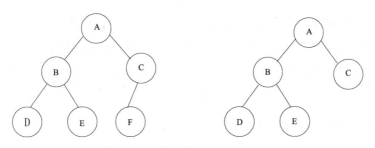

图 2-16　两棵深度为 3 的完全二叉树

3. 二叉树的基本性质

性质 1　在二叉树中，第 i 层的结点数最多为 2^{i-1} 个($i \geqslant 1$)。

根据二叉树的特点，这个性质是显然的。

性质 2　在深度为 k 的二叉树中，结点总数最多为 $2^k - 1$ 个($k \geqslant 1$)。

深度为 k 的二叉树是指二叉树共有 k 层。由性质 1 可知，深度为 k 的二叉树的最大结点数为：

$$2^0 + 2^1 + 2^2 + \cdots + 2^{k-1} = 2^k - 1$$

性质 3　对于任意一棵二叉树，度为 0 的结点(即叶子结点)总是比度为 2 的结点多一个。

这个性质说明如下：

假设二叉树中有 n_0 个叶子结点、n_1 个度为 1 的结点、n_2 个度为 2 的结点，则该二叉树中总的结点数为：

$$n = n_0 + n_1 + n_2 \tag{1}$$

又假设该二叉树中总的分支数为 m，因为除根结点外，其余结点都有一个分支进入，所以 $m = n - 1$。但这些分支是由度为 1 或度为 2 的结点发出的，所以又有 $m = n_1 + 2n_2$，于是得到：

$$n = n_1 + 2n_2 + 1 \tag{2}$$

由式(1)和式(2)可得 $n_0 = n_2 + 1$，即在二叉树中，度为 0 的结点(即叶子结点)总是比度为 2 的结点多一个。

例如，在图 2-13 所示的二叉树中，有 5 个叶子结点，有 4 个度为 2 的结点，度为 0 的结点比度为 2 的结点多一个。

性质 4　(1)具有 n 个结点的二叉树，其深度至少为 $[\log_2 n] + 1$，其中 $[\log_2 n]$ 表示取 $\log_2 n$ 的整数部分。(2)具有 n 个结点的完全二叉树的深度为 $[\log_2 n] + 1$。

这个性质可以由性质 2 直接得到。

性质 5　如果对一棵有 n 个结点的完全二叉树的结点从 1 到 n 按层(每一层从左到右)编号，则对于任一结点 $i (1 \leqslant i \leqslant n)$，有以下几种情况：

(1) 如果 $i = 1$，则结点 i 是二叉树的根，它没有父结点；如果 $i > 1$，则其父结点的编号为 $[i/2]$。

(2) 如果 $2i > n$，则结点 i 无左子结点(结点 i 为叶子结点)；否则，其左子结点是结点 $2i$。

(3) 如果 $2i + 1 > n$，则结点 i 无右子结点；否则，其右子结点是结点 $2i + 1$。

根据完全二叉树的这个性质，如果按从上到下、从左到右顺序存储完全二叉树的各结点，则很容易确定每一个结点的父结点、左子结点和右子结点的位置。

2.6.3　二叉树的存储结构

与一般的线性表类似，在程序设计时，二叉树也可以使用顺序存储结构和链式存储结构，不同的是此时表示一种层次关系而不是线性关系。

对于一般的二叉树，通常采用链式存储结构。用于存储二叉树中各元素的存储结点由两部分组成：数据域与指针域。在二叉树中，由于每个元素可有两个后件(即两个子结点)，因此，二叉树的存储结点的指针域有两个：一个用于存放该结点的左子结点的存储地址，称为左指针域；另一个用于存放该结点的右子结点的存储地址，称为右指针域。图 2-17 是二叉树存储结点的示意图。其中 ：L(i)是结点 i 的左指针域，即 L(i)为结点 i 的左子结点的存储地址；R(i)是结点 i 的右指针域，即 R(i)为结点 i 的右子结点的存储地址；V(i)是数据域。

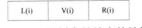

图 2-17　二叉树存储结点的结构

由于在二叉树的存储结构中每个存储结点有两个指针域，因此二叉树的链式存储结构也称为二叉链表。图 2-18 表示二叉链表的存储示意图。

图 2-18　二叉链表的存储示意图

对于满二叉树与完全二叉树来说，根据二叉树的性质 5，可按层序进行顺序存储，这样，不仅节省存储空间，又方便确定每个结点的父结点与左右子结点的位置，但顺序存储结构对于一般的二叉树不适用。

2.6.4　二叉树的遍历

在树的应用中，常常要求查找具有某种特征的结点，或者对树中全部结点逐一进行某种处理，因此引入了遍历二叉树。

二叉树的遍历是指按一定的次序访问二叉树中的每一个结点，使每个结点被访问一次且只被访问一次。根据二叉树的定义可知，一棵二叉树可看作由三部分组成，即根结点、左子树和右子树。在这三部分中，究竟先访问哪一部分？也就是说，遍历二叉树的方法实际上是要确定访问各结点的顺序，以便访问到二叉树中的所有结点，且各结点只被访问一次。

在遍历二叉树的过程中，通常规定先遍历左子树，然后再遍历右子树。在先左后右的原则下，根据访问根结点的次序，二叉树的遍历可以分为三种：前序遍历、中序遍历、后序遍历。下面分别介绍这三种遍历方法，并用 D、L、R 分别表示"访问根结点"、"遍历根结点的左子树"和"遍历根结点的右子树"。

1. 前序遍历(DLR)

前序遍历是指首先访问根结点，然后遍历左子树，最后遍历右子树；并且，在遍历左、右子树时，仍然先访问根结点，然后遍历左子树，最后遍历右子树。可以看出，前序遍历二叉树的过程是一个递归的过程。下面给出二叉树前序遍历的过程。

若二叉树为空，则遍历结束。

否则：

(1) 访问根结点；

(2) 前序遍历左子树；

(3) 前序遍历右子树。

例如，对图 2-19 中的二叉树进行前序遍历，则遍历的结果为 ABDGCEHIF。

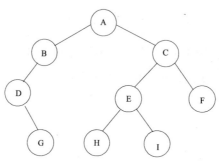

图 2-19　一棵二叉树

2. 中序遍历(LDR)

与前序遍历类似，二叉树中序遍历的过程如下：

若二叉树为空，则遍历结束。

否则：

(1) 中序遍历左子树；

(2) 访问根结点；

(3) 中序遍历右子树。

例如，对图 2-19 中的二叉树进行中序遍历，则遍历结果为 DGBAHEICF。

3. 后序遍历(LRD)

与前序遍历类似，二叉树后序遍历的过程如下：

若二叉树为空，则遍历结束。

否则：

(1) 后序遍历左子树；

(2) 后序遍历右子树；

(3) 访问根结点。

例如，对图 2-19 中的二叉树进行后序遍历，则遍历结果为 GDBHIEFCA。

2.7　查找技术

查找又称为检索，是数据处理领域的一个重要内容。所谓查找，是指在一个给定的数据结构中查找某个指定的元素。本节主要介绍顺序查找和二分法查找这两种方法。

2.7.1 顺序查找

顺序查找又称为顺序搜索，基本方法是：从线性表的第一个元素开始，依次与被查找元素进行比较，若相等，则查找成功；若所有元素在与被查元素进行比较后，都不相等，则查找失败。

在顺序查找过程中，如果线性表中的第一个元素就是要查找的元素，则只需要做一次比较就能查找成功；但如果被查找的元素是线性表中的最后一个元素，或者不在线性表中，则需要与线性表中所有的元素进行比较，这是顺序查找的最坏情况。在平均情况下，用顺序查找法在线性表中查找一个元素，大约要与线性表中一半的元素进行比较。可见，对于比较大的线性表来说，顺序查找法的效率是比较低的。虽然顺序查找的效率不高，但是对于下列两种情况，也只能采用顺序查找法。

(1) 如果线性表是无序表(即表中元素的排列是没有顺序的)，则不管是顺序存储结构还是链式存储结构，都只能用顺序查找。

(2) 如果线性表是有序线性表，但采用链式存储结构，也只能用顺序查找。

2.7.2 二分法查找

二分法查找只适用于顺序存储的有序表，即要求线性表中的元素按元素值的大小有序排列。假设有序线性表是按元素值递增排列的，并设表的长度为 n，被查元素为 x，则二分法查找过程如下：

(1) 将 x 与线性表的中间元素进行比较；

(2) 若中间元素的值等于 x，则查找成功，查找结束；

(3) 若 x 小于中间元素的值，则在线性表的前半部分以相同的方法查找；

(4) 若 x 大于中间元素的值，则在线性表的后半部分以相同的方法查找。

重复以上过程，直到查找成功；或直到子表长度为 0，此时查找失败。

可以看出，只有在有序的线性表为顺序存储时才能采用二分法查找。可以证明，对于长度为 n 的有序线性表，在最坏情况下，二分法查找只需要比较 $\log_2 n$ 次，顺序查找需要比较 n 次。可见，二分查找的效率要比顺序查找高得多。

2.8 排序技术

排序是指将一个无序的序列整理成有序的序列。排序的方法有很多，本节主要介绍三类常用的排序方法：交换类排序法、插入类排序法和选择类排序法。

2.8.1 交换类排序法

交换类排序法是指借助数据元素之间的互相交换进行排序的一种方法。冒泡排序法是一种最简单的交换类排序方法，它通过相邻数据元素的交换逐步将线性表变成有序的。冒泡排序法的操作过程如下：

首先，从表头开始往后扫描线性表，在扫描过程中依次比较相邻两元素的大小，若前面的元素大于后面的元素(假定进行从小到大排序)，则将它们互换，称为消去了一个逆序。显然，在扫描过程中，不断地将相邻元素中的大者往后移动，最后就将线性表中的最大者交换到了表的最后，如图 2-20(a)所示，图中有下划线的元素表示要比较的元素。可以看出，若线性表有 n 个元素，则第 1 趟排序要比较 n−1 次。

经过第 1 趟排序后，最后一个元素就是最大者。对除了最后一个元素外剩余的 n-1 个元素构成的线性表进行第二趟排序，依此类推，直到剩下的元素为空或者在扫描过程中没有交换任何元素为止，此时，线性表变得有序，如图 2-20(b)所示，图中由方括号括起来的部分表示已排成有序的部分。可以看出，若线性表有 n 个元素，则最多要进行 n−1 趟排序。在图 2-20 所示的例子中，在进行了第 4 趟排序后，线性表已排成有序。

原序列	6	2	8	1	3	1	7
第 1 次比较	2	6	8	1	3	1	7
第 2 次比较	2	6	8	1	3	1	7
第 3 次比较	2	6	1	8	3	1	7
第 4 次比较	2	6	1	3	8	1	7
第 5 次比较	2	6	1	3	1	8	7
第 6 次比较	2	6	1	3	1	7	8

(a) 第 1 趟排序

原序列	6	2	8	1	3	1	7
第 1 趟排序	2	6	1	3	1	7	[8]
第 2 趟排序	2	1	3	1	6	[7	8]
第 3 趟排序	1	2	1	3	[6	7	8]
第 4 趟排序	1	1	2	[3	6	7	8]
第 5 趟排序	1	1	[2	3	6	7	8]
第 6 趟排序	1	[1	2	3	6	7	8]
排序结果	1	1	2	3	6	7	8

(b) 各趟排序

图 2-20　冒泡排序示意图

从冒泡排序法的操作过程可以看出，对于长度为 n 的线性表，在最坏的情况下需要进行 $(n-1)+(n-2)+\cdots+2+1=n(n-1)/2$ 次比较。

2.8.2　插入类排序法

冒泡排序本质上是通过数据元素的位置交换来逐步消除线性表中的逆序的，插入类排序法与此不同。

简单插入排序法(又称直接插入排序法)是指将元素依次插入到已经有序的线性表中。

简单插入排序过程为：假设线性表中前 i−1 个元素已经有序，首先将第 i 个元素放到一个变量 T 中，然后从第 i−1 个元素开始，往前逐个与 T 进行比较，将大于 T 的元素均依次向后移动一个位置，直到发现一个元素不大于 T 为止，此时就将 T 插入到刚移出的空位上，有序子表的长度就变为 i 了。

在实际应用中，先将线性表中第 1 个元素看成一个有序表，然后从第 2 个元素开始逐个进行插入。图 2-21 给出了插入排序的示意图。图中方括号中为已排序的元素。

原序列	[33]	18	21	89	40	16
第 1 趟排序	[18	33]	21	89	40	16
第 2 趟排序	[18	21	33]	89	40	16
第 3 趟排序	[18	21	33	89]	40	16
第 4 趟排序	[18	21	33	40	89]	16
第 5 趟排序	[16	18	21	33	40	89]

图 2-21　简单插入排序示意图

在简单插入排序法中，每一次比较后最多移掉一个逆序，因此，这种排序方法的效率与冒泡排序法相同。在最坏情况下，简单插入排序法需要比较的次数为 $n(n-1)/2$。

2.8.3　选择类排序法

这里主要介绍简单选择排序法。

简单选择排序法也叫直接选择排序法，其排序过程如下：

扫描整个线性表，从中选出最小的元素，将它与表中第一个元素交换；然后对剩下的子表采用同样的方法，直到子表只有一个元素为止。对于长度为 n 的线性表，简单选择排序需要扫描 n−1 遍，每一遍扫描均从剩下的子表中选出最小的元素，然后将该最小的元素与子表中的第一个元素交换。

图 2-22 是这种排序法的示意图，图中方括号中为已排序的元素，有下划线的元素是表示要交换位置的元素。

原序列	33	18	21	89	19	16
第 1 遍选择	[16]	18	21	89	19	33
第 2 遍选择	[16	18]	21	89	19	33
第 3 遍选择	[16	18	19]	89	21	33
第 4 遍选择	[16	18	19	21]	89	33
第 5 遍选择	[16	18	19	21	33]	89

图 2-22　简单选择排序法示意图

简单选择排序法在最坏情况下需要比较 $n(n-1)/2$ 次。

2.9　习　题

一、选择题

1. 下列叙述中正确的是_____。

A) 一个算法的空间复杂度大，则其时间复杂度也必大

B) 一个算法的空间复杂度大，则其时间复杂度必定小

C) 一个算法的时间复杂度大，则其空间复杂度必定小

D) 上述三种说法都不对

2. 算法的有穷性是指_____。

A) 算法程序的运行时间是有限的

B) 算法程序所处理的数据量是有限的

C) 算法程序的长度是有限的

D) 算法只能被有限的用户使用

3. 算法的空间复杂度是指_____。

A) 算法在执行过程中所需要的计算机存储空间

B) 算法所处理的数据量

C) 算法程序中的语句或指令条数

D) 队头指针可以大于队尾指针，也可以小于队尾指针

4. 算法的时间复杂度是指_____。

A) 算法的执行时间

B) 算法所处理的数据量

C) 算法程序中的语句或指令条数

D) 算法在执行过程中所需要的基本运算次数

5. 下列叙述中正确的是_____。

A) 程序执行的效率与数据的存储结构密切相关

B) 程序执行的效率只取决于程序的控制结构

C) 程序执行的效率只取决于所处理的数据量

D) 以上三种说法都不对

6. 下列叙述中正确的是_____。

A) 一个逻辑数据结构只能有一种存储结构

B) 数据的逻辑结构属于线性结构，存储结构属于非线性结构

C) 一个逻辑数据结构可以有多种存储结构，且各种存储结构不影响数据处理的效率

D) 一个逻辑数据结构可以有多种存储结构，且各种存储结构影响数据处理的效率

7. 下列数据结构中，能够按照"先进先出"原则存取数据的是_____。

A) 循环队　　　　　B) 栈　　　　　C) 队列　　　　　D) 二叉树

8. 下列叙述中正确的是_____。

A) 在栈中，栈中元素随栈底指针与栈顶指针的变化而动态变化

B) 在栈中，栈顶指针不变，栈中元素随栈底指针的变化而动态变化

C) 在栈中，栈底指针不变，栈中元素随栈顶指针的变化而动态变化

D) 上述三种说法都不对

9. 下列叙述中正确的是_____。

A) 循环队列有队头和队尾两个指针，因此，循环队列是非线性结构

B) 在循环队列中，只需要队头指针就能反映队列中元素的动态变化情况

C) 在循环队列中，只需要队尾指针就能反映队列中元素的动态变化情况

D) 循环队列中元素的个数是由队头和队尾指针共同决定的

10. 下列关于栈的描述中错误的是_____。

A) 栈是先进后出的线性表

B) 栈只能顺序存储

C) 栈具有记忆作用

D) 在栈的插入与删除操作中，不需要改变栈底指针

11. 一个栈的初始状态为空。现将元素 1、2、3、4、5、A、B、C、D、E 依次入栈，然后再依次出栈，则元素出栈的顺序是_____。

A) 12345ABCDE　　　　　　　　B) EDCBA54321

C) ABCDE12345　　　　　　　　D) 54321EDCBA

12. 下列叙述中正确的是_____。

A) 顺序存储结构的存储空间一定是连续的，链式存储结构的存储空间不一定是连续的

B) 顺序存储结构只针对线性结构，链式存储结构只针对非线性结构

C) 顺序存储结构能存储有序表，链式存储结构不能存储有序表

D) 链式存储结构比顺序存储结构节省存储空间

13. 下列叙述中正确的是_____。

A) 栈是"先进先出"的线性表

B) 队列是"先进后出"的线性表

C) 循环队列是非线性结构

D) 有序线性表既可以采用顺序存储结构，也可以采用链式存储结构

14. 下列对线性链表的描述中正确的是_____。

A) 存储空间不一定连续，且各元素的存储顺序是任意的

B) 存储空间不一定连续，且前件元素一定存储在后件元素的前面

C) 存储空间必须连续，且前件元素一定存储在后件元素的前面

D) 存储空间必须连续，且各元素的存储顺序是任意的

15. 在深度为 7 的满二叉树中，叶子结点的个数为_____。

A) 32　　　　　　B) 31　　　　　　C) 64　　　　　　D) 63

16. 某二叉树中有 n 个度为 2 的结点，则该二叉树中的叶子结点数为_____。

　　A) n+1　　　　　　B) n−1　　　　　　C) 2n　　　　　　D) n/2

17. 对如下二叉树进行后序遍历的结果为_____。

　　A) ABCDEF　　　　B) DBEAFC　　　　C) ABDECF　　　　D) DEBFCA

18. 在长度为 n 的有序线性表中进行二分查找，最坏情况下需要比较的次数是_____。

　　A) n　　　　　　　B) n2　　　　　　　C) $\log_2 n$　　　　　D) n $\log_2 n$

19. 下列数据结构中，能用二分法进行查找的是_____。

　　A) 顺序存储的有序线性表　　　　　　B) 线性链表

　　C) 二叉链表　　　　　　　　　　　　D) 有序线性链表

20. 对长度为 n 的线性表进行顺序查找，在最坏情况下所需要的比较次数为_____。

　　A) $\log_2 n$　　　　　B) n/2　　　　　　C) n　　　　　　　D) n+1

二、填空题

1. 问题处理方案的正确而完整的描述称为_____。

2. 算法复杂度主要包括时间复杂度和_____复杂度。

3. 线性表的存储结构主要分为顺序存储结构和链式存储结构。队列是一种特殊的线性表，其操作原则是_____。

4. 按"先进后出"原则组织数据的数据结构是_____。

5. 数据结构分为线性结构和非线性结构，带链的队列属于_____。

6. 一棵二叉树第六层(根结点为第一层)的结点数最多为_____。

7. 深度为 5 的满二叉树有_____个叶子结点。

第3章 软件工程基础

软件工程(Software Engineering, SE)是一门指导计算机软件系统开发和维护的工程学科，涉及计算机科学、数学、管理科学以及工程科学等多个学科。软件工程的研究范围包括软件系统的开发方法和技术、管理技术、软件工具、环境和软件开发规范。

3.1 软件工程的基本概念

3.1.1 软件危机与软件工程

1. 软件危机

所谓软件危机，是指在计算机软件开发和维护过程中所遇到的一系列严重问题。具体来说，在软件开发和维护过程中，软件危机主要表现在以下方面：

(1) 软件需求的增长得不到满足，用户对系统不满意的情况经常发生。

(2) 软件开发成本和进度无法控制。

(3) 软件质量难以保证。

(4) 软件不可维护或可维护性非常低。

(5) 软件的成本不断提高。

(6) 软件开发生产率的提高赶不上硬件的发展和应用需求的增长。

2. 软件工程

为了消除软件危机，1968年北大西洋公约组织的计算机科学家在联邦德国召开国际会议，第一次讨论软件危机问题，并正式提出"软件工程"的概念。软件工程就是试图用工程、科学和数学的原理与方法研制、维护计算机软件的有关技术及管理方法。

软件工程包括三个要素，即方法、工具和过程。方法是完成软件工程项目的技术手段；工具支持软件的开发、管理、文档生成；过程支持软件开发的各个环节的控制、管理。

软件工程的核心思想是把软件产品作为一个工程产品来处理。

3.1.2 软件的定义与分类

1. 软件

计算机系统由硬件和软件两部分组成。计算机软件是指包括程序、数据及其相关文档资料的完整集合。其中，程序是软件开发人员根据用户需求开发的、用程序设计语言实现的、计算机能够执行的指令(语句)序列。数据是程序的处理对象，以特定数据结构存储。文档是与程序开发、维护和使用相关的图文资料。由此可见，软件由两部分组成：一是机器可执行的程序及相关数据；二是机器不可执行的，与软件开发、运行、维护和使用有关的文档。

2. 软件的分类

软件根据应用目标的不同，可以分为：应用软件、系统软件、支撑软件(或工具软件)。

应用软件是为解决特定领域的应用问题而开发的软件。例如，事务处理软件、工程与科学计算软件、实时处理软件、嵌入式软件以及人工智能软件等各种应用性质不同的软件。

系统软件是计算机管理自身资源、提高计算机使用效率并为计算机用户提供各种服务的软件。例如，操作系统、编译程序、汇编程序、网络软件、数据库管理系统等。

支撑软件是介于系统软件和应用软件之间、协助用户开发软件的工具性软件。例如，需求分析工具软件、设计工具软件、编码工具软件、测试工具软件、维护工具软件等。

3.1.3　软件的生存周期

通常，将软件产品提出、实现、使用维护到停止使用退役的过程称为软件的生存周期(Software Life Cycle)。软件开发通常分为软件定义、软件开发及软件运行维护 3 个阶段，如图 3-1 所示。

图 3-1　软件的生存周期

3.2　软件需求分析

3.2.1　需求分析与需求分析方法

1. 需求分析

软件需求是指用户对目标软件系统在功能、行为、性能、设计约束等方面的期望和要求。目的是准确定义新系统的目标，形成软件需求规格说明书。需求分析必须达到开发人员和用户完全一致的要求。

2. 需求分析方法

常见的需求分析方法有以下两种：

(1) 结构化分析方法。主要包括：面向数据流的结构化分析方法(Structured Analysis，SA)、面向数据结构的 Jackson 系统开发方法(Jackson System Development Method，JSD)、面向数据结构的结构化数据系统开发方法(Data Structured System Development Method，DSSD)。

(2) 面向对象的分析方法(Object-Oriented Method，OOA)。面向对象的分析方法的关键是识别问题域内的对象，分析它们之间的关系，并建立起三类模型：对象模型、动态模型和功能模型。

从需求分析建立的模型的特性来分，需求分析方法又分为静态分析方法和动态分析方法。

3.2.2　结构化分析方法

结构化分析方法着眼于数据流，采用自顶向下、逐层分解的方法来建立系统的处理流程。数据流图和数据字典是结构化分析方法的主要工具并依此建立系统的逻辑模型。结构化分析方法适合于分析大型的数据处理系统。

1. 数据流图(Data Flow Diagram，DFD)

数据流图是描述数据处理过程的工具，它从数据传递和加工的角度，以图形的方式描绘数据在系统中流动和处理的过程。

2. 数据字典(Data Dictionary，DD)

数据字典是结构化分析方法的另一个工具。它与数据流图配合，能清楚地表达数据处理的要求。仅靠数据流图人们很难理解它所描述的对象。数据字典是对所有与系统相关的数据元素的一个有组织的列表，以及精确、严格的定义，使得用户和系统分析人员对输入、输出、存储成分和中间计算结果等有共同的理解。

3.2.3　软件需求规格说明书

软件需求规格说明书(Software Requirement Specification，SRS)是需求分析阶段的最后成果，是软件开发中的重要文档之一。

1. 软件需求规格说明书的作用

(1) 便于用户、开发人员进行理解和交流。
(2) 反映出用户问题的结构，可以作为软件开发工作的基础和依据。
(3) 作为确认测试和验收的依据。

2. 软件需求规格说明书的内容

软件需求规格说明书是作为需求分析的一部分而制定的可交付文档。该说明书将在软件计划中确定的软件范围内加以展开，制定出完整的信息描述、详细的功能说明、恰当的检验标准以及其他与要求有关的数据。

3.3　软件设计

软件设计是软件工程的重要阶段，是一个把软件需求转换为软件表示的过程。在此过程中，要形成各种设计文档，即各种设计书，它是设计阶段的最终产品。软件设计阶段是软件开发过程中的一个关键阶段，对未来软件的质量有决定性的影响。

3.3.1　软件设计的基本概念

分析阶段的工作结果是需求规格说明书，它明确地描述了用户要求软件系统"做什么"。但对于大型系统来说，为了保证软件产品的质量，并使开发工作顺利进行，必须先为编程制定一个计划，这项工作即为软件设计。软件设计实际上是为需求规格说明书到程序之间的过渡架起一座桥梁。

1．软件设计的基本原理

在软件开发实践中，有许多软件设计的概念和原则，它们对提高软件的设计质量有很大的帮助。

1) 模块化

模块是数据说明、可执行语句等程序对象的集合。可以对模块单独命名，而且可通过名字访问。

模块化是指将软件系统划分成若干模块，每个模块完成一个子功能。模块化的目的是将系统"分而治之"，因此能够降低问题的复杂度，使软件结构清晰、易阅读、易理解、易测试和调试，因而有助于提高软件的可靠性。

模块化可以减少开发工作量，降低开发成本和提高软件生产率。但是划分模块并不是越多越好，因为这会增加模块之间接口的工作量，所以模块的划分层次和数量应该避免过多或过少。

2) 抽象

在现实世界中，事物、状态或过程之间存在共性。把这些共性集中且概括起来，忽略它们之间的差异，这就是抽象。简而言之，抽象就是抽出事物的本质特性而暂时不考虑它们的细节。软件设计中考虑模块化解决方案时，可以定义多个抽象级别。抽象的层次从概要设计到详细设计逐步降低。概要设计中的模块分层也是由抽象到具体、逐步分析和构造出来的。

3) 信息隐蔽

信息隐蔽是指每个模块的实现细节对于其他模块来说是隐蔽的，也就是说，模块中所包含的信息不允许其他模块直接访问。

4) 模块独立性

模块独立性是指每个模块只完成系统要求的独立的功能，而模块之间无过多相互作用。这是评价设计好坏的重要标准。

模块独立性可由内聚性和耦合性两个标准来度量。耦合表示不同模块之间联系的紧密程度，内聚表示一个模块内部各元素之间联系的紧密程度。

① 耦合性(Coupling)

耦合性是对一个软件结构内不同模块之间互连程度的度量。耦合性的强弱取决于模块间接口的复杂程度、调用模块的方式以及通过接口的是哪些信息。一个模块与其他模块的耦合性越强，其模块独立性越弱。

② 内聚性(Cohesion)

内聚性是一个模块内部各个元素之间彼此结合的紧密程度的度量。内聚是从功能角度来度量模块内的联系的。简单地说，理想内聚的模块只完成一个子功能。内聚性是信息隐蔽和局部化概念的自然扩展。一个模块的内聚性越强，该模块的模块独立性越强。作为软件结构设计的设计原则，要求每一个模块的内部都具有很强的内聚性，它的各个组成部分彼此都密切相关。

耦合性与内聚性是模块独立性的两个定性标准，耦合与内聚是相互关联的。在程序结构中，各模块的内聚性越强，它们的耦合性越弱。一般来说，软件设计时应尽量做到高内聚、低耦合，即减弱模块之间的耦合性和提高模块内的内聚性，从而提高模块的独立性。

2. 结构化设计方法

结构化设计方法的要求是在详细设计阶段，为了保证模块逻辑清楚，应该要求所有的模块只使用单入口、单出口以及顺序、选择和循环 3 种控制结构。这样，不论一个程序包含多少个模块，每个模块包含多少个基本的控制结构，整个程序仍能保持一条清晰的线索。

3.3.2　概要设计

软件概要设计的基本任务如下：

1. 设计软件系统结构

在需求分析阶段，已经把系统分解成层次结构，而在概要设计阶段，需要进一步分解，划分为模块以及模块的层次结构。

2. 数据结构及数据库设计

数据设计是实现需求定义和规格说明中提出的数据对象的逻辑表示。数据设计的具体任务是：确定输入、输出数据的详细数据结构；结合算法设计，确定算法所必需的逻辑数据结构及其操作；确定对逻辑数据结构所必需的那些操作的程序模块，限制和确定各个数据设计决策的影响范围；需要与操作系统或调度程序接口所必需的控制表进行数据交换时，确定其详细的数据结构和使用规则；数据的保护性设计——防卫性、一致性、冗余性设计。

3. 编写概要设计文档

在概要设计阶段，需要编写的文档有概要设计说明书、数据库设计说明书、集成测试计划等。

4. 概要设计文档评审

在概要设计中，对设计部分是否完整地实现了需求中规定的功能、性能等要求，设计方案的可行性，关键的处理及内外部接口定义的正确性、有效性，各部分之间的一致性等都要进行评审，以免在以后的设计中出现大的问题而返工。

3.3.3　详细设计

在概要设计阶段，已经确定了软件系统的总体结构，给出了系统中各个组成模块的功能和模块间的联系。而详细设计的任务，是为软件系统的总体结构中的每一个模块确定实现算法和局部数据结构，用某种选定的表达工具表示算法和数据结构的细节。

下面介绍几种常用的工具。

1. 程序流程图

程序流程图也称为程序框图，是软件开发者最熟悉的一种算法描述工具，它的主要优点是独立于任何一种程序设计语言，比较直观、清晰，易于学习掌握。

在程序流程图中常用的图形符号如图 3-2 所示。

图 3-2　程序流程图的基本图符

流程图中的流程线用以指明程序的动态执行顺序。结构化程序设计限制流程图只能使用 5 种基本控制结构，如图 3-3 所示。

(1) 顺序结构反映了若干个模块之间连续执行的顺序。

(2) 在选择结构中，由某个条件 P 的取值来决定执行两个模块中的哪一个。

(3) 在当型循环结构中，只有当某个条件成立时才重复执行特定的模块(称为循环体)。

(4) 在直到型循环结构中，重复执行一个特定的模块，直到某个条件成立时才退出该模块的重复执行。

(5) 在多重选择结构中，根据某控制变量的取值来决定选择多个模块中的哪一个。

图 3-3　流程图的 5 种基本控制结构

通过把程序流程图的 5 种基本控制结构相互组合或嵌套，可以构成任何复杂的程序流程图。

2. N-S 图

为避免流程图在描述程序逻辑时的随意性与灵活性，1973 年 Nassi 和 Shneiderman 提出用方框图来代替传统的程序流程图，通常也把这种图称为 N-S 图。N-S 图是一种不允许破坏结构化原则的图形算法描述工具，又称盒图。在 N-S 图中，去掉了流程图中容易引起麻烦的流程线，全部算法都写在一个框内，每一种基本结构也是一个框。5 种基本结构的 N-S 图如图 3-4 所示。

图 3-4　N-S 图的 5 种基本控制结构

N-S 图有以下几个基本特点：

(1) 功能域比较明确，可以从图的框中直接反映出来；

(2) 不能任意转移控制，符合结构化原则；

(3) 容易确定局部和全局数据的作用域；

(4) 容易表示嵌套关系，也可以表示模块的层次结构。

3. PDL

过程设计语言(Procedure Design Language，PDL)又称伪码或结构化的英语。它是一种混合语言，采用英语的词汇和结构化程序设计语言的语法，类似编程语言。

用 PDL 表示的基本控制结构的常用词汇如下：

- 条件：IF/THEN/ELSE/ENDIF
- 循环：DOWHILE/ENDDO
- 循环：REPEATUNTIL/ENDREPEAT
- 分支：CASE_OF/WHEN/SELECT/ENDCASE

一般说来，PDL 具有以下特征：

(1) 有为结构化构成元素、数据说明和模块化特征提供的关键词语法。

(2) 处理部分的描述采用自然语言语法。

(3) 可以说明简单和复杂的数据结构。

(4) 支持各种接口描述的子程序定义和调用技术。

3.4　程序设计基础

本节主要介绍程序设计方法与风格、结构化程序设计和面向对象的程序设计方法。

3.4.1　程序设计方法与风格

在程序设计中，除了好的程序设计方法和技术之外，程序设计风格也很重要。程序设计风格是指编写程序时所表现出的特点、习惯和逻辑思路。程序设计风格总体而言应该强调简单和清晰，程序必须是可以理解的。要形成良好的程序设计风格，主要应注重和考虑下列一些因素：

1. 源程序文档化

源程序文档化应该考虑以下几点：

(1) 符号名的命名。符号名的命名应具有一定的实际含义，以便于对程序的理解。

(2) 程序注释。正确的注释能够帮助阅读者理解程序。

(3) 书写格式。为使程序的结构清晰、便于阅读，可以在程序中利用空行、缩进等技巧使程序层次分明，提高视觉效果。

2. 语句的结构

程序应该简洁易懂，语句的书写应注意以下几点：

(1) 在一行内只写一条语句。

(2) 程序编写要做到清晰第一，效率第二。

(3) 首先要保证程序正确，然后才要求提高速度。

(4) 要模块化，并且模块功能尽可能单一。

3. 输入和输出

输入和输出的格式应方便用户使用，一个程序能否被用户接受，往往取决于输入和输出的风格。

3.4.2　结构化程序设计

由于软件危机的出现，人们开始研究程序设计方法，其中早期最受关注的是结构化程序设计方法，它强调程序设计风格和程序结构的规范化。

1. 结构化程序设计的原则

结构化程序设计方法的主要原则可以概括为自顶向下、逐步求精、模块化、限制使用 GOTO 语句。

(1) 自顶向下。程序设计时，应先考虑总体，后考虑细节；先考虑全局目标，后考虑局部目标。先从最上层总目标开始设计，逐步使问题具体化。

(2) 逐步求精。对于复杂问题，可以设计一些子目标作为过渡，逐步细化。

(3) 模块化。模块化是把程序要解决的总目标分解为分目标，再进一步分解为具体的小目标，把每个小目标称为一个模块。

(4) 限制使用 GOTO 语句。

结构化程序设计方法的起源来自对 GOTO 语句的认识和争论。最终的结果证明，取消 GOTO 语句后，程序易理解、易排错、易维护，程序容易进行正确性证明。

2. 结构化程序的基本结构

1966 年，Bohm 和 Jacopini 提出了 3 种基本结构，即顺序结构、选择结构和循环结构，并证明了使用这三种结构可以构造出任何复杂结构的程序。

3. 结构化程序设计原则和方法的应用

在结构化程序设计的具体实施中，要注意以下要点：
(1) 使用程序设计中的顺序、选择、循环等基本结构表示程序的控制流程。
(2) 选用的控制结构只允许有一个入口和一个出口。
(3) 将程序语句组织成容易识别的程序模块，每个模块只有一个入口和一个出口。
(4) 复杂结构通过基本控制结构的组合和嵌套来实现。

3.4.3　面向对象程序设计

1. 关于面向对象方法

随着软件形式化方法及新型软件的开发，传统的软件开发方法的局限性逐渐暴露出来。传统的软件开发方法是面向过程的，将数据和处理过程分离，增加了软件开发的难度。同时，传统的软件工程方法难以支持软件重用。

由于上述缺陷已不能满足大型软件开发的要求，一种全新的软件开发技术应运而生，这就是面向对象程序设计(Object-Oriented Programming, OOP)。面向对象程序设计于 20 世纪 60 年代末提出，起源于 Smalltalk 语言。

面向对象方法的本质，就是主张从客观世界固有的事物出发来构造系统，提倡用人类在现实生活中常用的思维方法来认识、理解和描述客观事物，强调最终建立的系统中的对象以及对象之间的关系能够如实地反映问题域中的固有事物及其关系。

2. 面向对象方法的基本概念

面向对象方法是以对象作为最基本的元素，是分析问题、解决问题的核心。对象与类是讨论面向对象方法最基本、最重要的概念。

1) 对象(Object)

对象是客观事物或概念的抽象表述，不仅能表示具体的实体，也能表示抽象的规则、计划和事件。对象本身的性质称为属性(Property)，对象通过其运算所展示的特定行为称为对象行为(Behavior)，对象将它自身的属性及运算"包装起来"称为"封装"(Encapsulation)。

在面向对象的系统中，对象是一个封装数据属性和操作行为的实体。

2) 类(Class)

类又称为对象类(Object Class)，是具有相同属性和方法的对象的抽象，是一组具有相同数据结构和相同操作对象的集合。类是对象的模板，一个对象是它对应类的一个实例(Instance)。要注意的是，当使用"对象"这个术语时，既可以指一个具体的对象，也可以泛指一般的对象。但是，当使用"实例"这个术语时，必然是指一个具体的对象。在类定义中，数据称为属性，行为或操作称为方法。

3) 消息(Message)

消息是指对象之间在交互中所传递的通信信息。消息使对象之间互相联系、协同工作，实现系统的各种服务。

一条消息包括以下三部分：

① 接收消息的对象名称

② 消息标识符(消息名)

③ 零个或多个参数

4) 继承(Inheritance)

继承是面向对象程序设计的一个主要特征。继承是使用已有的类来创建新类的一种技术，是已有类(父类)和新类(子类)之间共享属性及方法定义的机制。在定义和实现一个类的时候，可以在一个已经存在的类的基础上来进行，把这个已经存在的类所定义的内容作为自己的内容，并加入新的内容，这就是继承。

继承分为单继承与多重继承：

● 单继承是指一个子类只有一个父类，即子类只继承一个父类的属性和方法。

● 多重继承是指一个子类可以有多个父类，继承多个父类的属性和方法。

继承性的优点是，相似的对象可以共享程序代码和数据结构，从而大大减少了程序中的冗余信息，提高软件的可重用性，便于软件修改维护。另外，继承性使得用户在开发新的应用系统时不必完全从零开始。

5) 多态性(Polymorphism)

多态性是指相同的方法(名称相同的方法)作用于不同的对象上时可以获得不同的结果。即相同操作的消息在发给不同的对象时，每个对象将根据自己所属类中定义的方法去执行，从而产生不同的结果。

多态性允许每个对象以适合自身的方式去响应共同的消息，这样就增强了操作的透明性、可理解性和可维护性。

3.5　软件测试及调试

软件测试是保证软件质量的重要手段，其主要过程涵盖了整个软件生存周期的过程，包括需求定义阶段的需求测试、编码阶段的单元测试和集成测试以及后期的确认测试和系统测试，验证软件是否合格、能否交付用户使用等。

3.5.1　软件测试的目的

关于软件测试的目的，Glenford J.Myers 在 *The Art of Software Testing* 一书中给出了深刻的阐述。

(1) 软件测试是为了发现错误而执行程序的过程。

(2) 一个好的测试用例是指很可能找到迄今为止尚未发现的错误的用例。

(3) 一个成功的测试是发现了至今尚未发现的错误的测试。Myers 的观点告诉人们测试要以查找错误为中心，而不是为了演示软件的正确功能。因此，软件测试的目的是尽可能多地发现错误和缺陷。

3.5.2　软件测试技术与方法

软件测试的方法和技术是多种多样的。对于软件测试方法和技术，可以从不同的角度加以分类。若从是否需要执行被测软件的角度，可以分为静态测试和动态测试方法。若按照功能划分，可以分为白盒测试和黑盒测试方法。

1. 静态测试和动态测试

1) 静态测试

静态测试是指不运行被测程序本身，仅通过分析或检查源程序的语法、结构、过程、接口等来检查程序的正确性。静态测试包括代码检查、静态结构分析、代码质量度量等。它可以由人工进行，充分发挥人的逻辑思维优势，也可以借助软件工具自动进行。

2) 动态测试

动态测试是指通过运行被测程序，检查运行结果与预期结果的差异，并分析运行效率和健壮性等性能，这种方法由三部分组成：构造测试用例、执行程序、分析程序的输出结果。

测试是否能够发现错误取决于测试用例的设计。动态测试的常用方法有白盒测试和黑盒测试。

2. 白盒测试与黑盒测试

1) 白盒测试

软件的白盒测试是对软件的过程性细节作细致检查。这一方法是把测试对象看作一个打开的盒子，它允许测试人员利用程序内部的逻辑结构及有关信息，设计或选择测试用例，对程序所有逻辑路径进行测试。通过在不同点检查程序的状态，确定实际的状态是否与预期的状态一致。因此，白盒测试又称为结构测试或逻辑驱动测试。

白盒测试的主要方法有逻辑覆盖、基本路径测试等。

2) 黑盒测试

黑盒测试也称功能测试，它是通过测试来检测每个功能是否都能正常使用。在测试中，把程序看作一个不能打开的黑盒子，在完全不考虑程序内部结构和内部特性的情况下，对程序接口进行测试。它只检查程序功能是否能够按照需求规格说明书中的规定正常使用，程序是否能适当地接收输入数据而产生正确的输出信息。黑盒测试着眼于程序外部特性，不考虑内部逻辑结构，主要针对软件界面和软件功能进行测试。

用黑盒测试发现程序中的错误，必须在所有可能的输入条件和输出条件中确定测试数据，检查程序是否都能产生正确的输出。

黑盒测试主要有等价类划分法、边界值分析法、错误推测法几种方法。

3.5.3　软件测试的实施

软件测试是保证软件质量的重要手段，软件测试是一个过程，一般按 4 个步骤进行，即单元测试、集成测试、验收测试(确认测试)和系统测试。通过这些步骤的实施来验证软件是否合格，能否交付用户使用。

1. 单元测试

单元测试，也称模块测试，测试的目的是发现各模块内部可能存在的错误。单元测试的依据是详细设计说明书和源程序。单元测试的技术可以采用静态分析和动态测试。动态测试通常以白盒测试为主、黑盒测试为辅。

2. 集成测试

集成测试是在单元测试的基础上，将所有模块按照设计的要求组装成一个完整的系统而进行的测试和组装软件的过程。它是对模块在按照设计要求组装起来的同时进行测试，也叫联合测试或组装测试，测试重点是发现与接口有关的错误。集成测试的依据是概要设计说明书。测试的方法以黑盒测试为主。

3. 确认测试

确认测试的任务是验证软件的功能和性能及其他特性是否满足需求规格说明书中确定的各种需求，以及软件配置是否完全、正确。

4. 系统测试

系统测试是将通过测试确认的软件，作为整个基于计算机系统的一个元素，与计算机硬件、外设、支持软件、数据和人员等其他系统元素组合在一起，在实际运行(使用)环境下对计算机系统进行一系列的集成测试和确认测试。由此可知，系统测试必须在目标环境下运行，其功用在于评估系统环境下软件的性能，发现和捕捉软件中潜在的错误。

3.5.4 程序的调试

在对程序进行了成功的测试之后将进入程序调试(通常称 Debug，即排错)阶段。程序调试的任务是诊断和改正程序中的错误。由程序调试的概念可知，程序调试活动由两部分组成：其一，是根据错误的迹象确定程序中错误的确切性质、原因和位置；其二，对程序进行修改，排除错误。

3.6 习 题

一、选择题

1. 软件是指_____。
   A) 程序   B) 程序和文档
   C) 算法加数据结构   D) 程序、数据和相关文档的集合

2. 软件按功能可以分为：应用软件、系统软件和支撑软件(或工具软件)。下面属于应用软件的是_____。
   A) 编译程序   B) 操作系统   C) 教务管理系统   D) 汇编程序

3. 下列选项中不属于软件生存周期开发阶段任务的是_____。
   A) 软件测试   B) 概要设计   C) 软件维护   D) 详细设计

4. 在软件开发中，需求分析阶段产生的主要文档是_____。
   A) 可行性分析报告   B) 软件需求规格说明书
   C) 概要设计说明书   D) 集成测试计划

5. 在软件开发中，需求分析阶段可以使用的工具是_____。
   A) N-S 图   B) DFD 图   C) PAD 图   D) 程序流程图

6. 两个或两个以上模块之间关联的紧密程度称为_____。
   A) 耦合度   B) 内聚度   C) 复杂度   D) 数据传输特性

7. 从工程管理角度，软件设计一般分两步完成，它们是_____。
   A) 概要设计与详细设计   B) 数据设计与接口设计
   C) 软件结构设计与数据设计   D) 过程设计与数据设计

8. 程序流程图中有箭头的线段表示的是_____。
   A) 图元关系   B) 数据流   C) 控制流   D) 调用关系

9. 软件设计中模块划分应遵循的准则是_____。
   A) 低内聚、低耦合   B) 高内聚、低耦合
   C) 低内聚、高耦合   D) 高内聚、高耦合

10. 下列叙述中，不符合良好程序设计风格的是_____。
    A) 程序的效率第一，清晰第二   B) 程序的可读性好
    C) 程序中有必要的注释   D) 输入数据前要有提示信息

11. 下列选项中不属于结构化程序设计方法的是_____。

    A) 自顶向下   B) 逐步求精   C) 模块化   D) 可复用

12. 下列选项中不符合良好程序设计风格的是_____。

    A) 源程序要文档化   B) 数据说明的次序要规范化

    C) 避免滥用 GOTO 语句   D) 模块设计要保证高耦合、高内聚

13. 在面向对象方法中，实现信息隐蔽要依靠_____。

    A) 对象的继承 B) 对象的多态 C) 对象的封装 D) 对象的分类

14. 下列叙述中正确的是_____。

    A) 软件测试的主要目的是发现程序中的错误

    B) 软件测试的主要目的是确定程序中错误的位置

    C) 为了提高软件测试的效率，最好由程序编制者自己来完成软件测试的工作

    D) 软件测试是为了证明软件没有错误

15. 软件调试的目的是_____。

    A) 发现错误   B) 改正错误

    C) 改善软件的性能   D) 验证软件的正确性

二、填空题

1. 软件生存周期可分为多个阶段，一般分为定义阶段、开发阶段和维护阶段。编码和测试属于_____阶段。

2. 软件工程三要素包括方法、工具和过程，其中，_____支持软件开发的各个环节的控制和管理。

3. 对于结构化分析使用的数据流图(DFD)，需要利用_____对其中的图形元素进行确切的解释。

4. 软件开发过程主要分为需求分析、设计、编码与测试 4 个阶段，其中_____阶段产生软件需求规格说明书。

5. 程序流程图中的菱形框表示的是_____。

6. 在面向对象方法中，类的实例称为_____。

7. 在面向对象方法中，_____描述的是具有相似属性与操作的一组对象。

8. 符合结构化原则的 3 种基本控制结构是：选择结构、循环结构和_____。

9. 程序测试分为静态分析和动态测试。其中，_____是指不执行程序，而只是对程序文本进行检查，通过阅读和讨论，分析和发现程序中的错误。

10. 软件测试分为白盒测试和黑盒测试，等价类划分法属于_____测试。

11. 测试用例包括输入值集和_____值集。

12. 按照软件测试的一般步骤，集成测试应在_____测试之后进行。

13. 诊断和改正程序中错误的工作通常称为_____。

第 4 章　数据库基础

数据库技术是研究数据库的结构、存储、设计和使用的一门软件学科，是计算机领域的一个重要分支。在计算机应用的三大领域(科学计算、数据处理和过程控制)中，数据处理约占其中的 70%，而数据库技术就是作为一门数据处理技术发展起来的。

4.1　数据库系统的基本概念

近年来，数据库在计算机应用中的地位与作用日益重要，它在商业、事务处理中占有主导地位。它在多媒体领域、统计领域以及智能化应用领域中的地位与作用也变得十分重要。随着网络应用的普及，它在网络中的应用也日渐重要。因此，数据库已成为构成一个计算机应用系统的重要的支持性软件。

4.1.1　数据、数据库、数据库管理系统

1. 数据

数据(Data)是载荷或记录信息的按一定规则排列组合的物理符号。

在计算机科学中，数据是指所有能输入到计算机并被计算机程序处理的，具有一定意义的数字、字母、符号等。

计算机中的数据有瞬时性(Transient)数据和持久性(Persistent)数据之分。数据库系统中处理的是持久性数据。

2. 数据库

数据库(DataBase，DB)是一个长期存储在计算机内的、有组织的、有共享的、统一管理的数据集合。数据库具有以下特点：

(1) 数据按一定的数据模式组织、描述和存储；

(2) 可以为各种用户服务；

(3) 冗余度小；

(4) 数据独立性强；

(5) 易扩展。

3. 数据库管理系统

数据库管理系统(Database Management System，DBMS)是一种操纵和管理数据库的大型软件，用于建立、使用和维护数据库。它是数据库系统的核心组成部分。数据库管理系统负责数据库中的数据组织、数据操纵、数据维护、数据控制及保护、数据服务等。为完

成上述这些功能，数据库管理系统提供相应的数据语言(Data Language)，如下所示：

- 数据定义语言(Data Definition Language，DDL)。该语言负责数据的模式定义与数据的物理存取及构建。
- 数据操纵语言(Data Manipulation Language，DML)。该语言负责数据的操纵，包括查询及增、删、改等操作。
- 数据控制语言(Data Control Language，DCL)。该语言负责数据完整性、安全性的定义与检查以及并发控制、故障恢复等功能。

4. 数据库管理员

数据库管理员(Database Administrator，DBA)是专门对数据库的规划、设计、维护、监视等工作进行管理的人员。

5. 数据库系统

数据库系统(Database System，DBS)是以数据库为核心的完整的运行实体，由数据库、数据库管理系统、数据库管理员、硬件平台、软件平台组成。

6. 数据库应用系统

数据库应用系统(Database Application System，DBAS)是在数据库管理系统(DBMS)支持下建立的计算机应用系统。数据库应用系统是由数据库系统、应用程序系统、用户组成的，具体包括数据库、数据库管理系统、数据库管理员，硬件平台、软件平台、应用软件、应用界面等。

4.1.2　数据库系统的发展

数据管理发展至今已经历了 3 个阶段：人工管理阶段、文件系统阶段和数据库系统阶段。

1. 人工管理阶段

数据的人工管理阶段出现于 20 世纪 50 年代中期以前，主要用于科学计算。当时在硬件方面无磁盘，软件方面没有操作系统，靠人工管理数据。

2. 文件系统阶段

20 世纪 50 年代后期到 20 世纪 60 年代中期，数据管理进入了文件系统阶段。文件系统是数据库系统发展的初级阶段，提供了简单的数据共享与数据管理能力，但是无法提供完整的、统一的数据管理和数据共享的能力。由于它的功能简单，因此它附属于操作系统而不能成为独立的软件。

3. 数据库系统阶段

20 世纪 60 年代之后，数据管理进入数据库系统阶段。随着计算机的应用领域不断扩大，数据库系统的功能和应用范围也愈来愈广，目前已成为计算机系统的基本支撑软件。

从 20 世纪 60 年代末期起, 真正的数据库系统——层次数据库与网状数据库开始发展, 它们为统一管理与共享数据提供了有力支撑, 这个时期数据库系统蓬勃发展, 形成了有名的 "数据库时代"。但是这两种系统也存在不足, 主要是它们脱胎于文件系统, 受文件系统的影响较大, 对数据库使用带来诸多不便。同时, 此类系统的数据模式构造烦琐, 不宜于推广应用。

关系数据库系统出现于 20 世纪 70 年代, 在 20 世纪 80 年代得到蓬勃发展, 并逐渐取代前两种系统。关系数据库系统结构简单, 使用方便, 逻辑性强, 因此在 20 世纪 80 年代以后一直占据数据库领域的主导地位。

4.1.3　数据库系统的主要特点

数据库技术是在文件系统的基础上发展而来的, 两者都以数据文件的形式组织数据, 但由于数据库系统在文件系统之上加入了 DBMS 以对数据进行管理, 从而使得数据库系统具有以下特点:

1. 数据的集成性

数据库系统的数据集成性主要表现在如下几个方面:

(1) 在数据库系统中采用统一的数据结构方式, 如在关系数据库中采用二维表作为统一结构方式。

(2) 在数据库系统中按照多个应用的需要组织全局的、统一的数据结构(即数据模式), 数据模式不仅可以建立全局的数据结构, 还可以建立数据间的语义联系, 从而构成一个内在联系紧密的数据整体。

(3) 数据库系统中的数据模式是多个应用共同的、全局的数据结构, 而每个应用的数据则是全局结构中的一部分, 称为局部结构(即视图), 这种全局与局部的结构模式构成了数据库系统数据集成性的主要特征。

2. 数据的高共享性与低冗余性

数据的集成性使得数据可为多个应用所共享, 特别是在网络发达的今天, 数据库与网络的结合扩大了数据共享的应用范围。数据共享可极大地减少数据冗余性, 不仅减少了不必要的存储空间, 更为重要的是可以避免数据的不一致性。所谓数据的一致性, 是指在系统中同一数据的不同存储副本应保持相同的值, 而数据的不一致性指的是同一数据在系统中不同副本的取值不同。因此, 减少冗余是避免数据不一致的基础。

3. 数据独立性

数据独立性是数据与程序间的互不依赖性, 即应用程序独立于数据库中的数据结构。也就是说, 数据的逻辑结构、存储结构与存取方式的改变不会影响应用程序。

数据独立性一般分为物理独立性与逻辑独立性两种。

(1) 物理独立性: 物理独立性即数据的物理结构(包括存储结构、存取方式等)的改变, 如存储设备的更换、物理存储方式的变化、存取方式的改变等都不影响数据库的逻辑结构, 从而不会引起应用程序的变化。

(2) 逻辑独立性：数据库总体逻辑结构的改变，如修改数据模式、增加新的数据类型、改变数据间的联系等，不需要相应修改应用程序，这就是数据的逻辑独立性。

4.1.4 数据库的体系结构

数据库的体系结构分为三级，也称为三级模式，即内模式、概念模式、外模式。数据库的三级体系结构是数据的 3 个抽象级别，它把数据的具体组织留给 DBMS 管理，使用户能抽象地处理数据，而不必关心数据在计算机中的表示和存储。这三级结构之间差别很大，为实现这三个抽象级别的转换，DBMS 在这三级结构之间提供了两种映射，即外模式到概念模式的映射和概念模式到内模式的映射，如图 4-1 所示。

图 4-1 三级模式及两种映射关系示意图

1. 数据库系统的三级模式

数据模式是数据库系统中数据结构的一种表示形式，具有不同的层次与结构方式。

(1) 概念模式。概念模式(Conceptual Schema)是数据库系统中全局数据逻辑结构的描述，是全体用户(应用)的公共数据视图。此种描述是一种抽象描述，不涉及具体的硬件环境与平台，也与具体的软件环境无关。

概念模式主要描述数据的概念记录类型以及它们之间的关系，它还包括一些数据间的语义约束，对它的描述可用 DBMS 中的 DDL 语言定义。

(2) 外模式。外模式(External Schema)也称子模式(Subschema)或用户模式(User's Schema)。它是用户的数据视图，也就是用户见到的数据模式，它由概念模式推导而出。概念模式给出了系统的全局数据描述，而外模式则给出每个用户的局部数据描述。一个概念模式可以有若干个外模式，每个用户只关心与其有关的模式，这样不仅可以屏蔽大量无关信息，而且有利于数据保护。

(3) 内模式。内模式(Internal Schema)又称物理模式(Physical Schema)，它给出了数据库的物理存储结构与物理存取方法。内模式对一般用户是透明的，但它的设计直接影响数据库的性能。内模式给出了数据库的数据框架结构，数据是数据库中真正的实体，但这些数据必须按框架所描述的结构去组织。

以概念模式为框架组成的数据库叫作概念数据库(Conceptual Database)，以外模式为框架组成的数据库叫作用户数据库(User's Database)，以内模式为框架组成的数据库叫作物理数据库(Physical Database)。这三种数据库中只有物理数据库是真实存在于计算机外存中的，其他两种数据库并不真正存在于计算机中，而是通过两种映射由物理数据库映射而成。

模式的 3 个级别反映了模式的 3 个不同环境以及它们的不同要求，其中内模式处于最底层，它反映了数据在计算机物理结构中的实际存储形式；概念模式处于中间层，它反映了设计者对数据的全局逻辑要求；而外模式处于最外层，它反映了用户对数据的要求。

2. 数据库系统的两级映射

数据库通过两级映射建立了模式间的联系与转换，使得概念模式与外模式虽然并不真实物理存在，但是也能通过映射而获得其实体。此外，两级映射也保证了数据库系统中数据的独立性，即数据的物理组织改变与逻辑概念级改变相互独立，使得只要调整映射方式而不必改变用户模式。

(1) 概念模式到内模式的映射。该映射给出了概念模式中数据的全局逻辑结构到数据的物理存储结构间的对应关系，此种映射一般由 DBMS 实现。

(2) 外模式到概念模式的映射。概念模式是全局模式，而外模式是用户的局部模式。一个概念模式中可以定义多个外模式，而每个外模式是概念模式的一个基本视图。外模式到概念模式的映射给出了外模式与概念模式的对应关系，这种映射一般也是由 DBMS 来实现的。

4.2　数据模型

4.2.1　数据模型的基本概念

数据模型(Data Model)是数据特征的抽象。数据模型所描述的内容包括 3 个部分：数据结构、数据操作、数据约束。

(1) 数据结构：数据模型中的数据结构主要描述数据的类型、内容、性质以及数据间的联系等。

(2) 数据操作：数据模型中的数据操作主要描述在相应数据结构上的操作类型和操作方式。

(3) 数据约束：数据模型中的数据约束主要描述数据结构内数据间的语法、词义联系以及它们之间的制约和依存关系，此外还有数据动态变化的规则，以保证数据正确、有效和相容。

数据模型按不同的应用层次分成 3 种类型：概念数据模型(Conceptual Data Model)、逻辑数据模型(Logic Data Model)、物理数据模型(Physical Data Model)。

概念数据模型简称概念模型，它是一种面向客观世界、面向用户的模型；它与具体的数据库管理系统无关，与具体的计算机平台无关。概念模型着重于对客观世界复杂事物的结构描述及它们之间内在联系的刻画。概念模型是整个数据模型的基础。目前，较为常用的概念模型有 E-R 模型、扩充的 E-R 模型、面向对象模型及谓词模型等。

逻辑数据模型又称数据模型，是一种面向数据库系统的模型，该模型着重于数据库系统一级的实现。概念模型只有在转换成数据模型后才能在数据库中得以表示。目前，逻辑数据模型也有很多种，较为成熟并先后被人们大量使用过的有层次模型、网状模型、关系模型、面向对象模型等。

物理数据模型又称物理模型，是一种面向计算机物理表示的模型，此模型给出了数据模型在计算机上物理结构的表示。

4.2.2　E-R 模型

概念模型是面向现实世界的，它的出发点是有效和自然地模拟现实世界，给出数据的概念化结构。长期以来被广泛使用的概念模型是 E-R 模型(Entity-Relationship Model，实体关系模型)，它于 1976 年由 Peter Chen 首先提出。E-R 模型将现实世界的要求转换成实体、关系、属性以及它们间的两种基本连接关系，并且可以用一种图直观地表示出来。

1. E-R 模型的基本概念

1) 实体

现实世界中的事物可以抽象为实体。实体是概念世界中的基本单位，它们是客观存在且又能相互区别的事物。凡是有共性的实体可组成一个集合，称为实体集(Entity Set)，如学生张三、学生李四是实体，他们都属于学生实体集。

2) 属性

现实世界中事物均有一些特性，这些特性可以用属性来表示。属性刻画了实体的特征。一个实体往往可以有若干个属性。每个属性可以有值，一个属性的取值范围称为该属性的域。

3) 关系

现实世界中事物之间的关联称为关系。在概念世界中关系反映了实体集之间的一定关系，如教师与学生之间的教学关系，父亲与儿子之间的父子关系，卖方与买方之间的供求关系等。

两个实体集间的关系实际上是实体集间的函数关系，这种函数关系可以有下面几种：

- 一对一(One to One)关系，简记为 1:1。这种函数关系是常见的函数关系之一，如班级与班长间的关系，一个班级与一个班长间相互一一对应。
- 一对多(One to Many)或多对一(Many to One)关系，简记为 1:M(1:m)或 M:l(m:1)。这两种函数关系实际上是一种函数关系，如学生与其班级间的关系是多对一关系(反之，则为一对多关系)，即多个学生对应一个班级。
- 多对多(Many to Many)关系，简记为 M:N 或 m:n 。这是一种较为复杂的函数关系，如教师与学生这两个实体集之间的教与学的关系是多对多关系，因为一个教师可以教授多个学生，而一个学生又可以受教于多个教师。

2. 实体、关系、属性之间的连接关系

E-R 模型由实体、关系、属性这三个基本要素组成，由这三者结合起来才能表示现实世界。

3. E-R 模型的图示法

E-R 模型可以用一种非常直观的图的形式表示，这种图称为 E-R 图。在 E-R 图中分别用下述不同的几何图形表示 E-R 模型中的实体、属性、关系及其连接关系。

1) 实体集表示法

在 E-R 图中用矩形表示实体集，在矩形内写上该实体集的名字，实体集学生可用图 4-2 表示。

2) 属性表示法

在 E-R 图中用椭圆形表示属性，在椭圆形内写上该属性的名称，如学生有属性"学号"，可以用图 4-3 表示。

3) 关系表示法

在 E-R 图中用菱形(内写联系名)表示关系，如学生与课程间的选课关系可以用图 4-4 表示。

图 4-2　实体集表示法　　　图 4-3　属性表示法　　　图 4-4　关系表示法

4) 实体集(关系)与属性间的连接关系

属性依附于实体集，因此，它们之间有连接关系。在 E-R 图中这种关系可用连接这两个图形间的无向线段表示(一般情况下可用直线)。如实体集"学生"有属性"学号"、"姓名"及"年龄"；实体集"课程"有属性"课程号"、"课程名"及"预修课号"，此时它们可用图 4-5 表示。

图 4-5　实体集与属性间的连接

属性也依附于关系，它们之间也有连接关系，因此也可用无向线段表示。如关系"选课"可与学生的课程"成绩"属性建立连接并可用图 4-6 表示。

5) 实体集与关系间的连接关系

在 E-R 图中实体集与关系间的连接关系可用连接这两个图形间的无向线段表示。如实体集"学生"与关系"选课"间有连接关系，实体集"课程"与

图 4-6　关系与属性间的连接

关系"选课"间也有连接关系，因此它们之间可用无向线段相连，如图 4-7 所示。

为了进一步刻画实体间的函数关系，可在线段边上注明其对应函数关系，如图 4-8 所示。

图 4-7　实体集与关系间的连接关系　　　　图 4-8　实体集间关系的表示

由矩形、椭圆形、菱形及按一定要求相互连接的线段，即可构成一张完整的 E-R 图。

例 4.1　由前面所述的实体集"学生"与"课程"，以及附属于它们的属性和它们之间的关系"选课"的属性"成绩"构成了学生与课程关系的概念模型，可用图 4-9 所示的 E-R 图表示。

图 4-9　学生选课 E-R 图

4.2.3　层次模型

层次模型是最早发展起来的数据库模型。层次模型(Hierarchical Model)的基本结构是树型结构，这种结构方式在现实世界中很普遍，如家族结构、行政组织机构等，这些结构自顶向下、层次分明，图 4-10 所示的是一个学院的组织机构图。

图 4-10　层次模型

4.2.4　网状模型

网状模型(Network Model)的出现略晚于层次模型。网状模型在结构上较层次模型好，不像层次模型那样要满足严格的条件。图 4-11 所示的是一个网状模型的例子。和层次模型不同的是，网状模型的结点可以和其他任意结点连接。

图 4-11　网状模型

4.2.5　关系模型

关系模型采用二维表来表示,简称表。二维表由表框架(Frame)及表的元组(Tuple)组成。表框架由 n 个命名的属性(Property)组成, n 称为属性元数(Arity)。每个属性有一个取值范围,称为值域(Domain)。

在表框架中按行可以存放数据,每行数据称为元组。实际上,一个元组是由 n 个元组分量组成的,每个元组分量是元组中对应属性的值。一个表框架可以存放 m 个元组, m 称为表的基数(Cardinality)。

二维表一般满足如下 7 个性质:

(1) 二维表中元组个数是有限的——元组个数有限性。

(2) 二维表中元组均不相同——元组的唯一性。

(3) 二维表中元组的次序可以任意交换——元组的次序无关性。

(4) 二维表中元组的分量是不可分割的基本数据项——元组分量的原子性。

(5) 二维表中属性名各不相同——属性名唯一。

(6) 二维表中属性与次序无关,可任意交换——属性的次序无关性。

(7) 二维表中属性的分量具有与该属性相同的值域——分量值域的同一性。

满足以上 7 个性质的二维表称为关系(Relation),以二维表为基本结构建立的模型称为关系模型。

关系模型中的一个重要概念是键(Key)或码。键具有标识元组、建立元组间关系等重要作用。在二维表中凡能唯一标识元组的最小属性集称为该表的键或码。

二维表中可能有若干个键,它们称为该表的候选码或候选键(Candidate Key)。从二维表的所有候选键中选取一个作为用户使用的键,称为主键(Primary Key)或主码,主键也简称键或码。

表 R 中的某属性集是某表 S 的键,称该属性集为 R 的外键(Foreign Key)或外码。表中一定要有键,因为如果表中所有属性的子集均不是键,则表中属性的全集必为键(称为全键),因此也一定有主键。

关系框架与关系元组构成了一个关系。一个语义相关的关系集合构成一个关系数据库(Relational Database)。关系的框架称为关系模式,而语义相关的关系模式集合构成了关系数据库模式(Relational Database Schema)。

关系模式支持子模式,关系子模式是关系数据库模式中用户所见到的那部分数据模式描述。关系子模式也是二维表结构,对应的用户数据库称为视图(View)。

4.3　关系代数

关系数据库系统的特点之一是它建立在数学理论的基础之上。有很多数学理论可以表示关系模型的数据操作,其中最为著名的是关系代数(Relational Algebra)与关系演算(Relational Calculus)。数学上已经证明两者在功能上是等价的。下面主要介绍关系代数,它是关系数据库系统的理论基础。

4.3.1　关系模型的基本操作

关系是由若干个不同的元组组成的，因此关系可看成元组的集合。n 元关系是一个 n 元有序组的集合。设有一个 n 元关系 R，它有 n 个域，分别是 $D_1, D_2, \cdots, D_n$，此时，它们的笛卡尔积是：

$$D_1 \times D_2 \times \cdots \times D_n$$

该集合的每个元素都是具有如下形式的 n 元有序组：

$$(d_1, d_2, \cdots, d_n),\ d_i \in D_i,\ (i = 1, 2, \cdots, n)$$

该集合与 n 元关系 R 有如下联系：

$$R \subseteq D_1 \times D_2 \times \cdots \times D_n$$

即 n 元关系 R 是 n 元有序组的集合，是它的域的笛卡尔积的子集。

关系模型有插入、删除、修改和查询 4 种操作，它们又可以进一步分解成 6 种基本操作。

(1) 关系的属性的指定。指定一个关系内的某些属性，用它确定关系列，它主要用于检索或定位。

(2) 关系的元组的选择。用一个逻辑表达式给出关系中满足此表达式的元组，用它确定关系的行，它主要用于检索或定位。

用上述两种操作即可确定一张二维表内满足一定行列要求的数据。

(3) 两个关系的合并。将两个关系合并成一个关系。用此操作可以不断合并，从而可以将若干个关系合并成一个关系，以进行多个关系间的检索与定位。

用上述三个操作可以进行多个关系的定位。

(4) 关系的查询。在一个关系或多个关系间作查询，查询的结果也为关系。

(5) 关系元组的插入。在关系中增添一些元组，用它完成插入与修改。

(6) 关系元组的删除。在关系中删除一些元组，用它完成删除与修改。

4.3.2　关系的基本运算

由于操作是对关系所做的运算，而关系是有序组的集合。因此，可以将操作看成集合的运算。

1. 插入

设有关系 R 需要插入若干元组，要插入的元组组成关系 S，则插入可用集合并运算可表示为：

$$R \cup S$$

2. 删除

设有关系 R 需要删除一些元组，要删除的元组组成关系 S，则删除可用集合差运算可表示为：

$$R - S$$

3. 修改

修改关系 R 内的元组内容可用下面的方法实现：

(1) 设需要修改的元组构成关系 S，先做删除得到结果：

$$R - S$$

(2) 设修改后的元组构成关系 T，此时将其插入即得到结果：

$$(R - S) \cup T$$

4. 查询

用于查询的 3 个操作无法用传统的集合运算表示，需要引入一些新的运算。

1) 投影(Projection)运算

一个关系通过投影运算(并由该运算给出指定的属性)后仍为一个关系 S。S 是这样一个关系，它是由 R 中投影运算所指出的那些属性列组成的关系。设 R 有 n 个属性 $A_1, A_2, \cdots, A_n$，则在 R 上对属性 $A_{i_1}, A_{i_2}, \cdots, A_{i_m}$ ($A_{i_j} \in \{A_1, A_2, \cdots, A_n\}$) 的投影可表示成为下面的一元运算：

$$\pi_{A_{i_1}, A_{i_2}, \cdots, A_{i_m}}(R)$$

2) 选择(Selection)运算

关系 R 通过选择运算(并由该运算给出选择的逻辑条件)后仍为一个关系，这个关系是由 R 中那些满足逻辑条件的元组组成的。设关系的逻辑条件为 F，则 R 满足 F 的选择运算可表示为：

$$\sigma_F(R)$$

逻辑条件 F 是一个逻辑表达式。

3) 笛卡尔积(Cartesian Product)运算

两个关系的合并操作可以用笛卡尔积表示。设有 n 元关系 R 及 m 元关系 S，它们分别有 p、q 个元组，则关系 R 与 S 的笛卡尔积记为 R×S，该关系是一个 n + m 元关系。元组个数是 p×q，由 R 与 S 的有序组组合而成。

图 4-12 给出了两个关系 R、S 的实例以及 R 与 S 的笛卡尔积 T = R×S。

R

R1	R2	R3
a	b	c
d	e	f

S

S1	S2	S3
j	k	l
m	n	o

T=R×S

R1	R2	R3	S1	S2	S3
a	b	c	j	k	l
a	b	c	m	n	o
d	e	f	j	k	l
d	e	f	m	n	o

图 4-12　关系 R、S 及 R×S

4.3.3　关系代数的扩充运算

关系代数中除了上述几个最基本的运算外，为操纵方便还需增添一些运算，这些运算均可由基本运算导出。常用的扩充运算有交、除、连接及自然连接等。

1. 交(Intersection)运算

关系 R 与 S 经交运算后得到的关系是由那些既在 R 内又在 S 内的元组组成的，记为 R∩S。图 4-13 给出了两个关系 R 与 S 及它们经交运算后得到的关系 T。

交运算可由基本运算推导而得：

$$R∩S = R-(R-S)$$

R			
A	B	C	D
1	2	3	4
8	6	9	3

S			
A	B	C	D
2	5	0	6
1	2	3	4

T=R∩S			
A	B	C	D
1	2	3	4

图 4-13　关系 R、S 及 R∩S

2. 除(Division)运算

如果将笛卡尔积运算看作乘运算的话，那么除运算就是它的逆运算。当关系 T＝R×S 时，可将除运算写为：

$$T÷R = S \text{ 或 } T/R = S$$

S 称为 T 除以 R 的商(Quotient)。

由于除采用的是逆运算，因此除运算的执行是需要满足一定条件的。设有关系 T、R，则 T 能被 R 除的充分必要条件是：T 中包含 R 的所有属性；T 中有一些属性不出现在 R 中。

在除运算中 S 的属性由 T 中那些不出现在 R 中的属性组成，对于 S 中的任一元组，由它与关系 R 中每个元组构成的元组均出现在关系 T 中。

图 4-14 给出了关系 T 及一组 R，对这组不同的 R 给出了经除法运算后对应的商 S。

T			
A	B	C	D
m	n	1	2
x	y	3	4
x	y	1	2
m	n	3	4
m	n	5	6

图 4-14　3 个除法

R₁	
C	D
1	2
3	4

R₂	
C	D
1	2

R₃	
C	D
1	2
3	4
5	6

S₁	
A	B
m	n
x	y

S₂	
A	B
m	n
x	y

S₃	
A	B
m	n

图 4-14　(续)

3. 连接(Join)与自然连接(Natural Join)运算

连接运算又可称为 θ 连接运算，这是一种二元运算。设有关系 R、S 以及比较式 i θ j，其中 i 为 R 中的属性，j 为 S 中的属性。可以将 R、S 在属性 i、j 上的 θ 连接记为：

$$R \underset{i\theta j}{\bowtie} S$$

它的含义可用下式定义：

$$R \underset{i\theta j}{\bowtie} S = \sigma_{i\theta j}(R \times S)$$

在 θ 连接中，如果 θ 为 "="，就称此连接为等值连接，否则称为不等值连接；如果 θ 为 "<"，称之为小于连接；如果 θ 为 ">"，称之为大于连接。

在实际应用中最常用的连接是自然连接，它是在等值连接的基础上去掉重复属性列后的结果。它满足下面的条件：

(1) 两关系间有公共属性；

(2) 通过对应值相等的公共属性进行连接。

设有关系 R、S，R 有属性 $A_1, A_2, \cdots, A_n$，S 有属性 $B_1, B_2, \cdots, B_m$，并且 $A_{i_1}, A_{i_2}, \cdots, A_{i_j}$ 与 $B_1, B_2, \cdots, B_j$ 分别为相同属性，此时它们的自然连接可记为：

$$R \bowtie S$$

自然连接的含义可用下式表示：

$$R \bowtie S = \pi_{A_1, A_2, \cdots, A_n, B_{j+1}, \cdots, B_m}(\sigma_{A_{i_1}=B_1 \wedge A_{i_2}=B_2 \wedge \cdots \wedge A_{i_j}=B_j}(R \times S))$$

设关系 R、S 如图 4-15(a) 和图 4-15(b) 所示，T=R　S 如图 4-15(c) 所示。

R			
A	B	C	D
1	2	4	5
2	4	2	6
3	1	4	7

(a)

S	
D	E
8	6
6	5
7	2

(b)

T				
A	B	C	D	E
2	4	2	6	5
3	1	4	7	2

(c)

图 4-15　R、S 及 T=R⋈S

在以上运算中最常用的是投影运算、选择运算、自然连接运算、并运算及差运算。

4.4　数据库设计

数据库设计(Database Design)是指对于给定的应用环境，构造最优的数据库模式，建立数据库及其应用系统，使之能够有效地存储数据，满足各种用户的应用需求(信息要求和处理要求)。在数据库领域内，常常把使用数据库的各类系统统称为数据库应用系统。

本节重点介绍数据库的需求分析、概念设计及逻辑设计 3 个阶段。

4.4.1　数据库设计概述

数据库设计目前一般采用生存周期(Life Cycle)法，即将整个数据库应用系统的开发分解成目标独立的若干阶段。它们是：需求分析阶段、概念设计阶段、逻辑设计阶段、物理设计阶段、编码阶段、测试阶段、运行阶段、进一步修改阶段。在数据库设计中采用上述几个阶段中的前四个阶段，并且重点以数据结构与模型的设计为主线，如图 4-16 所示。

图 4-16　数据库设计的 4 个阶段

4.4.2　需求分析

需求收集和分析是数据库设计的第一阶段，这一阶段收集到的基础数据和创建的一组数据流图(Data Flow Diagram，DFD)是下一步概念设计的基础。

需求分析阶段的任务是通过详细调查现实世界中要处理的对象(组织、部门、企业等)，充分了解原系统的工作概况，明确用户的各种需求，然后在此基础上确定新系统的功能。新系统必须充分考虑今后可能的扩充和改变，不能仅按当前应用需求来设计数据库。

4.4.3 概念设计

数据库概念设计的目的是分析数据间内在的语义关联，在此基础上建立数据的抽象模型。数据库概念设计的方法有以下两种：

1. 集中式模式设计法

这是一种统一的模式设计方法，它根据需求由一个统一机构或人员设计一个综合的全局模式。这种设计简单方便，它强调统一与一致，适用于小型或并不复杂的系统，而对大型的或语义关联复杂的系统则并不适合。

2. 视图集成设计法

这种方法是将一个单位分解成若干个部分，先对每个部分作局部模式设计，建立各个部分的视图，然后以各视图为基础进行集成。在集成过程中可能会出现一些冲突，这是由于视图设计的分散性形成的不一致所造成的，因此需要对视图作修正，最终形成全局模式。

视图集成设计法是一种由分散到集中的方法，它的设计过程虽复杂，但它能较好地反映需求，适合于大型与复杂的系统，目前此种方法使用较多。

4.4.4 逻辑设计

数据库逻辑设计的主要工作是将 E-R 图转换成指定 RDBMS(关系数据库管理系统)中的关系模式。首先，从 E-R 图到关系模式的转换是比较直接的，实体与联系都可以表示成关系，E-R 图中的属性也可以转换成关系的属性。实体集也可以转换成关系。E-R 模型与关系间的转换如表 4-1 所示。

表 4-1　E-R 模型与关系间的比较表

E-R 模 型	关　系	E-R 模 型	关　系
属性	属性	实体集	关系
实体	元组	联系	关系

4.4.5 物理设计

数据库物理设计的主要目标是对数据库内部物理结构作调整并选择合适的存取路径，以提高数据库访问速度及有效利用存储空间。在现代关系数据库中已大量屏蔽了内部物理结构，因此留给用户参与物理设计的余地并不多，一般的 RDBMS 中留给用户参与物理设计的内容大致有如下几种：索引设计、集簇设计和分区设计。

4.4.6　数据库的建立与维护

数据库是一种共享资源，需要维护与管理，这种工作称为数据库管理，而实施此项管理的人员是数据库管理员。数据库管理一般包含如下一些内容：数据库的建立、数据库的调整、数据库的安全性控制与完整性控制、数据库的故障恢复、数据库的监控和数据库的重组。

4.5　习　题

一、选择题

1. 数据库设计的根本目标是要解决_____。
   A) 数据共享问题　　　　　　　　　B) 数据安全问题
   C) 大量数据存储问题　　　　　　　D) 简化数据维护

2. 数据库系统的核心是_____。
   A) 数据模型　　B) 数据库管理系统　　C) 数据库　　　　D) 数据库管理员

3. 数据库(DB)、数据库系统(DBS)、数据库管理系统(DBMS)之间的关系是____。
   A) DB 包含 DBS 和 DBMS　　　　B) DBMS 包含 DB 和 DBS
   C) DBS 包含 DB 和 DBMS　　　　D) 没有任何关系

4. 在数据库系统中，用户所见的数据模式为_____。
   A) 概念模式　　　B) 外模式　　　C) 内模式　　　D) 物理模式

5. 在数据管理技术发展的 3 个阶段中，数据共享最好的是_____。
   A) 人工管理阶段　　B) 文件系统阶段　　C) 数据库系统阶段　　D) 3 个阶段相同

6. 数据库应用系统中的核心问题是_____。
   A) 数据库设计　　　　　　　　　　B) 数据库系统设计
   C) 数据库维护　　　　　　　　　　D) 数据库管理员培训

7. 数据库管理系统是_____。
   A) 操作系统的一部分　　　　　　　B) 在操作系统支撑下的系统软件
   C) 一种编译系统　　　　　　　　　D) 一种操作系统

8. 用树型结构表示实体之间联系的模型是_____。
   A) 关系模型　　　B) 网状模型　　　C) 层次模型　　　D) 以上 3 个都是

9. "商品"与"顾客"两个实体集之间的关系一般是_____。
   A) 一对一　　　　B) 一对多　　　C) 多对一　　　D) 多对多

10. 一间宿舍可住多个学生，则实体宿舍和学生之间的关系是_____。

    A) 一对一   B) 一对多   C) 多对一   D) 多对多

11. 在 E-R 图中，用来表示实体之间关系的图形是_____。

    A) 矩形   B) 椭圆形   C) 菱形   D) 平行四边形

12. 设有表示学生选课的 3 张表——学生 S(学号，姓名，性别，年龄，身份证号)、课程 C(课号，课名)和选课 SC(学号，课号，成绩)，则表 SC 的关键字(键或码)为_____。

    A) 课号，成绩   B) 学号，成绩   C) 学号，课号   D) 学号，姓名，成绩

13. 设有如下关系表：

R		
A	B	C
1	1	2
2	2	3

S		
A	B	C
3	1	3

T		
A	B	C
1	1	2
2	2	3
3	1	3

则下列操作中正确的是_____。

    A) T=R∩S   B) T=R∪S   C) T=R×S   D) T=R/S

14. 设有如下 3 个关系表：

R
A
m
n

S	
B	C
1	3

T		
A	B	C
m	1	3
n	1	3

下列操作中正确的是_____。

    A) T=R∩S   B) T=R∪S   C) T=R×S   D) T=R/S

15. 设有如下 3 个关系 R、S 和 T：

R		
B	C	D
a	0	k1
b	1	n1

S		
B	C	D
f	3	h2
a	0	k1
n	2	x1

T		
B	C	D
a	0	k1

由关系 R 和 S 通过运算得到关系 T，则所使用的运算为_____。

    A) 并   B) 自然连接   C) 笛卡尔积   D) 交

16. 在下列关系运算中，不改变关系表中的属性个数但能减少元组个数的是_____。

    A) 并   B) 交   C) 投影   D) 笛卡尔积

17. 设有如下 3 个关系 R、S 和 T：

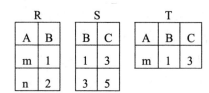

由关系 R 和 S 通过运算得到关系 T，则所使用的运算为_____。

    A) 笛卡尔积   B) 交   C) 并   D) 自然连接

18. 设有如下两个关系 R、S：

	R			S	
A	B	C		A	B
a	3	2		a	3
b	0	1		b	0
c	2	1		c	2

由关系 R 通过运算得到关系 S，则所使用的运算为_____。

    A) 选择   B) 投影   C) 插入   D) 连接

19. 数据库设计的 4 个阶段是需求分析、概念设计、逻辑设计和_____。

    A) 编码设计   B) 测试阶段   C) 运行阶段   D) 物理设计

20. 在数据库设计中，将 E-R 图转换成关系数据模型的过程属于_____。

    A) 需求分析阶段   B) 概念设计阶段

    C) 逻辑设计阶段   D) 物理设计阶段

21. 将 E-R 图转换为关系模式时，实体和联系都可以表示为_____。

    A) 属性   B) 键   C) 关系   D) 域

二、填空题

1. 数据独立性分为逻辑独立性与物理独立性。当数据的存储结构改变时，其逻辑结构可以不变，因此基于逻辑结构的应用程序不必修改，称为_____。

2. 在数据库系统中，实现各种数据管理功能的核心软件称为_____。

3. 在数据库管理系统提供的数据定义语言、数据操纵语言和数据控制语言中，_____负责数据的模式定义与数据的物理存取构建。

4. 在关系数据库中，把数据表示成二维表，每一个二维表称为_____。

5. 一个关系表的行称为_____。

6. 在二维表中，元组的_____不能再分成更小的数据项。

7. 在 E-R 图中，图形包括矩形框、菱形框、椭圆框。其中，表示实体联系的是_____框。

8. 在数据库中，实体集之间的联系可以是一对一、一对多或多对多关系，那么"学生"和"可选课程"之间的联系为_____。

9. 人员基本信息一般包括身份证号、姓名、性别、年龄等。其中，可以作为主关键字的是_____。

10. 数据库设计包括概念设计、_____和物理设计。

第5章 公共基础知识答案

5.1 数据结构习题解答

一、选择题

1. 下列叙述中正确的是_____。

    A) 一个算法的空间复杂度大，则其时间复杂度也必大

    B) 一个算法的空间复杂度大，则其时间复杂度必定小

    C) 一个算法的时间复杂度大，则其空间复杂度必定小

    D) 上述三种说法都不对

答案：D

2. 算法的有穷性是指_____。

    A) 算法程序的运行时间是有限的

    B) 算法程序所处理的数据量是有限的

    C) 算法程序的长度是有限的

    D) 算法只能被有限的用户使用

答案：A

分析：算法的有穷性是指一个算法应包含有限的操作步骤而不能是无限的，因此运行时间是有限的。算法的有穷性还应该包括合理的执行时间。因为如果一个算法需要执行一百年，就显然失去了实用价值。

3. 算法的空间复杂度是指_____。

    A) 算法在执行过程中所需要的计算机存储空间

    B) 算法所处理的数据量

    C) 算法程序中的语句或指令条数

    D) 队头指针可以大于队尾指针，也可以小于队尾指针

答案：A

4. 算法的时间复杂度是指_____。

    A) 算法的执行时间

    B) 算法所处理的数据量

    C) 算法程序中的语句或指令条数

    D) 算法在执行过程中所需要的基本运算次数

答案：D

分析：算法的时间复杂度是指执行算法所需要的计算工作量，而算法的计算工作量可以用算法在执行过程中所需要的基本运算的执行次数来度量。

5. 下列叙述中正确的是_____。

A) 程序执行的效率与数据的存储结构密切相关

B) 程序执行的效率只取决于程序的控制结构

C) 程序执行的效率只取决于所处理的数据量

D) 以上三种说法都不对

答案：A

6. 下列叙述中正确的是_____。

A) 一个逻辑数据结构只能有一种存储结构

B) 数据的逻辑结构属于线性结构，存储结构属于非线性结构

C) 一个逻辑数据结构可以有多种存储结构，且各种存储结构不影响数据处理的效率

D) 一个逻辑数据结构可以有多种存储结构，且各种存储结构影响数据处理的效率

答案：D

分析：数据的逻辑结构是指数据之间的逻辑关系，而数据的存储结构是指数据的逻辑结构在计算机存储空间中的存放形式。

7. 下列数据结构中，能够按照"先进先出"原则存取数据的是_____。

A) 循环队列　　　　B) 栈　　　　C) 队列　　　　D) 二叉树

答案：C

分析：队列是限定仅在表的一端进行插入，而在表的另一端进行删除的线性表。在队列中，允许插入的一端称为队尾，允许删除的一端称为队头。队列也被称为"先进先出"表或"后进后出"表。

8. 下列叙述中正确的是_____。

A) 在栈中，栈中元素随栈底指针与栈顶指针的变化而动态变化

B) 在栈中，栈顶指针不变，栈中元素随栈底指针的变化而动态变化

C) 在栈中，栈底指针不变，栈中元素随栈顶指针的变化而动态变化

D) 上述三种说法都不对

答案：C

分析：栈是限定仅在一端进行插入和删除运算的线性表。允许插入与删除的一端称为栈顶，而不允许插入与删除的另一端称为栈底。栈也被称为"先进后出"表或"后进先出"表。

9. 下列叙述中正确的是_____。

A) 循环队列有队头和队尾两个指针，因此，循环队列是非线性结构

B) 在循环队列中，只需要队头指针就能反应队列中元素的动态变化情况

C) 在循环队列中，只需要队尾指针就能反应队列中元素的动态变化情况

D) 循环队列中元素的个数是由队头和队尾指针共同决定的

答案：D

分析：在循环队列中，从队头指针 front 指向的位置直到队尾指针 rear 指向的前一个位置之间的所有元素均为队列中的元素。

10. 下列关于栈的描述中错误的是_____。

  A) 栈是先进后出的线性表

  B) 栈只能顺序存储

  C) 栈具有记忆作用

  D) 在对栈的插入与删除操作中，不需要改变栈底指针

答案：B

分析：栈可以顺序存储，也可以链式存储。

11. 一个栈的初始状态为空。现将元素 1、2、3、4、5、A、B、C、D、E 依次入栈，然后再依次出栈，则元素出栈的顺序是_____。

  A) 12345ABCDE   B) EDCBA54321

  C) ABCDE12345   D) 54321EDCBA

答案：B

分析：栈是先进后出的线性表。

12. 下列叙述中正确的是_____。

  A) 顺序存储结构的存储空间一定是连续的，链式存储结构的存储空间不一定是连续的

  B) 顺序存储结构只针对线性结构，链式存储结构只针对非线性结构

  C) 顺序存储结构能存储有序表，链式存储结构不能存储有序表

  D) 链式存储结构比顺序存储结构节省存储空间

答案：A

13. 下列叙述中正确的是_____。

  A) 栈是"先进先出"的线性表

  B) 队列是"先进后出"的线性表

  C) 循环队列是非线性结构

  D) 有序线性表既可以采用顺序存储结构，也可以采用链式存储结构

答案：D

14. 下列对线性链表的描述中正确的是_____。

  A) 存储空间不一定连续，且各元素的存储顺序是任意的

  B) 存储空间不一定连续，且前件元素一定存储在后件元素的前面

  C) 存储空间必须连续，且前件元素一定存储在后件元素的前面

  D) 存储空间必须连续，且各元素的存储顺序是任意的

答案：A

15. 在深度为 7 的满二叉树中，叶子结点的个数为_____。

  A) 32   B) 31   C) 64   D) 63

答案：C

16. 某二叉树中有 n 个度为 2 的结点，则该二叉树中的叶子结点数为_____。

  A) n+1   B) n−1   C) 2n   D) n/2

答案：A

分析：在二叉树中，度为 0 的结点(即叶子结点)总是比度为 2 的结点多一个。

17. 对如下二叉树：

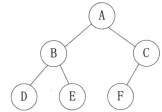

进行后序遍历的结果为_____。

　　A) ABCDEF　　　　　B) DBEAFC　　　　　C) ABDECF　　　　　D) DEBFCA

答案：D

分析：二叉树后序遍历的过程如下——若二叉树为空，则遍历结束。否则，(1)后序遍历左子树；(2)后序遍历右子树；(3)访问根结点。

18. 在长度为 n 的有序线性表中进行二分查找，最坏情况下需要比较的次数是_____。

　　A) n　　　　　　　B) n2　　　　　　C) $\log_2 n$　　　　　D) n $\log_2 n$

答案：C

分析：可以证明，对于长度为 n 的有序线性表，在最坏情况下，二分查找只需要比较 $\log_2 n$ 次，顺序查找需要比较 n 次。

19. 下列数据结构中，能用二分法进行查找的是_____。

　　A) 顺序存储的有序线性表　　　　B) 线性链表

　　C) 二叉链表　　　　　　　　　　D) 有序线性链表

答案：A

分析：二分法查找只适用于顺序存储的有序线性表。

20. 对长度为 n 的线性表进行顺序查找，在最坏情况下所需要的比较次数为_____。

　　A) $\log_2 n$　　　　B) n/2　　　　　C) n　　　　　　D) n+1

答案：C

二、填空题

1. 问题处理方案的正确而完整的描述称为_____。

答案：算法

2. 算法复杂度主要包括时间复杂度和_____复杂度。

答案：空间

3. 线性表的存储结构主要分为顺序存储结构和链式存储结构。队列是一种特殊的线性表，其操作原则是_____。

答案：先进先出，FIFO

4. 按"先进后出"原则组织数据的数据结构是_____。

答案：栈

5. 数锯结构分为线性结构和非线性结构，带链的队列属于 _____。

答案：线性结构

6. 一棵二叉树第六层(根结点为第一层)的结点数最多为_____。

答案：32

7. 深度为 5 的满二叉树有_____个叶子结点。

答案：16

5.2 软件工程习题解答

一、选择题

1. 软件是指_____。

　A) 程序　　　　　　　　　　B) 程序和文档
　C) 算法加数据结构　　　　　D) 程序、数据和相关文档的集合

答案：D

2. 软件按功能可以分为：应用软件、系统软件和支撑软件(或工具软件)。下面属于应用软件的是_____。

　A) 编译程序　　B) 操作系统　　　C) 教务管理系统　D) 汇编程序

答案：C

3. 下列选项中不属于软件生存周期开发阶段任务的是_____。

　A) 软件测试　　B) 概要设计　　　C) 软件运行维护　D) 详细设计

答案：C

分析：软件生存周期分为软件定义、软件开发及软件运行维护三个阶段。

4. 在软件开发中，需求分析阶段产生的主要文档是_____。

　A) 可行性分析报告　　　　　B) 软件需求规格说明书
　C) 概要设计说明书　　　　　D) 集成测试计划

答案：B

分析：需求分析的目的是形成软件需求规格说明书。

5. 在软件开发中，需求分析阶段可以使用的工具是_____。

　A) N-S 图　　B) DFD 图　　　C) PDL 语言　　　D) 程序流程图

答案：B

分析：需求分析方法有两种：结构化分析方法和面向对象的分析方法。结构化分析方法以数据流图(Data Flow Diagram，DFD)和数据字典(Data Dictionary，DD)为主要工具，建立系统的逻辑模型。

6. 两个或两个以上模块之间关联的紧密程度称为_____。

　A) 耦合度　　　　B) 内聚度　　　　C) 复杂度　　　D) 数据传输特性

答案：A

7. 从工程管理角度，软件设计一般分两步完成，它们是_____。

　　A) 概要设计与详细设计　　　　　　B) 数据设计与接口设计

　　C) 软件结构设计与数据设计　　　　D) 过程设计与数据设计

答案：A

8. 程序流程图中，有箭头的线段表示的是_____。

　　A) 图元关系　　B) 数据流　　　C) 控制流　　D) 调用关系

答案：C

9. 软件设计中模块划分应遵循的准则是_____。

　　A) 低内聚、低耦合　　　　　　　　B) 高内聚、低耦合

　　C) 低内聚、高耦合　　　　　　　　D) 高内聚、高耦合

答案：B

10. 下列叙述中，不符合良好程序设计风格的是_____。

　　A) 程序的效率第一，清晰第二　　　B) 程序的可读性好

　　C) 程序中有必要的注释　　　　　　D) 输入数据前要有提示信息

答案：A

11. 下列选项中不属于结构化程序设计方法的是_____。

　　A) 自顶向下　　B) 逐步求精　　　C) 模块化　　　　D) 可复用

答案：D

分析：结构化程序设计的原则是自顶向下，逐步求精，模块化，限制使用 GOTO 语句。

12. 下列选项中不符合良好程序设计风格的是_____。

　　A) 源程序要文档化　　　　　　　　B) 数据说明的次序要规范化

　　C) 避免滥用 GOTO 语句　　　　　　D) 模块设计要保证高耦合、高内聚

答案：D

13. 在面向对象方法中，实现信息隐蔽是依靠_____。

　　A) 对象的继承　　　　　　　　　　B) 对象的多态

　　C) 对象的封装　　　　　　　　　　D) 对象的分类

答案：C

14. 下列叙述中正确的是_____。

　　A) 软件测试的主要目的是发现程序中的错误

　　B) 软件测试的主要目的是确定程序中错误的位置

　　C) 为了提高软件测试的效率，最好由程序编制者自己来完成软件测试的工作

　　D) 软件测试是为了证明软件没有错误

答案：A

15. 软件调试的目的是_____。

　　A) 发现错误　　　　　　　　　　　B) 改正错误

　　C) 改善软件的性能　　　　　　　　D) 验证软件的正确性

答案：B

分析：程序调试的任务是诊断和改正程序中的错误。

二、填空题

1. 软件生存周期可分为多个阶段，一般分为定义阶段、开发阶段和运行维护阶段。编码和测试属于 _____ 阶段。

答案：开发

2. 软件工程三要素包括方法、工具和过程，其中，_____ 支持软件开发的各个环节的控制和管理。

答案：过程

分析：软件工程三要素包括方法、工具和过程。方法是完成软件工程项目的技术手段；工具支持软件的开发、管理、文档生成；过程支持软件开发的各个环节的控制、管理。

3. 对结构化分析使用的数据流图(DFD)，需要利用 _____ 对其中的图形元素进行确切的解释。

答案：数据字典

4. 软件开发过程主要分为需求分析、设计、编码与测试四个阶段，其中_____阶段产生软件需求规格说明书。

答案：需求分析

5. 程序流程图中的菱形框表示的是_____。

答案：逻辑条件，逻辑判断

6. 在面向对象方法中，类的实例称为_____。

答案：对象

7. 在面向对象方法中，_____描述的是具有相似属性与操作的一组对象。

答案：类

8. 符合结构化原则的三种基本控制结构是：选择结构、循环结构和_____。

答案：顺序结构

9. 程序测试分为静态分析和动态测试。其中_____是指不执行程序，而只是对程序文本进行检查，通过阅读和讨论，分析和发现程序中的错误。

答案：静态分析

10. 软件测试分为白盒测试和黑盒测试，等价类划分法属于_____测试。

答案：黑盒

分析：白盒测试的主要方法有逻辑覆盖、基本路径测试等。黑盒测试主要有等价类划分法、边界值分析法、错误推测法等几种方法。

11. 测试用例包括输入值集和_____值集。

答案：输出

12. 按照软件测试的一般步骤，集成测试应在_____测试之后进行。

答案：单元

13. 诊断和改正程序中错误的工作通常称为_____。

答案：程序调试，Debug

5.3 数据库基础习题解答

一、选择题

1. 数据库设计的根本目标是要解决_____。

    A) 数据共享问题   B) 数据安全问题

    C) 大量数据存储问题   D) 简化数据维护

答案：A

2. 数据库系统的核心是_____。

    A) 数据模型   B) 数据库管理系统

    C) 数据库   D) 数据库管理员

答案：B

3. 数据库(DB)、数据库系统(DBS)、数据库管理系统(DBMS)之间的关系是_____。

    A) DB 包含 DBS 和 DBMS   B) DBMS 包含 DB 和 DBS

    C) DBS 包含 DB 和 DBMS   D) 没有任何关系

答案：C

分析：数据库系统由数据库、数据库管理系统、数据库管理员、硬件平台、软件平台组成。

4. 在数据库系统中，用户见到的数据模式为_____。

    A) 概念模式   B) 外模式   C) 内模式   D) 物理模式

答案：B

分析：数据库的体系结构分为三级，也称为三级模式，即内模式(又称物理模式)、概念模式和外模式。其中外模式是用户见到的数据模式。

5. 在数据管理技术发展的 3 个阶段中，数据共享最好的是_____。

    A) 人工管理阶段   B) 文件系统阶段

    C) 数据库系统阶段   D) 三个阶段相同

答案：C

6. 数据库应用系统中的核心问题是_____。

    A) 数据库设计   B) 数据库系统设计

    C) 数据库维护   D) 数据库管理员培训

答案：A

7. 数据库管理系统是_____。

    A) 操作系统的一部分   B) 在操作系统支撑下的系统软件

    C) 一种编译系统   D) 一种操作系统

答案：B

8. 用树型结构表示实体之间联系的模型是_____。

    A) 关系模型   B) 网状模型   C) 层次模型   D) 以上三个都是

答案：C

9. "商品"与"顾客"两个实体集之间的联系一般是_____关系。

    A) 一对一   B) 一对多   C) 多对一   D) 多对多

答案：D

10. 一间宿舍可住多个学生，实体宿舍和学生之间的联系是_____关系。

    A) 一对一   B) 一对多   C) 多对一   D) 多对多

答案：B

11. 在 E-R 图中，用来表示实体之间联系的图形是_____。

    A) 矩形   B) 椭圆形   C) 菱形   D) 平行四边形

答案：C

分析：在 E-R 图中，用矩形表示实体集，用椭圆形表示属性，用菱形表示关系。

12. 设有表示学生选课的 3 张表，学生 S(学号，姓名，性别，年龄，身份证号)、课程 C(课号，课名)和选课 SC(学号，课号，成绩)，则表 SC 的关键字(键或码)为_____。

    A) 课号，成绩   B) 学号，成绩

    C) 学号，课号   D) 学号，姓名，成绩

答案：C

分析：在二维表中凡能唯一标识元组的最小属性集称为该表的键或码。

13. 设有如下关系表：

R

A	B	C
1	1	2
2	2	3

S

A	B	C
3	1	3

T

A	B	C
1	1	2
2	2	3
3	1	3

则下列操作中正确的是_____。

    A) T=R∩S   B) T=R∪S   C) T=R×S   D) T=R/S

答案：B

14. 设有如下 3 个关系表：

R

A
m
n

S

B	C
1	3

T

A	B	C
m	1	3
n	1	3

下列操作中正确的是_____。

    A) T=R∩S   B) T=R∪S   C) T=R×S   D) T=R/S

答案：C

15. 设有如下 3 个关系 R、S 和 T：

R		
B	C	D
a	0	k1
b	1	n1

S		
B	C	D
f	3	h2
a	0	k1
n	2	x1

T		
B	C	D
a	0	k1

由关系 R 和 S 通过运算得到关系 T，则所使用的运算为_____。

    A) 并　　　　　　B) 自然连接　　　　C) 笛卡尔积　　　　D) 交

答案：D

16. 在下列关系运算中，不改变关系表中属性个数但能减少元组个数的是_____。

    A) 并　　　　　　B) 交　　　　　　C) 投影　　　　　D) 笛卡尔积

答案：B

17. 设有如下 3 个关系 R、S 和 T：

R	
A	B
m	1
n	2

S	
B	C
1	3
3	5

T		
A	B	C
m	1	3

由关系 R 和 S 通过运算得到关系 T，则所使用的运算为_____。

    A) 笛卡尔积　　　B) 交　　　　　　C) 并　　　　　D) 自然连接

答案：D

18. 设有如下两个关系 R、S：

R		
A	B	C
a	3	2
b	0	1
c	2	1

S	
A	B
a	3
b	0
c	2

由关系 R 通过运算得到关系 S，则所使用的运算为_____。

    A) 选择　　　　　B) 投影　　　　　C) 插入　　　　D) 连接

答案：B

19. 数据库设计的 4 个阶段是：需求分析、概念设计、逻辑设计和_____。

    A) 编码设计　　　B) 测试阶段　　　C) 运行阶段　　　D) 物理设计

答案：D

20. 在数据库设计中，将 E-R 图转换成关系数据模型的过程属于_____。

    A) 需求分析阶段　　　　　　　　B) 概念设计阶段

    C) 逻辑设计阶段　　　　　　　　D) 物理设计阶段

答案：C

21. 将 E-R 图转换为关系模式时，实体和联系都可以表示为_____。

A) 属性　　　　　　B) 键　　　　　　C) 关系　　　　　　D) 域

答案：C

二、填空题

1. 数据独立性分为逻辑独立性与物理独立性。当数据的存储结构改变时，其逻辑结构可以不变，因此基于逻辑结构的应用程序不必修改，称为_____。

答案：物理独立性

2. 在数据库系统中，实现各种数据管理功能的核心软件称为_____。

答案：数据库管理系统

3. 在数据库管理系统提供的数据定义语言、数据操纵语言和数据控制语言中，_____负责数据的模式定义与数据的物理存取构建。

答案：数据定义语言

分析：数据定义语言负责数据的模式定义与数据的物理存取构建；数据操纵语言负责数据的操纵，包括查询及增、删、改等操作；数据控制语言负责数据完整性、安全性的定义与检查以及并发控制、故障恢复等功能。

4. 在关系数据库中，把数据表示成二维表，每一个二维表称为_____。

答案：关系

5. 一个关系表的行称为_____。

答案：元组

6. 在二维表中，元组的_____不能再分成更小的数据项。

答案：分量

7. 在 E–R 图中，图形包括矩形框、菱形框、椭圆框。其中，表示实体关系的是_____框。

答案：菱形

8. 在数据库中，实体集之间的联系可以是一对一、一对多或多对多关系，那么"学生"和"可选课程"的关系为_____关系。

答案：多对多

9. 人员基本信息一般包括：身份证号、姓名、性别、年龄等。其中，可以作为主关键字的是_____。

答案：身份证号

10. 数据库设计包括概念设计、_____和物理设计。

答案：逻辑设计

第6章　全国计算机等级考试模拟试题

6.1　模拟试题一

一、选择题(每题1分，共40分)。

1. 下列叙述中正确的是_____。

  A) 对长度为 n 的有序链表进行查找，最坏情况下需要的比较次数为 n

  B) 对长度为 n 的有序链表进行二分查找，最坏情况下需要的比较次数为(n/2)

  C) 对长度为 n 的有序链表进行二分查找，最坏情况下需要的比较次数为($\log_2 n$)

  D) 对长度为 n 的有序链表进行二分查找，最坏情况下需要的比较次数为(n $\log_2 n$)

  答案：A

  分析：二分查找法只适用于顺序存储的有序表，而有序链表不是顺序存储的，不能用二分(即对分)查找法。

2. 算法的时间复杂度是指_____。

  A) 算法的执行时间   B) 算法所处理的数据量

  C) 算法程序中的语句或指令条数   D) 算法在执行过程中所需要的基本运算次数

  答案：D

  分析：算法的时间复杂度是指执行算法所需要的计算工作量，而算法的计算工作量可以用算法在执行过程中所需要的基本运算的执行次数来度量。

3. 软件按功能可以分为：应用软件、系统软件和支撑软件(或工具软件)。下面属于系统软件的是_____。

  A) 编辑软件   B) 操作系统

  C) 教务管理系统   D) 浏览器

  答案：B

  分析：系统软件是计算机管理自身资源、提高计算机使用效率并为计算机用户提供各种服务的软件，如操作系统、编译程序、数据库管理系统等。应用软件是为解决特定领域的应用而开发的软件，如事务处理软件、工程与科学计算软件等各种应用性质不同的软件。支撑软件是介于系统软件和应用软件之间、协助用户开发软件的工具性软件，如需求分析工具软件、设计工具软件等。

4. 软件(程序)调试的任务是_____。

  A) 诊断和改正程序中的错误   B) 尽可能多地发现程序中的错误

  C) 发现并改正程序中的所有错误 D) 确定程序中错误的性质

  答案：A

分析：在对程序进行成功的测试之后将进入程序调试(通常称为 Debug，即排错)阶段。程序调试的任务是诊断和改正程序中的错误。它与软件测试不同，软件测试是为了尽可能多地发现软件中的错误。

5. 数据流程图(DFD 图)是_____。

    A) 软件概要设计工具

    B) 软件详细设计工具

    C) 结构化方法的需求分析工具

    D) 面向对象方法的需求分析工具

答案：C

分析：结构化分析的常用工具有数据流图、数据字典、判定表和判定树等。

6. 软件生存周期可分为定义阶段、开发阶段和运行维护阶段。详细设计属于_____。

    A) 定义阶段   B) 开发阶段

    C) 运行维护阶段   D) 上述三个阶段

答案：B

分析：定义阶段包括可行性研究和需求分析，开发阶段包括概要设计、详细设计、软件实现和软件测试，运行维护阶段包括运行和维护。

7. 数据库管理系统中负责数据模式定义的语言是_____。

    A) 数据定义语言   B) 数据管理语言

    C) 数据操纵语言   D) 数据控制语言

答案：A

分析：数据定义语言(Data Definition Language，DDL)负责数据的模式定义与数据的物理存取构建。

8. 在学生管理的关系数据库中，存取学生信息的数据单位是_____。

    A) 文件   B) 数据库

    C) 字段   D) 记录

答案：D

分析：关系数据库采用二维表来存储数据，每一行称为一条记录(表示个体信息，如一名学生的信息)，每一列称为字段。

9. 数据库设计中，用 E-R 图来描述信息结构，但不涉及信息在计算机中的表示，这属于数据库设计的_____。

    A) 需求分析阶段   B) 逻辑设计阶段

    C) 概念设计阶段   D) 物理设计阶段

答案：C

分析：数据库设计分为 4 个阶段。(1)需求分析阶段，这一阶段收集到的基础数据和一组数据流图(DFD)是下一步概念设计的基础；(2)概念设计(概要设计)阶段，E-R 图设计阶段；(3)逻辑设计阶段，将 E-R 图转换成关系模式；(4)物理设计阶段。

10. 设有如下两个关系 R 和 T:

R

A	B	C
a	1	2
b	2	2
c	3	2
d	3	2

T

A	B	C
c	3	2
d	3	2

则由关系 R 得到关系 T 的操作是_____。

A) 选择　　　　　　　　　　　　B) 投影

C) 交　　　　　　　　　　　　　D) 并

答案：A

分析：关系 R 通过选择运算得到关系 T(由 R 中那些满足逻辑条件的元组组成)。

11. 以下叙述中正确的是_____。

A) C 语言程序是由过程和函数组成的

B) C 语言函数可以嵌套调用，如 fun(fun(x))

C) C 语言函数不可以单独编译

D) C 语言中除了 main 函数，其他函数不可作为单独文件的形式存在

答案：B

分析：C 语言程序是由函数组成的，没有过程。如果函数有返回值，则该函数可以作为实参。C 语言函数可以单独作为文件形式存在，并可单独编译。

12. 以下关于 C 语言的叙述中正确的是_____。

A) C 语言中的注释不可以夹在变量名或关键字的中间

B) C 语言中的变量可以在使用之前的任何位置进行定义

C) 在 C 语言算术表达式的书写中，运算符两侧的操作数类型必须一致

D) C 语言的数值常量中夹带空格不影响常量值的正确表示

答案：B

分析：凡是可以出现空格、制表符(tab 键)或换行符的地方，都可以出现注释。变量要先定义，后使用。有些运算符两侧的数据类型不必一致，可以自动转换，如 3.5/2，系统自动转换为 3.5/2.0；有些必须一致，如求余运算符(%)两侧的操作数必须为整型。如果数值常量夹带空格(如 12　34)，则为两个常量。

13. 以下 C 语言用户标识符中，不合法的是_____。

A) _1　　　　　　　　　　　　　B) AaBc

C) a_b　　　　　　　　　　　　 D) a-b

答案：D

分析：用户标识符由字母、数字和下划线组成，数字不能是首字符；关键字(保留字)不能用作用户标识符。选项 D 中含有减号(−)，不合法。

14. 若有定义 double a=22;int i=0,k=18;，则不符合 C 语言规定的赋值语句是_____。

  A) a=a++,i++;　　　　　　　　　　　B) i=(a+k)<=(i+k);

  C) i=a%11;　　　　　　　　　　　　　D) i=!a;

答案：C

分析：求余运算符(%)两侧的操作数必须为整型。由于 a 为实型，因此选项 C 不合法。

15. 有以下程序：

```
#include<stdio.h>
main()
{   char a,b,c,d;
    scanf("%c%c",&a,&b);
    c=getchar(); d=getchar();
    printf("%c%c%c%c\n",a,b,c,d);
}
```

当执行程序时，按下列方式输入数据(从第 1 列开始，<CR>代表回车，注意，回车也是一个字符)：

12<CR>

34<CR>

则输出结果是_____。

  A) 1234　　　　　　　　　　　　　B) 12

  C) 12　　　　　　　　　　　　　　D) 12

   3　　　　　　　　　　　　　　　　34

答案：C

分析：a、b、c、d 的值分别为 1、2、回车、3。

16. 以下关于 C 语言数据类型使用的叙述中错误的是_____。

  A) 若要准确无误差地表示自然数，应使用整数类型

  B) 若要保存带有多位小数的数据，应使用双精度类型

  C) 若要处理"人员信息"等含有不同类型的相关数据，应自定义结构体类型

  D) 若只处理"真"和"假"两种逻辑值，应使用逻辑类型

答案：D

分析：C 语言没有逻辑型数据，在进行逻辑运算时，0 表示"假"，非 0 表示"真"；在给出结果时，"假"用 0 表示，"真"用 1 表示。

17. 若 a 是数值类型，则逻辑表达式(a==1)||(a!=1)的值是_____。

  A) 1　　　　　　　　　　　　　　B) 0

  C) 2　　　　　　　　　　　　　　D) 不知道 a 的值，不能确定

答案：A

分析：运算结果，"假"用 0 表示，"真"用 1 表示。

18. 以下选项中与 if(a==1)a=b; else a++;语句功能不同的 switch 语句是_____。

  A) switch(a)

     { case 1: a=b; break;

     default: a++;

     }

  B) switch (a==1)

     {　case 0:a=b;break;

      case 1:a++;

     }

  C) switch(a)

     {　default :a++;break;

      case 1:a=b;

     }

  D) switch(a==1)

     {　case 1:a=b;break;

      case 0:a++;

     }

答案：B

分析：在选项 B 中，如果 a 的值为 1，则表达式 "a==1" 的值为 1，执行 "case 1:a++"；而在 if 语句中执行 "a=b"。

19. 有如下嵌套的 if 语句：

```
if (a<b)
    if(a<c) k=a;
    else k=c;
else
    if(b<c)k=b;
    else k=c;
```

以下选项中与上述 if 语句等价的语句是_____。

  A) k=(a<b)?a:b; k=(b<c)?b:c;　　　　　　B) k=(a<b)?((b<c)?b:c):((b>c)?b:c);

  C) k=(a<b)?((a<c)?a:c):((b<c)?b:c);　　　D) k=(a<b)?a:b; k=(a<c)?a:c;

答案：C

分析：if 语句的功能是将 a、b、c 的最小值赋给 k。选项 A 有两条赋值语句：语句 "k=(a<b)?a:b;" 将 a 和 b 中的较小者赋给 k；语句 "k=(b<c)b:c;" 将 b 和 c 中的较小者赋给 k；最终 k 的值为 b 和 c 的较小者。选项 B 是将 a、b、c 的中间值赋给 k。选项 C 是将 a、b、c 的最小值赋给 k，与 if 语句等价。选项 D 与选项 A 类似，是将 a 和 c 的较小值赋给 k。

20. 有以下程序：

```
#include<stdio.h>
main()
```

```
{
    int i,j,m=1;
    for(i=1;i<3;i++)
      {  for(j=3;j>0;j--)
          {  if(i*j>3)break;
               m=i*j;
          }
      }
    printf("m=%d\n",m);
}
```

程序运行后的输出结果是_____。

A) m=1   B) m=2

C) m=4   D) m=5

答案：A

分析：当外循环 i=1 时，内循环 j 分别取 3、2、1，条件 i*j>3 均为"假"，从而分别执行 m=i*j，最后 m=1；当外循环 i=2 时，内循环 j=3，条件 i*j>3 为"真"，从而执行 break 语句，退出内循环；当外循环 i=3 时，结束循环，此时，m 的值仍为 1。

21. 有以下程序：

```
#include<stdio.h>
main()
{
    int a=1,b=2;
    for(;a<8;a++) {b+=a;a+=2;}
    printf("%d，%d\n", a, b);
}
```

程序运行后的输出结果是_____。

A) 9，18   B) 8，11

C) 7，11   D) 10，14

答案：D

分析：第一次循环，a=1，循环条件 a<8 为"真"，执行循环体，b=3，a=3；第二次循环，a=4，循环条件 a<8 为"真"，执行循环体，b=7，a=6；第三次循环，a=7，循环条件 a<8 为"真"，执行循环体，b=14，a=9；第四次循环，a=10，循环条件 a<8 为"假"，循环结束，此时 b=14，a=10。

22. 有以下程序，其中 k 的初值为八进制数：

```
#include<stdio.h>
    main()
    {
        int k=011;
        printf("%d\n", k++);
    }
```

程序运行后的输出结果是_____。

  A) 12   B) 11   C) 10   D) 9

答案：D

分析：函数"printf("%d\n"，k++)"以十进制输出 k 的值 9，然后 k 自增 1。

23. 下列语句组中，正确的是_____。

  A) char *s;s="Olympic";   B) char s[7];s="Olympic";

  C) char *s;s={"Olympic"};   D) char s[7];s={"Olympic"};

答案：A

分析：字符串常量的值是字符串的首地址，即字符'O'的地址。选项 A 的第一条语句定义了一个字符型指针变量 s，第二条语句给变量 s 赋值(字符串的首地址)。选项 B 和 D 是错误的，因为数组名 s 是常量(其值是数组的首地址)，不能用赋值语句赋值。选项 C 也是错误的，因为表达式中没有大括号(花括号)。

24. 以下关于 return 语句的叙述中正确的是_____。

  A) 一个自定义函数中必须有一条 return 语句

  B) 一个自定义函数中可以根据不同情况设置多条 return 语句

  C) 定义成 void 类型的函数中可以有带返回值的 return 语句

  D) 没有 return 语句的自定义函数在执行结束时不能返回到调用处

答案：B

分析：一个自定义函数，如果没有返回值(void 类型函数)，可以没有 return 语句，所以选项 A 是错误的，也可以有 return 语句，但不能带有返回值，所以选项 C 是错误的；在一个自定义函数中，可以根据不同的条件(用 if 语句)返回不同的值，即可设置多条 return 语句，所以选项 B 是正确的。没有 return 语句的自定义函数在执行结束时，自动返回调用点(即调用该函数的地方)，所以选项 D 是错误的。

25. 下列选项中，能正确定义数组的语句是_____。

  A) #define N 2008.5   B) int num[];

    int num[N];

  C) #define N 2008   D) int N=2008;

    int num[N];   int num[N];

答案：C

分析：在定义数组时，要用常量定义数组的大小。选项 A 是错误的，因为 2008.5 不是常量；选项 B 是错误的，因为没有指定数组的大小；选项 D 是错误的，因为 N 是变量而不是常量；选项 C 是正确的，因为 N 是常量(符号常量)。

26. 有以下程序：

```
#include<stdio.h>
void fun(char *c,int d)
{
    *c=*c+1;d=d+1;
    printf("%c,%c,",*c,d);
```

```
}
main()
{
    char b='a',a='A';
    fun(&b,a);printf("%c,%c\n",b,a);
}
```

程序运行后的输出结果是_____。

A) b，B，b，A   B) b，B，B，A

C) a，B，B，a   D) a，B，a，B

答案：A

分析：在主函数中调用函数 fun(&b,a)；即将变量 b 的地址和变量 a 的值分别传给形参 c 和 d，即 c=&b、d='A'；当执行 fun 函数中的*c=*c+1 时，则使主函数中 b 的值加 1，即 b='a'+1，即 b='b'。注意，当函数调用时，参数传地址，可改变主调函数中变量的值，如变量 b；如果参数传数值，不改变主调函数中变量的值，如变量 a。

27. 若有定义 int(*pt)[3];，则下列说法中正确的是_____。

A) 定义了基类型为 int 的 3 个指针变量

B) 定义了基类型为 int 的具有 3 个元素的指针数组 pt

C) 定义了一个名为*pt、具有 3 个元素的整型数组

D) 定义了一个名为 pt 的指针变量，它可以指向每行有 3 个整数元素的二维数组

答案：D

分析：int(*pt)[3]是定义行指针变量；int *pt[3]是定义基类型为 int 的具有 3 个元素的指针数组 pt。

28. 若有定义 double a[10],*s=a;，以下能够代表数组元素 a[3]的是_____。

A) (*s)[3]　　　　　B) *(s+3)　　　　　C)*s[3]　　　　　D)*s+3

答案：B

分析：选项 A 中的(*s)[3]表示(*a)[3]，即 a[0][3]，错误；选项 B 中的*(s+3)就是*(a+3)，即 a[3]，正确；选项 C 中的*s[3]就是*a[3]，错误；选项 D 中的*s+3 表示*a+3，即 a[0]+3，与题目要求不符。

29. 有以下程序：

```
#include<stdio.h>
main()
{
    int a[5]={1,2,3,4,5} ,b[5]={0,2,1,3,0} ,i,s=0;
    for(i=0;i<5;i++) s=s+a[b[i]];
    printf("%d\n", s);
}
```

程序运行后的输出结果是_____。

A) 6　　　　　　　　B) 10　　　　　　　　C) 11　　　　　　　　D) 15

答案：C

分析：循环语句的执行结果为 s=a[b[0]]+a[b[1]]+a[b[2]]+a[b[3]]+a[b[4]]，即 s=a[0]+a[2]+a[1]+a[3]+a[0]=1+3+2+4+1=11。

30. 有以下程序：

```
#include <stdio.h>
main()
{
    int b[3][3]={0,1,2,0,1,2,0,1,2},i,j,t=1;
    for(i=0;i<3;i++)
        for(j=i;j<=i;j++) t+=b[i][b[j][i]];
    printf("%d\n",t);
}
```

程序运行后的输出结果是_____。

A) 1　　　　　　　　B) 3　　　　　　　　C) 4　　　　　　　　D)9

答案：C

分析：本题中内循环只执行一次，所以循环语句等价于 for(i=0;i<3;i++) t+=b[i][b[i][i]];。执行结果如下：

当 i=0 时，t=1+b[0][b[0][0]]=1+b[0][0]=1+0=1

当 i=1 时，t=1+b[1][b[1][1]]=1+b[1][1]=1+1=2

当 i=2 时，t=2+b[2][b[2][2]]=2+b[2][2]=2+2=4

31. 若有以下定义和语句：

```
char s1[10]="abcd!",*s2="\n123\\";
printf("%d %d\n", strlen(s1),strlen(s2));
```

则输出结果是_____。

A) 5 5　　　　　　　B) 10 5　　　　　　　C) 10 7　　　　　　　D) 5 8

答案：A

分析：strlen(s1)表示数组 s1 中字符串的长度(不含字符串结束标志)，为 5；而 strlen(s2)表示指针变量 s2 指向的字符串长度，为 5，因为'\n'和'\\'均表示一个字符。

32. 有以下程序：

```
#include <stdio.h>
#define N 8
void fun(int *x,int i)
{ *x=*(x+i); }
main()
{
    int a[N]={1,2,3,4,5,6,7,8},i;
    fun(a,2);
    for(i=0;i<N/2;i++)
```

```
        { printf("%d",a[i]);}
      printf("\n");
   }
```

程序运行后的输出结果是_____。

　　A) 1313　　　　　　　B) 2234　　　　　　　C) 3234　　　　　　　D) 1234

答案：C

分析：调用函数 fun(a,2)，则执行*a=*(a+2);，即 a[0]=a[2];，然后循环语句输出数组的前 4 个元素的值，即 3 2 3 4。

33. 有以下程序：

```
      #include <stdio.h>
      int f(int t[],int n);
      main()
      {
         int a[4]={1,2,3,4},s;
         s=f(a,4); printf("%d\n",s);
      }
      int f(int t[],int n)
      {
         if(n>0) return t[n-1]+f(t,n-1);
         else return 0;
      }
```

程序运行后的输出结果是_____。

　　A) 4　　　　　　　　B) 10　　　　　　　C) 14　　　　　　　D) 6

答案：B

分析：函数 f 是递归函数，执行语句 s=f(a,4);的结果为 s=t[3]+t[2]+t[1]+t[0]+0，即 s=a[3]+a[2]+a[1]+a[0]=10。

34. 有以下程序：

```
      #include <stdio.h>
      int fun()
      {   static int x=1;
          x*=2; return x;
      }
      main()
      {
          int i,s=1,
          for(i=1;i<=2;i++) s=fun();
          printf("%d\n",s);
      }
```

程序运行后的输出结果是_____。

　　A) 0　　　　　　　　B) 1　　　　　　　C) 4　　　　　　　D) 8

答案：C

分析：函数 fun 中的变量 x 是静态局部变量，其值是上次调用后的值。执行主函数中的循环语句，当 i=1 时，s=fun()=2；当 i=2 时，s=fun()=4。

35. 有以下程序：

```
#include <stdio.h>
#define SUB(a) (a)-(a)
main()
{
    int a=2,b=3,c=5,d;
    d=SUB(a+b)*c;
    printf("%d\n",d);
}
```

程序运行后的输出结果是_____。

    A) 0   B) −12   C) −20   D) 10

答案：C

分析：宏定义 SUB 是预处理命令，是在编译前进行宏展开的。SUB(a+b)宏展开后为 (a+b)−(a+b)(注意，宏展开只是文字替换，没有计算功能)，所以语句 d= SUB(a+b)*c;变为 d=(a+b)−(a+b)*c;，最后运行结果为 d=−20。

36. 若有定义：

```
struct complex
    { int real,unreal;} data1={1,8},data2;
```

则以下赋值语句中错误的是_____。

    A) data2=data1;   B) data2=(2,6);

    C) data2.real=data1.real;   D) data2.real=data1.unreal;

 答案：B

分析：结构体变量可以进行整体赋值，选项 A 正确；结构体成员是变量，也可以赋值，选项 C 和 D 正确；(2,6)是逗号表达式，其值是数值 6，不能赋给结构体变量 data2，因为它有多个成员，所以选项 B 错误。

37. 有以下程序：

```
#include <stdio.h>
#include <string.h>
struct A
{ int a; char b[10]; double c;};
void f(struct A t);
main()
{
    struct A a={1001,"ZhangDa",1098.0};
    f(a); printf("%d,%s,%6.1f\n",a.a,a.b,a.c);
```

```
}
void f(struct A t)
{   t.a=1002; strcpy(t.b,"ChangRong");t.c=1202.0;}
```

程序运行后的输出结果是_____。

A) 1001,zhangDa,1098.0　　　　　　B) 1002,changRong,1202.0

C) 1001,ehangRong,1098.O　　　　　D) 1002,ZhangDa,1202.0

答案：A

分析：函数 f 的形参类型是结构体变量，不是指针，调用函数 f(a)后，不会改变实参 a 中的值，所以输出结果还是 a 的原值。

38. 若有以下定义和语句：

```
struct workers
{
    int num;char name[20];char c;
    struct
    {   int day; int month; int year;} s;
};
struct workers w,*pw;
pw=&w;
```

能给 w 中 year 成员赋 1980 的语句是_____。

A) *pw.year=1980;　　　　　　B) w.year=1980;

C) pw->year=1980;　　　　　　D) w.s.year=1980;

答案：D

分析：结构体变量 w 中的最后一个成员是结构体变量 s，s 中成员 year 的引用可用 w.s.year 或 pw->s.year。

39. 有以下程序：

```
#include <stdio.h>
main()
{
    int a=2,b=2,c=2;
    printf("%d\n",a/b&c);
}
```

程序运行后的输出结果是_____。

A) 0　　　　　　B)1　　　　　　C)2　　　　　　D)3

答案：A

分析：a/b&c=(a/b)&c=1&2=(01)$_2$&(10)$_2$=(00)$_2$=0。

40. 有以下程序：

```
#include <stdio.h>
main()
{
    FILE *fp;char str[10];
    fp=fopen("myfile.dat","w");
    fputs("abc",fp);fclose(fp);
    fp=fopen("myfile.dat","a+");
    fprintf(fp,"%d",28);
    rewind(fp);
    fscanf(fp,"%s",str); puts(str);
    fclose(fp);
}
```

程序运行后的输出结果是_____。

A) abc   B) 28c   C) abc28   D) 因类型不一致而出错

答案：C

分析：文件 mufile.dat 第一次打开后，写入"abc"三个字符；第二次是以可读写的追加方式打开，在原有数据后写入"28"，即"abc28"；然后使文件内部位置指针指向文件开头，将文件中的数据"abc28"读入字符数组 str；最后将字符数组中的数据输出。

二、程序填空题(18 分)

函数 fun 的功能是：计算下式的前 n 项之和。

$$f(x) = 1 + x - \frac{x^2}{2!} + \frac{x^3}{3!} - \frac{x^4}{4!} + \cdots + (-1)^{n-1}\frac{x^n}{n!}$$

若 x=2.5，n=15，函数值为 1.917914。

请在程序下划线处填入正确内容并把下划线删除，使程序得出正确结果。

注意：不得增行或删行，也不得更改程序结构。

```
#include <stdio.h>
#include <math.h>
double fun(double x, int n)
{
    double   f, t; int   i;
/**********found**********/
    f = 【1】 ;
    t = -1;
    for (i=1; i<n; i++)
    {
/**********found**********/
        t *= ( 【2】 )*x/i;
/**********found**********/
```

```
        f+=  【3】 ;
    }
    return   f;
}
main()
{
    double   x, y;
    x=2.5;
    y = fun(x, 15);
    printf("\nThe result is :\n");
    printf("x=%-12.6f      y=%-12.6f\n", x, y);
}
```

答案：第一空填入 1   第二空填入 –1   第三空填入 t

分析：根据公式可知，第一空，变量 f 的初值为 1；第二空，此处是正负号的变换，所以应填 – 1；第三空，对计算的结果进行累加并赋值给变量 f，所以应填 t。

三、程序修改题(18 分)

给定程序中的函数 fun 的功能是：将字符串中的字符按逆序输出，但不改变字符串中的内容。例如，若字符串为 abcd，则应输出 dcba。

请改正程序中的错误，使它能计算出正确的结果。

不要改动 main 函数，不得增行或删行，也不得更改程序结构。

```
#include <stdio.h>
/*************found***********/
fun (char a)
{
    if ( *a )
    {
        fun(a+1) ;
/************found***********/
        printf("%c" *a) ;
    }
}
main( )
{
    char s[10]="abcd";
    printf("处理前字符串=%s\n 处理后字符串=", s);
    fun(s); printf("\n") ;
}
```

答案：第一处改为 fun(char *a);   第二处改为 printf("%c", *a) ;

分析：第一处，形参 a 应定义为字符串指针；第二处，语句中缺少逗号。

四、程序设计题(24 分)

　　函数 fun 的功能是：将两个两位数的正整数 a、b 合并成一个整数并存放在 c 中。合并的方式是：将 a 的十位数和个位数依次放在 c 的十位和千位上，将 b 的十位数和个位数依次放在 c 的百位和个位上。例如，当 a=45、b=12 时，调用该函数后，c=5142。

　　请勿改动主函数 main 和其他函数中的任何内容，仅在函数 fun 的花括号中填入编写的若干语句。

```c
#include <stdio.h>
void fun(int a, int b, long *c)
{


}
main()
{
    int a,b; long c;
    printf("Input a b:");
    scanf("%d%d", &a, &b);
    fun(a, b, &c);
    printf("The result is: %ld\n", c);
}
```

　　答案：*c=(a%10)*1000+(b/10)*100+(a/10)*10+(b%10);
　　分析：先从两个数分别取出个位上的数字，然后按条件组成一个新数。取 a 的十位数字的方法是 a/10，取 a 的个位数字的方法是 a%10。

6.2　模拟试题二

一、选择题(每题 1 分，共 40 分)

1. 下列叙述中正确的是_____。
    A) 线性表的链式存储结构与顺序存储结构所需要的存储空间是相同的
    B) 线性表的链式存储结构所需要的存储空间一般要多于顺序存储结构
    C) 线性表的链式存储结构所需要的存储空间一般要少于顺序存储结构
    D) 上述三种说法都不对
答案：B
分析：顺序存储只存放数据，而链式存储除了存放数据还要存放结点的地址。

2. 下列叙述中正确的是_____。
    A) 在栈中，栈中元素随栈底指针与栈顶指针的变化而动态变化
    B) 在栈中，栈顶指针不变，栈中元素随栈底指针的变化而动态变化
    C) 在栈中，栈底指针不变，栈中元素随栈顶指针的变化而动态变化
    D) 上述三种说法都不对

答案：C

分析：栈是限定仅在一端进行插入和删除运算的线性表，允许插入与删除的一端称为栈顶，而不允许插入与删除的另一端称为栈底。

3. 软件测试的目的是_____。

    A) 评估软件的可靠性　　　　　　　　B) 发现并改正程序中的错误

    C) 改正程序中的错误　　　　　　　　D) 发现程序中的错误

答案：D

分析：软件测试是为了尽可能多地发现软件中的错误，而程序调试的任务是诊断和改正程序中的错误。

4. 下面的描述中，不属于软件危机表现的是_____。

    A) 软件过程不规范　　　　　　　　　B) 软件开发生产率低

    C) 软件质量难以控制　　　　　　　　D) 软件成本不断提高

答案：A

分析：软件危机主要表现在以下几个方面。

(1) 软件需求的增长得不到满足。用户对系统不满意的情况经常发生。

(2) 软件开发成本和进度无法控制。

(3) 软件质量难以保证。

(4) 软件不可维护或维护程度非常低。

(5) 软件的成本不断提高。

(6) 软件开发生产率的提高赶不上硬件的发展和应用需求的增长。

5. 软件生存周期是指_____。

    A) 软件产品从提出、实现、使用维护到停止使用退役的过程

    B) 软件从需求分析、设计、实现到测试完成的过程

    C) 软件的开发过程

    D) 软件的运行维护过程

答案：A

6. 面向对象方法中，继承是指_____。

    A) 一组对象所具有的相似性质　　　　B) 一个对象具有另一个对象的性质

    C) 各对象之间的共同性质　　　　　　D) 类之间共享属性和操作的机制

答案：D

分析：类是具有共同属性、共同方法的对象的集合。或者说，类是对象的抽象，是创建对象的模板。继承是使用已有的类来创建新类的一种技术。已有的类可当作基类引用，则新类相应地可当作派生类来引用。

7. 层次型、网状型和关系型数据库的划分原则是_____。

    A) 记录长度　　　　　　　　　　　　B) 文件的大小

    C) 联系的复杂程度　　　　　　　　　D) 数据之间的联系方式

答案：D

分析：不同的数据库系统是建立在不同的数据模型之上的，而数据模型是数据的逻辑结构和特征的描述，如层次模型、网状模型、关系模型等。

8. 一个工作人员可以使用多台计算机，而一台计算机可被多个人使用，实体工作人员与实体计算机之间的关系是_____。

　　A) 一对一　　　　　　B) 一对多　　　　C) 多对多　　　　D) 多对一

答案：C

9. 数据库设计中反映用户对数据要求的模式是_____。

　　A) 内模式　　　　　B) 概念模式　　　　C) 外模式　　　　D) 设计模式

答案：C

分析：数据库的体系结构分三级模式，即内模式、概念模式、外模式。其中，内模式给出了数据库物理存储结构与物理存取方法，概念模式给出了系统的全局数据描述，外模式则给出每个用户的局部数据描述。

10. 设有如下 3 个关系 R、S 和 T：

R

A	B	C
a	1	2
b	2	1
c	3	1

S

A	D
c	4

R

A	B	C	d
c	3	1	4

则由关系 R 和 S 得到关系 T 的操作是_____。

　　A) 自然连接　　　　B) 交　　　　　　C) 投影　　　　　D) 并

答案：A

分析：自然连接要满足两个条件——(1)两关系间有公共域；(2)通过公共域的相等值进行连接。

11. 以下关于结构化程序设计的叙述中正确的是_____。

　　A) 一个结构化程序必须同时由顺序、分支、循环 3 种结构组成

　　B) 结构化程序使用 GOTO 语句会很便捷

　　C) 在 C 语言中，程序的模块化是利用函数实现的

　　D) 由 3 种基本结构构成的程序只能解决小规模的问题

答案：C

分析：选项 A 错，3 种结构不必同时出现；结构化程序设计方法的主要原则为自顶向下，逐步求精，模块化，限制使用 GOTO 语句，选项 B 错；选项 C 是对的，在 C 语言中，程序的模块化是由函数实现的；结构化程序的基本结构为顺序结构、选择结构和循环结构，使用这 3 种结构可以构造出任何复杂结构的程序设计方法，选项 D 错。

12. 以下关于简单程序设计的步骤和顺序的说法中正确的是_____。

    A) 确定算法后，整理并写出文档，最后进行编码和上机调试

    B) 首先确定数据结构，然后确定算法，再编码，并上机调试，最后整理文档

    C) 先编码和上机调试，在编码过程中确定算法和数据结构，最后整理文档

    D) 先写好文档，再根据文档进行编码和上机调试，最后确定算法和数据结构

答案：B

13. 以下叙述中错误的是_____。

    A) C 程序在运行过程中所有计算都以二进制方式进行

    B) C 程序在运行过程中所有计算都以十进制方式进行

    C) 所有 C 程序都需要编译链接无误后才能运行

    D) C 程序中整型变量只能存放整数，实型变量只能存放浮点数

答案：B

分析：计算机内使用二进制数进行计算，C 程序需要编译、链接形成机器语言(二进制语言)才能运行，所以选项 B 是错误的，其他选项是正确的。注意，字符型是整型的特殊形式。

14. 若有以下定义 int a; long b; double x,y;，则以下选项中正确的表达式是_____。

    A) a%(int)(x − y)   B) a=x!=y ;   C) (a*y)%b   D) y=x+y=x

答案：A

分析：取余运算符"%"的运算对象必须是整型，选项 A 正确，而选项 C 错；选项 B 是赋值语句，不是表达式，若去掉分号";"，就是表达式了；选项 D 是错误的，因为赋值符号"="的左端必须是变量，不能是表达式。

15. 以下选项中能表示合法常量的是_____。

    A) 整数：1,200   B) 实数：1.5E2.0

    C) 字符斜杠：'\'   D) 字符串："\007"

答案：D

分析：整数中不能有逗号"，"，选项 A 错；在实数的指数形式中，E 的右端只能是整数，选项 B 错；字符斜杠用'\\'表示，而'\''表示单引号，选项 C 不合法；选项 D 正确，"\007"表示一个字符串常量，它只含一个字符，其值为 7。

16. 表达式 a+=a-=a=9 的值是_____。

    A) 9   B) −9   C) 18   D) 0

答案：D

分析：赋值符号"="的结合性为自右向左，表达式的计算过程如下：

a+=a-=a=9

a+=a-=9 (表达式 a=9 的值为 9)

a+=0 (表达式 a-=9，即 a=a−9 的值为 0)

0 (表达式 a+=0，即 a=a+0 的值为 0)

17. 若变量已正确定义，在 if(W) printf("%d\n", k); 中，以下不可替代 W 的是_____。

    A) a<>b+c   B) ch=getchar()   C) a==b+c   D) a++

答案：A

分析：只要是合法的表达式，就可以替代 W。符号"<>"不是 C 语言的运算符，故选项 A 错。

18. 有以下程序：

```
#include<stdio.h>
main()
{
    int   a=1,b=0;
    if(!a) b++;
    else   if(a==0)if(a)b+=2;
            else   b+=3;
    printf("%d\n",b);
}
```

程序运行后的输出结果是_____。

    A) 0   B) 1   C) 2   D) 3

答案：A

分析：注意多层 if 语句嵌套时，else 与 if 的匹配规则——每个 else 总是与它前面相距最近的尚未配对的 if 配对。本题中，if(!a)中的"!a"为假，执行 if(a==0)语句。由于"a==0"为假，后面的嵌套 if 语句不执行。

19. 若有定义语句 int a, b;double x;，则下列选项中没有错误的是_____。

    A) switch(x%2)   B) switch((int)x/2.0)

        {case 0: a++; break;   { case 0: a++; break;

        case 1: b++; break;   case 1:b++; break;

        default : a++; b++;   default : a++; b++;

        }   }

    C) switch((int)x%2)   D) switch((int)(x)%2)

        { case 0: a++; break;   { case 0.0: a++; break;

        case 1:b++; break;   case 1.0: b++; break;

        default : a++; b++;   default : a++; b++;

        }   }

答案：C

分析：由于运算符"%"的两端必须为整型数据，选项 A 错；选项 B 有两处错误，一是"((int)x/2.0"缺少括号")"，二是"(int)x/2.0"的值不是整数；选项 D 错，因为 case 后不能为实数；选项 C 正确。

20. 有以下程序：

```
#include <stdio.h>
main()
```

```
{
    int a=1,b=2;
    while(a<6) {b+=a;a+=2;b%=10;}
    printf("%d,%d \ n",a,b);
}
```

程序运行后的输出结果是_____。

A) 5,11   B) 7,1   C) 7,11   D) 6,1

答案：B

分析：循环体为 b=b+a; a=a+2; b=b%10;

当 a=1 时，执行循环体：b=3;a=3;b=3;

当 a=3 时，执行循环体：b=6;a=5;b=6;

当 a=5 时，执行循环体：b=11;a=7;b=1

输出结果为 7,1。

21. 有以下程序：

```
#include<stdio.h>
main()
{
    int y=10;
    while(y--);
    printf("y=%d\n",y);
}
```

程序执行后的输出结果是_____。

A) y=0   B) y= −1   C) y=1   D) while 构成无限循环

答案：B

分析：当 y-- 的值是 0 时，y= −1。

22. 有以下程序：

```
# include<stdio.h>
main()
{
    char s[]="rstuv";
    printf("%c\n",*s+2);
}
```

程序运行后的输出结果是_____。

A) tuv   B) 字符 t 的 ASCII 码值

C) t   D) 出错

答案：C

分析：格式说明符"%c"表示输出一个字符，而 *s+2='r'+2='t'，所以输出字符 t。

23. 有以下程序：

```
# include<stdio.h>
# include<string.h>
main()
{
    char x[]="STRING";
    x[0]=0;x[1]='\0';x[2]='0';
    printf("%d   %d\n",sizeof(x),strlen(x));
}
```

程序运行后的输出结果是_____。

　　A) 6　1　　　　　　　B) 7　0　　　　　　C) 6　3　　　　　　D) 7　1

答案：B

分析：sizeof(x)计算数组 x 的大小，其值为 7(字符串结束标志占一个字节)；strlen(x)计算数组 x 中存放的字符串的长度，其值为 0，因为数组 x 的第一个元素为 0，而数值 0 和字符'\0'等价。

24. 有以下程序：

```
#include<stdio.h>
int f(int x);
main()
{
    int   n=1,m;
    m=f(f(f(n)));printf("%d\n",m);
}
int f(int x)
{return x*2;}
```

程序运行后的输出结果是_____。

　　A) 1　　　　　　　　B) 2　　　　　　　　C) 4　　　　　　　　D) 8

答案：D

分析：m=f(f(f(1)))=f(f(2))=f(4)=8。

25. 以下程序段完全正确的是_____。

　　A) int *p; scanf("%d",&p);　　　　　　B) int *p; scanf("%d",p);

　　C) int k, *p=&k; scanf("%d",p);　　　　D) int k, *p;*p= &k; scanf("%d",p);

答案：C

分析：选项 A 错，p 为指针变量，不能输入普通整数；选项 B 错，因为 p 没有赋值，其值不确定；选项 C 正确；选项 D 错，因为 "*p=&k;" 不合法。

26. 有定义语句 int *p[4];，以下选项中与此语句等价的是_____。

　　A) int p[4];　　　　B) int **p;　　　　C) int *(p[4]);　　　　D) int (*p)[4];

答案：C

分析：因为*(p[4])即*p[4]，选项 C 正确，定义指针数组；而选项 D 是定义行指针变量。

27. 下列定义数组的语句中，正确的是_____。

    A) int N=10;　　　　　　　　　　　B) #define N 10

       int x[N];　　　　　　　　　　　　　int x[N];

    C) int x[0..10];　　　　　　　　　　D) int x[];

答案：B

分析：在定义数组时，说明数组的大小用常量，选项 A 错，而选项 B 正确；选项 C 中的“0..10”非法；选项 D 没有说明数组大小。

28. 若要定义一个具有 5 个元素的整型数组，以下错误的定义语句是_____。

    A) int a[5]={0};　　　　　　　　　　B) int b[]={0,0,0,0,0};

    C) int c[2+3];　　　　　　　　　　　D) int i=5,d[i];

答案：D

分析：参见 27 题。

29. 有以下程序：

```
#include<stdio.h>
void f(int *p);
main()
{
    int a[5]={1,2,3,4,5}, *r=a;
    f(r);printf("%\n";*r);
}
void f(int *p)
{   p=p+3;printf("%d,",*p);}
```

程序运行后的输出结果是_____。

    A) 1,4　　　　　　　B) 4,4　　　　　　　C) 3,1　　　　　　　D) 4,1

答案：D

分析：调用函数 f(r)，将数组 a 的首地址传给函数 f 的形参 p，执行语句 p=p+3;后，输出 *p，即 a[3]=4；返回主函数，输出*r，即 a[0]=1。

30. 有以下程序(函数 fun 只对下标为偶数的元素进行操作)：

```
# include<stdio.h>
void fun(int*a, int n)
{
    int i, j, k, t;
    for (i=0;i<n-1;i+=2)
      {
          k=i;
          for(j=i;j<n;j+=2)if(a[j]>a[k])k=j;
          t=a[i];a[i]=a[k];a[k]=t;
      }
```

```
    }
    main()
    {   int aa[10]={1,2,3,4,5,6,7} , i;
        fun(aa,7);
        for(i=0,i<7; i++)printf("%d,",aa[i]));
        printf("\n");
    }
```

程序运行后的输出结果是_____。

    A) 7,2,5,4,3,6,1   B) 1,6,3,4,5,2,7   C) 7,6,5,4,3,2,1   D) 1,7,3,5,6;2,1

答案：A

分析：函数 fun 的功能是对下标为偶数的元素从大到小进行排序。

31. 下列选项中，能够满足"若字符串 s1 等于字符串 s2，则执行 ST"要求的是_____。

    A) if(strcmp(s2,s1)==0)ST;   B) if(sl==s2)ST;

    C) if(strcpy(s 1,s2)==1)ST;   D) if(sl-s2==0)ST;

答案：A

分析：比较两个字符串是否相等，用函数 strcmp，选项 A 正确；选项 B 中的"s1==s2"比较字符串的首地址是否相等；选项 C 中的函数 strcpy 是将字符串 s2 复制到字符串 s1 中；选项 D 与选项 B 一样是错误的。

32. 以下不能将 s 所指字符串正确复制到 t 所指存储空间的是_____。

    A) while(*t=*s) {t++;s++;}   B) for(i=0;t[i]=s[i];i++);

    C) do {*t++=*s++;} while(*s);   D) for(i=0,j=0;t[i++]=s[j++];);

答案：C

分析：选项 C 没有将字符串结束标志'\0'复制到 t 中，其他选项正确。

33. 有以下程序(strcat 函数用于连接两个字符串)：

```
    #include<stdio.h>
    #include<string.h>
    main()
    {
        char a[20]="ABCD\0EFG\0",b[]="IJK";
        strcat(a,b);printf("%s\n",a);
    }
```

程序运行后的输出结果是_____。

    A) ABCDE\0FG\0IJK   B) ABCDIJK

    C) IJK   D) EFGIJK

答案：B

分析：数组 a 中的字符串为"ABCD"，函数 strcat(a,b)将 a 和 b 中的字符串连接形成新的字符串"ABCDIJK"并存存到 a 中。

34. 有以下程序，程序中的库函数 islower(ch)用于判断 ch 中的字母是否为小写字母。

```
#include<stdio.h>
#include<ctype.h>
void fun(char*p)
{
    int i=0;
    while (p[i])
    {   if(p[i]==' ' && islower(p[i-1]))   p[i-1]=p[i-1]-'a'+'A';
        i++;
    }
}
main()
{
    char s1[100]=" ab cd EFG! ";
    fun(s1); printf("%s\n",s1);
}
```

程序运行后的输出结果是_____。

　　A) ab cd EFG！　　　B) Ab Cd EFg！　　　C) aB cD EFG！　　　D) ab cd EFg！

答案：C

分析：函数 fun 的功能是将字符串中空格左边的字母变成大写字母。

35. 有以下程序：

```
#include<stdio.h>
void fun(int x)
{
    if(x/2>1)fun(x/2);
    printf(" %d",x);
}
main()
{   fun(7);printf("\n");   }
```

程序运行后的输出结果是_____。

　　A) 1 3 7　　　　　　　B) 7 3 1　　　　　　　C) 7 3　　　　　　　D) 3 7

答案：D

分析：函数 fun 是递归函数，调用过程如下。

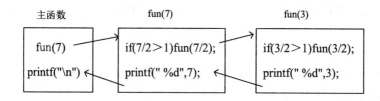

输出结果为 3 7。

36. 有以下程序：

```
#include<stdio.h>
int fun()
{
    static int x=1;
    x+=1;return x;
}
main()
{
    int i;s=1;
    for(i=1;i<=5;i++)s+=fun();
    printf("%d\n",s);
}
```

程序运行后的输出结果是_____。

A) 11　　　　　　　　B) 21　　　　　　　　C) 6　　　　　　　　D) 120

答案：B

分析：函数 fun 中的变量 x 是局部静态变量，第一次调用是初始值 1，以后每次调用都是上次调用结束时的值，所以 s=1+2+3+4+5+6=21。

37. 有以下程序：

```
#inctude<stdio.h>
#include<stdlib.h>
main()
{
    int *a,*b,*c;
    a=b=c=(int*)malloc(sizeof(int));
    *a=1;*b=2,*c=3;
    a=b;
    printf("%d,%d,%d\n",*a,*b,*c);
}
```

程序运行后的输出结果是_____。

A) 3,3,3　　　　　　B) 2,2,3　　　　　　C) 1,2,3　　　　　　D) 1,1,3

答案：A

分析：函数 malloc(sizeof(int))在内存中分配一个长度为 sizeof(int)的空间，并将其地址作为返回值赋给 3 个指针变量 a、b、c，它们的值是同一地址，所以执行语句"*a=1;*b=2,*c=3;"后，它们的值均为 3。

38. 有以下程序：

```
#include<stdio.h>
main()
{
```

```
int s,t,A=10;double B=6;
s=sizeof(A);t=sizeof(B);
printf("%d,%d\n",s,t);
}
```

在 Visual C++ 6.0 平台上编译运行，程序运行后的输出结果是_____。

　　A) 2,4　　　　　　B) 4,4　　　　　　C) 4,8　　　　　　D) 10,6

答案：C

分析：在 Visual C++ 6.0 平台上编译 C 程序，int 类型分配长度为 4 字节的空间，double 类型分配长度为 8 字节的空间。

39. 若有以下语句：

```
typedef struct S
{ int g; char h;}T;
```

以下叙述中正确的是_____。

　　A) 可用 S 定义结构体变量　　　　　　B) 可用 T 定义结构体变量
　　C) S 是结构体类型的变量　　　　　　D) T 是结构体类型 struct S 的变量

答案：B

分析：typedef 用于定义新的数据类型名。在本题中，typedef 将结构体类型 struct S 定义为 T，可以用 T 定义结构体变量，选项 B 正确，而选项 D 错；可以用 struct S 定义结构体变量，但 S 不能单独定义结构体变量，选项 A 错；S 是结构体类型名，不是结构体变量名，选项 C 错。

40. 有以下程序：

```
#include<stdio.h>
main()
{
    short c=124;
    c=c_____;
    printf("%d\n",c);
}
```

若要使程序的运行结果为 248，应在下划线处填入的是_____。

　　A) >>2　　　　　　B) |248　　　　　　C) &0248　　　　　　D) <<1

答案：D

分析：左移运算符(<<)每左移一位，相当于移位对象乘以 2。

二、程序填空题(18 分)

给定程序中，函数 fun 的功能是：计算形参 x 所指数组中 N 个数的平均值(规定所有数均为整数)，作为函数值返回；并将大于平均值的数放在形参 y 所指数组中，在主函数中输出。

例如，有 10 个正数——46、30、32、40、6、17、45、15、48、26，平均值为 30.500000，主函数中输出 46、32、40、45、48。

请在程序的下划线处填入正确的内容并把下划线删除，使程序得出正确的结果。

```c
#include <stdlib.h>
#include <stdio.h>
#define    N      10
double fun(double x[],double *y)
{
    int i,j; double av;
/*********found*********/
    av=  【1】 ;
/*********found*********/
    for(i=0; i<N; i++)   av = av + 【2】 ;
    for(i=j=0; i<N; i++)
/*********found*********/
       if(x[i]>av)   y【3】= x[i];
    y[j]=-1;
    return   av;
}
main()
{
   int i; double x[N] = {46,30,32,40,6,17,45,15,48,26};
   double y[N];
   for(i=0; i<N; i++) printf("%4.0f ",x[i]);
   printf("\n");
   printf("\nThe average is: %f\n",fun(x,y));
   for(i=0; y[i]>=0; i++)   printf("%5.0f ",y[i]);
   printf("\n");
}
```

答案：第 1 空填入 0　　　　　第 2 空填入 x[i]/N　　　第 3 空填入 j++

分析：第一空，计算平均值时，需要将变量 av 初始化为 0；第二空，利用 for 循环计算其平均值，所以应填 x[i]/N；第三空，把数组 x 中元素值大于平均值的数依次存放到形参 y 所指的数组中，其中位置由变量 j 控制，所以应填 j++。

三、程序修改题(18 分)

给定程序的功能是：读入一个英文文本行，将其中每一个单词的第一个字母改成大写，然后输出此文本行(这里的"单词"是指由空格隔开的字符串)。

例如，若输入"I am a student to take the examination."，则应输出"I Am A Student To Take The Examination."。

请改正程序中的错误，使程序能得出正确的结果。

```c
#include <ctype.h>
#include <string.h>
/************found***********/
```

```
include <stdio.h>
/***********found***********/
void upfst (char p)
{
    int    k=0;
    for ( ; *p; p++ )
        if( k )
        {    if ( *p == ' ')    k = 0;    }
        else   if ( *p != ' ')
        {    k = 1;    *p = toupper( *p ); }
}


main( )
{
    char chrstr[81];
    printf( "\nPlease enter an English text line: " );    gets(chrstr);
    printf( "\n\nBefore changing:\n   %s", chrstr);
    upfst(chrstr);
    printf( "\nAfter changing:\n   %s\n", chrstr );
}
```

答案：第一处填入#include <stdio.h>　　　　第二处填入 char *p

分析：第一处，包含头文件的标识错误，在 include 前漏写了#；第二处，由于传入的参数是字符串，因此应为 upfst(char *p)。

四、程序设计题(24 分)

请编写一个函数，函数的功能是删除字符串中的所有空格。

例如，在主函数中输入"asd af aa z67"，则输出为"asdafaaz67"。

请勿改动主函数 main 和其他函数中的任何内容，仅在函数 fun 的花括号中填入编写的若干语句。

```
#include <stdio.h>
#include <ctype.h>
void fun(char *str)
{

}
main()
{
    char str[81];
    int n;
    printf("Input a string:") ;
    gets(str);
    puts(str);
```

```
        fun(str);
        printf("*** str: %s\n",str);
    }
```

答案:

```
char *p = str ;
    int i = 0 ;
while(*p)
{
    if(*p != ' ') str[i++] = *p ;
    p++ ;
}
str[i] = 0 ;
```

分析: 本题考察怎样利用字符串指针来删除字符串的空格字符。在函数开始处,把指针 p 先指向字符串 str 以及将位置变量 i 置 0,然后采用 while 循环和字符串指针 p 来处理。每循环一次就判断指针 p 所指的字符是否为空格,如果不是空格,则把该字符写到 str 字符串中,位置由 i 来控制;如果是空格,则不处理,继续取下一字符,直至字符串结束为止;最后再把字符串结束符写到位置为 i 的 str 中,通过形参 str 返回。

6.3　模拟试题三

一、选择题(每题 1 分, 共 40 分)

1. 下列关于栈的叙述中正确的是_____。
   A) 栈顶元素最先能被删除　　　　B) 栈顶元素最后才能被删除
   C) 栈底元素永远不能被删除　　　D) 以上三种说法都不对

答案: A

分析: 栈是限定仅在一端进行插入和删除运算的线性表。其中,允许插入与删除的一端称为栈顶,而不允许插入与删除的另一端称为栈底。

2. 下列叙述中正确的是_____。
   A) 有一个以上根结点的数据结构不一定是非线性结构
   B) 只有一个根结点的数据结构不一定是线性结构
   C) 循环链表是非线性结构
   D) 双向链表是非线性结构

答案: B

分析: 数据的逻辑结构分为线性结构和非线性结构。如果一个非空的数据结构满足以下两个条件: (1)有且只有一个根结点, (2)每个结点最多有一个前件, 也最多有一个后件, 则称该数据结构为线性结构, 否则称为非线性结构。由此可知选项 A 错; 选项 B 正确, 因为二叉树是非线性结构, 但只有一个根结点; 选项 C 和选项 D 是错的, 因为线性结构可以顺序存储,也可以链式存储。

3. 某二叉树共有 7 个结点，其中叶子结点只有 1 个，该二叉树的深度为(假设根结点在第 1 层)_____。

    A) 3　　　　　　　　　B) 4　　　　　　　　　C) 6　　　　　　　　　D) 7

答案：D

分析：由于该二叉树只有一个叶子结点，因此除叶子结点外，每个结点只有一个分支(左子树或右子树)，因此该数的深度为 7。

4. 在软件开发中，需求分析阶段产生的主要文档是_____。

    A) 软件集成测试计划　　　　　　　　B) 软件详细设计说明书
    C) 用户手册　　　　　　　　　　　　D) 软件需求规格说明书

答案：D

分析：需求分析的目的是形成软件需求规格说明书。

5. 结构化程序所要求的基本结构不包括_____。

    A) 顺序结构　　　　　　　　　　　　B) GOTO 跳转
    C) 选择(分支)结构　　　　　　　　　D) 重复(循环)结构

答案：B

分析：结构化程序所要求的基本结构是顺序结构、选择结构和循环结构。

6. 下面描述中错误的是_____。

    A) 系统总体结构图支持软件系统的详细设计
    B) 软件设计是将软件需求转换为软件表示的过程
    C) 数据结构与数据库设计是软件设计的任务之一
    D) PAD 图是软件详细设计的表示工具

答案：A

分析：在概要设计过程中，常用总体结构图来描述系统的层次和各模块的关系，而在详细设计过程中，常用 PAD 图来为每一个模块描述算法和数据结构的细节，选项 A 错，选项 D 正确；软件设计是一个把软件需求转换为软件表示的过程，选项 B 正确；数据结构及数据库设计是软件概要设计的基本任务之一，选项 C 正确。

7. 负责数据库中查询操作的数据库语言是_____。

    A) 数据定义语言　　　　　　　　　　B) 数据管理语言
    C) 数据操纵语言　　　　　　　　　　D) 数据控制语言

答案：C

分析：数据库管理系统提供了 3 种数据语言：数据定义语言负责数据的模式定义与数据的物理存取构建；数据操纵语言负责数据的操纵，包括查询及增、删、改等操作；数据控制语言负责数据完整性、安全性的定义与检查等功能。

8. 一个教师可讲授多门课程，一门课程可由多个教师讲授，实体教师和课程间的关系是_____。

    A) 1:1 关系　　　　B) 1:m 关系　　　　C) m:1 关系　　　　D) m:n 关系

答案：D

分析：两个实体集间的联系实际上是实体集间的函数关系，有下面几种。

一对一关系，简记为 1：1。

一对多或多对一关系，简记为 1：M（1：m）或 M：1（m：1）。

多对多关系，简记为 M：N 或 m：n。

9. 若有 3 个关系 R、S 和 T，如下所示：

R

A	B	C
a	1	2
b	2	1
c	3	1

S

A	B
c	3

T

C
1

则由关系 R 和 S 得到关系 T 的操作是_____。

   A) 自然连接　　　　B) 交　　　　　C) 除　　　　　D) 并

答案：C

分析：R 能被 S 除的充分必要条件是，R 中的域包含 S 中的所有属性；R 中有一些域不出现在 S 中。

10. 定义无符号整数类为 Uint，下面可以作为类 UInt 的实例化值的是_____。

   A) − 369　　　　B) 369　　　　　C) 0.369　　　　D) 整数集合{1,2,3,4,5}

答案：B

11. 计算机高级语言程序的运行方法有编译执行和解释执行两种，以下叙述中正确的是_____。

   A) C 语言程序仅可以编译执行

   B) C 语言程序仅可以解释执行

   C) C 语言程序既可以编译执行又可以解释执行

   D) 以上说法都不对

答案：A

分析：C 语言是编译型语言。

12. 以下叙述中错误的是_____。

   A) C 语言的可执行程序是由一系列机器指令构成的

   B) 用 C 语言编写的源程序不能直接在计算机上运行

   C) 通过编译得到的二进制目标程序需要连接才可以运行

   D) 在没有安装 C 语言集成开发环境的机器上不能运行 C 源程序生成的.exe 文件

答案：D

分析：.exe 文件可直接运行。

13. 以下选项中不能用作 C 程序合法常量的是_____。

   A) 1,234　　　　B) '\123'　　　　C) 123　　　　D) "\x7G"

答案：A

分析：选项 A 错，整数中没有逗号"，"；选项 B 表示一个字符常量，选项 D 表示一个字符串常量。

14. 以下选项中可用作 C 程序合法实数的是_____。

A) .1e0　　　　　　B) 3.0e0.2　　　　　　C) E9　　　　　　D) 9.12E

答案：A

分析：在实数的指数表示中，e 前必须有数据(整数或实数)，e 后必须是整数。所以选项 A 正确，其他选项错误。

15. 若有定义语句 int a=3,b=2,c=1;，以下选项中错误的赋值表达式是_____。

A) a=(b=4)=3;　　　B) a=b=c+1;　　　C) a=(b=4)+c;　　　D) a=1+(b=c=4);

答案：A

分析：赋值符号"="的左端必须是变量，不能是表达式，故选项 A 是错误的。

16. 有以下程序段：

```c
char name[20];
int num;
scanf("name=%s num=%d",name;&num);
```

当执行上述程序段并从键盘输入 name=Lili num=1001<回车>时，name 的值为_____。

A) Lili　　　　　B) name=Lili　　　　　C) Lili num=　　　　　D) name=Lili num=1001

答案：A

分析：格式说明符"%s"表示输入一个字符串，遇到空格结束，所以 name 的值为 Lili。

17. if 语句的基本形式是：if(表达式)语句。以下关于"表达式"值的叙述中正确的是_____。

A) 必须是逻辑值　　　　　　　　B) 必须是整数值
C) 必须是正数　　　　　　　　　D) 可以是任意合法的数值

答案：D

分析：C 语言没有逻辑值，而是用 0 表示"假"，用非 0 表示"真"。

18. 有以下程序：

```c
#include
main()
{
    int x=011;
    printf("%d\n",++x);
}
```

程序运行后的输出结果是_____。

A) 12　　　　　　B) 11　　　　　　C) 10　　　　　　D) 9

答案：C

分析：011 是八进制数，等于十进制数 9，表达式"++x"的值为 10。

19. 有以下程序：

```
#include<stdio.h>
main()
{
    int s;
    scanf("%d",&s);
    while(s>0)
    {  switch(s)
        {   case 1: printf("%d",s+5);
            case 2: printf("%d",s+4); break;
            case 3: printf("%d",s+3);
            default : printf("%d",s+1); break;
        }
        scanf("%d",&s);
    }
}
```

运行时，若输入 1 2 3 4 5 0<回车>，则输出结果是_____。

　　A) 6566456　　　　B) 66656　　　　C) 66666　　　　D) 6666656

答案：A

分析：首先读入 1 给 s 后，进入 while 循环，执行 switch 语句，从 case 1 后的语句执行，先输出 s+5=6，再输出 s+4=5，遇 break 后，结束 switch 语句；再读入 2 给 s，与前面的过程类似，最后输出的数是选项 A。

20. 有以下程序段：

```
int i,n;
for(i=0;i<8;i++)
{   n=rand()%5;
    switch(n)
    {   case 1:
        case 3:printf("%d\n",n); break;
        case 2:
        case 4:printf("%d\n",n); continue;
        case 0:exit(0);
    }
    printf("%d\n",n);
}
```

以下关于程序段执行情况的叙述中正确的是_____。

　　A) for 循环语句固定执行 8 次

　　B) 当产生的随机数 n 为 4 时结束循环操作

　　C) 当产生的随机数 n 为 1 和 2 时不作任何操作

　　D) 当产生的随机数 n 为 0 时结束程序运行

答案：D

分析：随机函数 rand 返回一个非负整数，所以 0≤n≤4。当 n=0 时执行函数 exit(0)，该函数的功能是结束程序的运行。

21. 有以下程序：

```c
#include<stdio.h>
main()
{
    char s[]="012xy\08s34f4w2";
    int i,n=0;
    for(i=0;s[i]!=0;i++)
        if(s[i]>='0'&&s[i]<='9') n++;
    printf("%d\n",n);
}
```

程序运行后的输出结果是_____。

 A) 0   B) 3   C) 7   D) 8

答案：B

分析：注意字符'0'和'\0'的区别('\0'为 0，但'0'不是 0)，数组 s 中的字符串为"012xy"，而'\0'为字符串结束标志。程序中的循环语句统计数组 s 中字符串"012xy"中的数字字符的个数。

22. i 和 k 都是 int 型变量，有以下 for 语句：

```c
for(i=0,k=-1;k=1;k++) printf("*****\n");
```

下面关于语句执行情况的叙述中正确的是_____。

 A) 循环体执行两次   B) 循环体执行一次
 C) 循环体一次也不执行   D) 构成无限循环

答案：D

分析：循环条件"k=1"是赋值表达式，其值为 1，永远是"真"。

23. 有以下程序：

```c
#include
main()
{
    char b,c; int i;
    b='a'; c='A';
    for(i=0;i<6;i++)
    {   if(i%2) putchar(i+b);
        else putchar(i+c);
    }
        printf("\n");
}
```

程序运行后的输出结果是_____。

　　　　A) ABCDEF　　　　　B) AbCdEf　　　　　C) aBcDeF　　　　　D) abcdef

答案：B

分析：for 循环输出前 6 个英文字母，当 i 为偶数时，输出大写字母，否则输出小写字母。

24. 设有定义 double x[10],*p=x;，以下能给数组 x 中下标为 6 的元素读入数据的正确语句是_____。

　　　　A) scanf("%f",&x[6]);　　　　　　　　B) scanf("%lf",*(x+6));

　　　　C) scanf("%lf",p+6);　　　　　　　　D) scanf("%lf",p[6]);

答案：C

分析：输入 double 型实数要用 "%lf"，选项 A 错；*(x+6)与 p[6]都与 x[6]相同，是变量，不是地址，选项 B 和选项 D 是错误的；p+6 与&x[6]相同，选项 C 正确。

25. 有以下程序(说明：字母 A 的 ASCII 码值是 65):

```
#include<stdio.h>
void fun(char *s)
{
    while(*s)
    {
      if(*s%2) printf("%c",*s);
      s++;
    }
}
main()
{
    char a[]="BYTE";
    fun(a); printf("\n");
}
```

程序运行后的输出结果是_____。

　　　　A) BY　　　　　　B) BT　　　　　　C) YT　　　　　　D) YE

答案：D

分析：函数 fun(a)的功能是输出字符串"BYTE"中 ASCII 码值为奇数的字母。由于字母 A 的 ASCII 码值是 65，因此要输出字母 E，故只有选项 D 正确。

26. 有以下程序段：

```
#include<stdio.h>
main()
{ …
    while( getchar()!='\n');
    …
}
```

以下叙述中正确的是_____。

  A) 此 while 语句将无限循环

  B) getchar()不可以出现在 while 语句的条件表达式中

  C) 当执行此 while 语句时，只有按回车键程序才能继续执行

  D) 当执行此 while 语句时，按任意键程序就能继续执行

答案：C

分析：当执行到此 while 语句时，只有按回车键才能结束该循环，否则继续循环(循环体为空语句)。

27. 有以下程序：

```
#include<stdio.h>
main()
{
    int x=1,y=0;
    if(!x) y++;
    else if(x==0)
        if (x) y+=2;
        else y+=3;
    printf("%d\n",y);
}
```

程序运行后的输出结果是_____。

  A) 3   B) 2   C) 1   D) 0

答案：D

分析：由于 x=1，语句 if(!x)的条件为"假"，执行 else 子句，又由于语句 if(x==0)的条件为"假"，故其后的内嵌语句 if-else 不执行。程序输出 y 的原值 0。

28. 若有定义语句 char s[3][10],(*k)[3],*p;，则以下赋值语句正确的是_____。

  A) p=s;   B) p=k;   C) p=s[0];   D) k=s;

答案：C

分析：由于 p 是字符型指针变量，k 是字符型行指针变量(每行 3 个元素)，二维数组名 s 是行指针常量(指向第一行，10 个元素)，而 s[0]表示&s[0][0]，故只有选项 C 正确。

29. 有以下程序：

```
#include<stdio.h>
void fun(char *c)
{
    while(*c)
        {  if(*c>='a'&&*c<='z') *c=*c-('a'-'A');
          c++;
        }
}
main()
{
```

```
    char s[81];
    gets(s); fun(s); puts(s);
}
```

当执行程序时，从键盘上输入 Hello Beijing<回车>，程序的输出结果是_____。

A) hello beijing   B) Hello Beijing

C) HELLO BEIJING   D) hELLO Beijing

答案：C

分析：函数 gets(s)将字符串"Hello Beijing"输入到字符数组 s 中，函数 fun(s)将字符串 s 中的小写字母转换成大写字母。

30. 以下函数的功能是：通过键盘输入数据，为数组中的所有元素赋值。

```
#include<stdio.h>
#define N 10
void fun(int x[N])
{
    int i=0;
    while(i<N)scanf("%d",_____);
}
```

在上述程序中，下划线处应填入的是_____。

A) x+i   B) &x[i+1]   C) x+(i++)   D) &x[++i]

答案：C

分析：x+(i++)即&x[i++]，选项 C 正确。

31. 有以下程序：

```
#include<stdio.h>
main()
{
    char a[30],b[30];
    scanf("%s",a);
    gets(b);
    printf("%s\n %s\n",a,b);
}
```

程序运行时若输入：

how are you? I am fine<回车>

则输出结果是_____。

A) how are you?   B) how

  I am fine   are you? I am fine

C) how are you? I am fine   D) row are you?

答案：B

分析：用语句"scanf("%s",a);"输入字符串，遇到空格结束，故 a 中的字符串为"how"；用语句"gets(b);"输入字符串，可以有空格，故 b 中的字符串为"are you? I am fine"。

32. 设有如下函数定义：

```
int fun(int k)
{
    if (k<1) return 0;
    else if(k==1) return 1;
        else return fun(k-1)+1;
}
```

若执行调用语句 n=fun(3);，则函数 fun 总共被调用的次数是＿＿＿＿。

　　A) 2　　　　　　　　B) 3　　　　　　　　C) 4　　　　　　　　D) 5

答案：B

33. 有以下程序：

```
#include<stdio.h>
int fun (int x,int y)
{
    if (x!=y) return ((x+y)/2);
    else return (x);
}
main()
{
    int a=4,b=5,c=6;
    printf("%d\n",fun(2*a,fun(b,c)));
}
```

程序运行后的输出结果是＿＿＿＿。

　　A) 3　　　　　　　　B) 6　　　　　　　　C) 8　　　　　　　　D) 12

答案：B

分析：fun(a,c)的值为 5，fun(8,5)的值为 6，故选项 B 正确。

34. 有以下程序：

```
#include<stdio.h>
int fun()
{
    static int x=1;
    x*=2;
    return x;
}
main()
{
    int i,s=1;
```

```
    for(i=1;i<=3;i++) s*=fun();
    printf("%d\n",s);
}
```

程序运行后的输出结果是_____。

    A) 0   B) 10   C) 30   D) 64

答案：D

分析：函数 fun 中的变量 x 是局部静态变量，第一次调用时初始值为 1，以后每次调用都是上次调用结束时的值。第一次调用函数 fun，返回值为 2；第二次调用函数 fun，返回值为 4；第三次调用函数 fun，返回值为 8；所以 s=2*4*8=64。

35. 有以下程序：

```
#include<stdio.h>
#define S(x) 4*(x)*x+1
main()
{
    int k=5,j=2;
    printf("%d\n",S(k+j));
}
```

程序运行后的输出结果是_____。

    A) 197   B) 143   C) 33   D) 28

答案：B

分析：宏定义 S(k+j) 展开为 4*(k+j)*k+j+1，所以输出结果为 4*(5+2)*5+2+1=143。

36. 设有定义 struct {char mark[12];int num1;double num2;} t1,t2;，若变量均已正确赋初值，则以下语句中错误的是_____。

    A) t1=t2;   B) t2.num1=t1.num1;

    C) t2.mark=t1.mark;   D) t2.num2=t1.num2;

答案：C

分析：由于 mark 是数组名(地址常量)，不能重新赋值，故选项 C 是错误的。

37. 有以下程序：

```
#include
struct ord
{ int x，y;}dt[2]={1,2,3,4};
main()
{
    struct ord *p=dt;
    printf("%d,",++(p->x)); printf("%d\n",++(p->y));
}
```

程序运行后的输出结果是_____。

    A) 1,2   B) 4,1   C) 3,4   D) 2,3

答案：D

分析：++(p->x)即++(dt[0].x)，值为 2；++(p->y)即++(dt[0].y)，值为 3。

38. 有以下程序：

```
#include<stdio.h>
struct S
{ int a,b;}data[2]={10,100,20,200};
main()
{
    struct S p=data[1];
    printf("%d\n",++(p.a));
}
```

程序运行后的输出结果是_____。

    A) 10   B) 11   C) 20   D) 21

答案：D

分析：++(p.a)即++(data[1].a)，其值为 21。

39. 有以下程序：

```
#include<stdio.h>
main()
{
    unsigned char a=8,c;
    c=a>>3;
    printf("%d\n",c);
}
```

程序运行后的输出结果是_____。

    A) 32   B) 16   C) 1   D) 0

答案：C

分析：由于 $a=(00001000)_2$，因此 $a>>3$ 的值为 $(00000001)_2$，从而 c=1。

40. 设 fp 已定义，执行语句 fp=fopen("file","w");后，以下针对文本文件 file 操作叙述的选项中正确的是_____。

    A) 写操作结束后可以从头开始读   B) 只能写，不能读

    C) 可以在原有内容后追加写   D) 可以随意读和写

答案：B

分析：用 "w" 打开的文件只能向该文件写入。若打开的文件不存在，则以指定的文件名建立该文件；若打开的文件已经存在，则将该文件删去，重建一个新文件。

二、程序填空题(18 分)

给定程序中，函数 fun 的功能是：将 N×N 矩阵中元素的值按列右移 1 个位置，右边被移出矩阵的元素绕回左边。例如，N=3，有下列矩阵：

```
1    2    3
4    5    6
7    8    9
```

计算结果为：

```
3    1    2
6    4    5
9    7    8
```

请在程序的下划线处填入正确的内容，并把下划线删除，使程序得出正确的结果。

注意：不得增行或删行，也不得更改程序结构。

```c
#include      <stdio.h>
#define      N    4
void fun(int    (*t)[N])
{
    int    i, j, x;
    /*********found*********/
    for(i=0; i<___1___; i++)
      {
          /*********found*********/
          x=t[i][___2___];
          for(j=N-1; j>=1; j--)
             t[i][j]=t[i][j-1];
          /*********found*********/
          t[i][___3___]=x;
      }
}
main()
{
    int    t[][N]={21,12,13,24,25,16,47,38,29,11,32,54,42,21,33,10}, i, j;
    printf("The original array:\n");
    for(i=0; i<N; i++)
    {
        for(j=0; j<N; j++)    printf("%2d    ",t[i][j]);
          printf("\n");
    }
    fun(t);
    printf("\nThe result is:\n");
    for(i=0; i<N; i++)
```

```
    {
      for(j=0; j<N; j++) printf("%2d    ",t[i][j]);
       printf("\n");
    }
  }
```

答案：第一空填入N　　　　 - 第二空填入 N－1　　　　 第三空填入 0

分析：第一空，函数fun是对N×N矩阵进行操作，for循环的终止值为N；第二空，把最后一列的元素赋值给临时变量x，保存后用来交换，所以应填N-1；第三空，第1列元素使用x替换，由于C语言的下标是从0开始的，所以应填0。

三、程序修改题(18 分)

给定程序中函数 fun 的功能是：计算并输出下列级数的前 N 项之和，直到 S_{N+1} 大于 q 为止，q 的值通过形参传入。

$$S_N = \frac{2}{1} + \frac{3}{2} + \frac{4}{3} + \ldots + \frac{N+1}{N}$$

例如：若 q 的值为 50.0，则函数值为 49.394948。

请改正程序中的错误，使程序能输出正确的结果。

注意：不要改动 main 函数，不得增行或删行，也不得更改程序结构。

```
#include <stdio.h>
double fun(double q)
{ int n; double s,t;
  n = 2;
  s = 2.0;
  while (s<=q)
  {t=s;
/************found***********/
  s=s+(n+1)/n;
    n++; }
  printf("n=%d\n",n);
/************found***********/
  return   s;
}
main ( )
{
 printf("%f\n", fun(50));
 }
```

答案：第一处改为 s+=(float)(n+1)/n　　　　 第二处改为 return t

分析：第一处，如果两个整数类型相除，结果仍为整数，所以必须转换其中一个数的类型，所以应改为s+=(float)(n+1)/n；第二处，返回结果错误，应改为return t。

四、程序设计题(24 分)

编写函数 fun，它的功能是：求 Fibonacci 数列中大于 t 的最小的一个数，结果由函数返回。其中 Fibonacci 数列 F(n)的定义为：

F(0)=0，F(1)=1

F(n)=F(n−1)+F(n−2)

例如：当 t=1000 时，函数的值为 1579。

注意：请勿改动主函数 main 和其他函数中的任何内容，仅在函数 fun 的花括号中填入你编写的若干语句。

```
#include <math.h>
#include <stdio.h>
int   fun( int   t)
{


}

main()    /* 主函数 */
{
   int   n;
   n=1000;
   printf("n = %d, f = %d\n",n, fun(n));
}
```

答案：int   f0 = 0, f1 = 1, f;
　　　do {
　　　　f = f0 + f1 ;
　　　　f0 = f1 ;
　　　　f1 = f ;
　　　} while(f < t) ;
　　return   f;

分析：求 Fibonacci 数列某一项的算法有很多种，其中最为简单方便的就是用递推法。题中已经将递推公式给出，主要考查学生将算法用语言实现的能力。在函数的开头，设定 f0 和 f1 的值，然后用循环的方式求下一项的值 f，将 f1 的值赋给 f0，将新求的 f 值赋给 f1，循环运行的条件为 f 小于 t。最后返回，求得 f 值。

6.4　模拟试题四

一、选择题(每题 1 分，共 40 分)

1. 下列叙述中正确的是_____。
   A) 算法就是程序
   B) 设计算法时只需要考虑数据结构的设计
   C) 设计算法时只需要考虑结果的可靠性
   D) 以上三种说法都不对
   答案：D

2. 下列关于线性链表的叙述中正确的是_____。
   A) 各数据结点的存储空间可以不连续，但它们的存储顺序与逻辑顺序必须一致
   B) 各数据结点的存储顺序与逻辑顺序可以不一致，但它们的存储空间必须连续
   C) 进行插入与删除时，不需要移动表中的元素
   D) 以上三种说法都不对
   答案：C

3. 下列关于二叉树的叙述中正确的是_____。
   A) 叶子结点总是比度为 2 的结点少一个
   B) 叶子结点总是比度为 2 的结点多一个
   C) 叶子结点数是度为 2 的结点数的两倍
   D) 度为 2 的结点数是度为 1 的结点数的两倍
   答案：B

4. 软件按功能可以分为应用软件、系统软件和支撑软件(或工具软件)。下面属于应用软件的是_____。
   A) 学生成绩管理系统　　　　　　B) C 语言编译程序
   C) UNIX 操作系统　　　　　　　D) 数据库管理系统
   答案：A

5. 某系统总体结构图如下所示：

该系统总体结构图的深度是_____。
   A) 7　　　　　　　　B) 6　　　　　　　　C) 3　　　　　　　　D) 2
   答案：C

6. 程序调试的任务是＿＿＿＿。

A) 设计测试用例　　　　　　　　B) 验证程序的正确性

C) 发现程序中的错误　　　　　　D) 诊断和改正程序中的错误

答案：D

7. 下列关于数据库设计的叙述中，正确的是＿＿＿＿。

A) 在需求分析阶段建立数据字典　B) 在概念设计阶段建立数据字典

C) 在逻辑设计阶段建立数据字典　D) 在物理设计阶段建立数据字典

答案：A

分析：结构化分析方法是结构化程序设计理论在软件需求分析阶段的运用。结构化分析的常用工具有数据流图、数据字典、判定树和判定表。

8. 数据库系统的三级模式不包括＿＿＿＿。

A) 概念模式　　　B) 内模式　　　C) 外模式　　　D) 数据模式

答案：D

9. 设有如下三个关系 R、S 和 T：

R

A	B	C
a	1	2
b	2	1
c	3	1

S

A	B	C
a	1	2
b	2	1

T

A	B	C
c	3	1

则由关系 R 和 S 得到关系 T 的操作是＿＿＿＿。

A) 自然连接　　　B) 差　　　　　C) 交　　　　　D) 并

答案：B

10. 下列选项中属于面向对象设计方法的主要特征的是＿＿＿。

A) 继承　　　　　B) 自顶向下　　C) 模块化　　　D) 逐步求精

答案：A

11. 以下叙述中错误的是＿＿＿＿。

A) C 语言编写的函数源程序，文件名后缀可以是.C

B) C 语言编写的函数都可以作为独立的源程序文件

C) C 语言编写的每个函数都可以独立地进行编译并执行

D) 一个 C 语言程序只能有一个主函数

答案：C

12. 以下选项中关于程序模块化的叙述中，错误的是＿＿＿。

A) 把程序分成若干相对独立的模块，可便于编码和调试

B) 把程序分成若干相对独立、功能单一的模块，便于重复使用这些模块

C) 可采用自底向上、逐步细化的设计方法把若干独立模块组装成所要求的程序

D) 可采用自顶向下、逐步细化的设计方法把若干独立模块组装成所要求的程序

答案：C

13. 以下选项中关于 C 语言常量的叙述中错误的是_____。

    A) 所谓常量，是指在程序运行过程中，其值不能被改变的量

    B) 常量分为整型常量、实型常量、字符常量和字符串常量

    C) 常量可分为数值型常量和非数值型常量

    D) 经常被使用的变量可以定义成常量

答案：D

14. 若有定义语句 int a=10; double b=3.14;，则表达式'A'+a+b 的值的类型是_____。

    A) char   B) int   C) double   D) float

答案：C

15. 若有定义语句 int x=12,y=8,z;，在其后执行语句 z=0.9+x/y;，则 z 的值为_____。

    A) 1.9   B) 1   C) 2   D) 2.4

答案：B

16. 若有定义 int a,b;，通过语句 scanf("%d;%d",&a,&b);，能把整数 3 赋给变量 a，把 5 赋给变量 b 的输入数据是_____。

    A) 3 5   B) 3,5   C) 3;5   D) 35

答案：C

17. 若有定义语句 int k1=10,k2=20;，执行表达式 (k1=k1>k2)&&(k2=k2>k1)后，k1 和 k2 的值分别为_____。

    A) 0 和 1   B) 0 和 20   C) 10 和 1   D) 10 和 20

答案：B

18. 若有以下程序：

```
#include <stdio.h>
main()
{
    int a=1,b=0;
    if(--a) b++;
    else if(a==0) b+=2;
        else  b+=3;
    printf("%d\n",b);
}
```

程序执行后的输出结果是_____。

    A) 0   B) 1   C) 2   D) 3

答案：C

19. 下列条件语句中，输出结果与其他语句不同的是_____。

    A) if(a) printf("%d\n",x); else printf("%d\n",y);

    B) if(a==0) printf("%d\n",y); else printf("%d\n",x);

    C) if(a!=0) printf("%d\n"x); else printf("%d\n",y);

    D) if(a==0) printf("%d\n",x); else printf("%d\n",y);

答案: D

20. 若有以下程序:

```
#include <stdio.h>
main()
{
    int a=7;
    while(a--);
    printf("%d\n",a);
}
```

程序运行后的输出结果是_____。

    A) −1   B) 0   C) 1   D) 7

答案: A

21. 以下不能输出字符 A 的语句是(提示: 字符 A 的 ASCII 码值为 65, 字符 a 的 ASCII 码值为 97)_____。

    A) printf("%c\n",'a' − 32);   B) printf("%d\n",'A');

    C) printf("%c\n",65);   D) printf("%c\n",'B' − 1);

答案: B

22. 若有以下程序(提示: 字符 a 的 ASCII 码值为 97):

```
#include <stdio.h>
main()
{
    char *s={"abc"};
    do
    {   printf("%d",*s%10); ++s; }
        while(*s);
}
```

程序运行后的输出结果是_____。

    A) abc   B) 789   C) 7890   D) 979899

答案: B

23. 若有定义语句 double a,*p=&a;, 以下叙述中错误的是_____。

    A) 定义语句中的*号是一个地址运算符

    B) 定义语句中的*号只是一个说明符

    C) 定义语句中的 p 只能存放 double 类型变量的地址

    D) 定义语句中, *p=&a 把变量 a 的地址作为初值赋给指针变量 p

答案: A

24. 若有以下程序:

```
#include <stdio.h>
double f(double x);
main()
```

```
{
    double a=0; int i;
    for(i=0;i<30;i+=10) a+=f((double)i);
    printf("%5.0f\n",a);
}
double f(double x)
{ return x*x+1; }
```

程序运行后的输出结果是_____。

　　A) 503　　　　　　　　B) 401　　　　　　　　C) 500　　　　　　　　D) 1404

答案：A

25. 若有定义语句 int year=2009, *p=&year;，以下不能使变量 year 中的值增至 2010 的语句是_____。

　　A) *p+=1;　　　　　　B) (*p)++　　　　　　C) ++(*p)　　　　　　D) *p++

答案：D

26. 以下定义数组的语句中错误的是_____。

　　A) int num[]={1,2,3,4,5,6};　　　　　　　　B) int num[][3]={{1,2},2,4,5,6};

　　C) int num[2][4]={{1,2},{3,4},{5,6}};　　　D) int num[][4]={1,2,3,4,5,6};

答案：C

27. 若有以下程序：

```
#include <stdio.h>
void fun(int *p)
{   printf("%d\n",p[5]); }
main()
{
    int a[10]={1,2,3,4,5,6,7,8,9,10};
    fun(&a[3]);
}
```

程序运行后的结果是_____。

　　A) 5　　　　　　　　　B) 6　　　　　　　　　C) 8　　　　　　　　　D) 9

答案：D

28. 若有以下程序：

```
#include <stdio.h>
#define N   4
void fun(int a[][N],int b[])
{
    int i;
    for(i=0;i<N;i++) b[i]=a[i][i]-a[i][N-1-i];
}
main()
```

```
{
    int x[N][N]={{1,2,3,4},{5,6,7,8},{9,10,11,12},{13,14,15,16}}, y[N];
    fun(x,y);
    for(i=0;i<N;i++) printf("%d,",y[i]);   printf("\n");
}
```

程序运行的输出结果是_____。

    A) －12,-3,0,0 　　　　B) －3,－1,1,3 　　　　C) 0,1,2,3 　　　　D) －3,－3,3,3

答案：B

29. 若有以下函数：

```
int fun(char *x,char *y)
{
    int n=0;
    while((*x==*y)&&*x!='\0') {x++; y++; n++;}
    return n;
}
```

该函数的功能是_____。

    A) 查找 x 和 y 所指字符串中是否有'\0'

    B) 查找 x 和 y 所指字符串中最前面连续相同的字符个数

    C) 将 y 所指字符串赋给 x 所指存储空间

    D) 统计 x 和 y 所指字符串中相同字符的个数

答案：B

30. 若有定义语句 char *s1="OK"，*s2="ok";，以下选项中，能够输出"OK"的语句是_____。

    A) if(strcmp(s1,s2)==0) puts(s1);　　　　B) if (strcmp(s1,s2)!=0) puts(s2);

    B) if(strcmp(s1,s2)==1) puts(s1);　　　　D) if (strcmp(s1,s2)!=0) puts(s1);

答案：D

31. 以下程序的主函数中调用了在其前面定义的 fun 函数：

```
#include <stdio.h>
...
main()
{
    double a[15],k;
    k=fun(a);
    ...
}
```

以下选项中错误的 fun 函数首部是_____。

    A) double fun(double a[15])　　　　B) double fun(double *a)

    C) double fun(double a[])　　　　D) double fun(double a)

答案：D

32. 若有以下程序：

```c
#include <stdio.h>
#include <string.h>
main()
{
    char a[5][10]={ "china", "beijing", "you", "tiananmen", "welcome"};
    int i,j;     char t[10];
    for(i=0;i<4;i++)
        for(j=i+1;j<5;j++)
            if(strcmp(a[i],a[j])>0)
            { strcpy(t,a[i]);    strcpy(a[i],a[j]);   strcpy(a[j],t);}
    puts(a[3]);
}
```

程序运行后的输出结果是_____。

　　A) beijing　　　　　　B) china　　　　　　C) welcome　　　　　D) tiananmen

答案：C

33. 若有以下程序：

```c
#include <stdio.h>
int f(int m)
{
    static int n=0;
    n+=m;
    return n;
}
main()
{
    int n=0;
    printf("%d,",f(++n));
    printf("%d\n",f(n++));
}
```

程序运行后的输出结果是_____。

　　A) 1,2　　　　　　　　B) 1,1　　　　　　　　C) 2,3　　　　　　　　D) 3,3

答案：A

34. 若有以下程序：

```c
#include <stdio.h>
main()
{
    char ch[3][5]={"AAAA", "BBB", "CC"};
    printf("%s\n",ch[1]);
```

```
}
```

程序运行后的输出结果是_____。

    A) AAAA　　　　　　B) CC　　　　　　C) BBBCC　　　　D) BBB

答案：D

35. 若有以下程序：

```
#include <stdio.h>
#include <string.h>
void fun(char *u,int m)
{
    char s,*p1,*p2;
    p1=u;   p2=u+m-1;
    while(p1<p2) {s=*p1; *p1=*p2; *p2=s; p1++; p2--;}
}
main()
{
    char a[]= "123456";
    fun(a, strlen(a));   puts(a);
}
```

程序运行后的输出结果是_____。

    A) 654321　　　　B) 116611　　　　C) 161616　　　　D) 123456

答案：A

36. 若有以下程序：

```
#include <stdio.h>
#include <string.h>
typedef struct{char name[15]; char sex; int score[2];} STU;
STU f(STU a)
{
    STU b={"Zhao", 'm', 85,90};
    int i;
    strcpy(a.name,b.name);
    a.sex=b.sex;
    for(i=0;i<2;i++) a.score[i]=b.score[i];
    return a;
}
main()
{
    STU c={"Qian", 'f', 95,92},d;
    d=f(c);
    printf("%s,%c,%d,%d,",d.name,d.sex,d.score[0],d.score[1]);
    printf("%s,%c,%d,%d,",c.name,c.sex,c.score[0],c.score[1]);
}
```

程序运行后的输出结果是_____。

    A) Zhao,m,85,90,Qian,f,95,92   B) Zhao,m,85,90, Zhao,m,85,90
    C) Qian,f,95,92, Qian,f,95,92   D) Qian,f,95,92, Zhao,m,85,90
答案：A

37. 若有以下程序：

```
#include <stdio.h>
main()
{
    struct    node{int n; struct node *next;} *p;
    struct    node    x[3]={{2, x+1}, {4, x+2}, {6, NULL}};
    p=x;
    printf("%d,", p->n);
    printf("%d\n", p->next->n );
}
```

程序的运行结果是_____。

    A) 2,3   B) 2,4   C) 3,4   D) 4,6
答案：B

38. 若有以下程序：

```
#include <stdio.h>
main()
{
    int a=2,b;
    b=a<<2;   printf("%d\n",b);
}
```

程序运行后的输出结果是_____。

    A) 2   B) 4   C) 6   D) 8
答案：D

39. 以下选项中叙述错误的是_____。

    A) C 程序函数中定义的赋有初值的静态变量，每调用一次函数，赋一次初值
    B) 在 C 程序的同一函数中，各复合语句内可以定义变量，其作用域仅限本复合语句内
    C) C 程序函数中定义的自动变量，系统不自动赋确定的初值
    D) C 程序函数的参数不可以声明为静态变量
答案：A

40. 若有以下程序：

```
#include <stdio.h>
main()
{
```

```
FILE *fp;
int k,n,i,a[6]={1,2,3,4,5,6};
fp=fopen("d2.dat", "w");
for(i=0;i<6;i++) fprintf(fp, "%d\n", a[i]);
fclose(fp);
fp=fopen("d2.dat", "r");
for(i=0;i<3;i++) fscanf("fp, "%d%d",&k,&n);
fclose(fp);
printf("%d,%d\n", k,n);
}
```

程序运行后的输出结果是_____。

　A) 1,2　　　　　　　　B) 3,4　　　　　　　　C) 5,6　　　　　　　　D) 123,456

答案：C

二、程序填空题(18 分)

函数 fun 的功能是把形参 a 所指数组中的偶数按照原顺序依次存放到 a[0]、a[1]、a[2]……中，把奇数从数组中删除，偶数个数通过函数值返回。例如：若 a 所指数组中的数据最初排列为 9、1、4、2、3、6、5、8、7，删除奇数后，a 所指数组中的数据为 4、2、6、8，返回值为 4。

请在程序的下画线处填入正确的内容并把下画线删除，使程序得出正确的结果。

注意：不得增行或删行，也不得更改程序的结构。

```
#include <stdio.h>
#define      N       9
int fun(int    a[], int    n)
{
    int    i,j;
    j = 0;
    for (i=0; i<n; i++)
/**********found*********/
        if (____1____ == 0)
    {
/**********found*********/
        ____2____ = a[i]; j++;
    }
/**********found*********/
    return ____3____;
}
main()
{
```

```
    int   b[N]={9,1,4,2,3,6,5,8,7}, i, n;
    printf("\nThe original data    :\n");
    for (i=0; i<N; i++)   printf("%4d ", b[i]);
    printf("\n");
    n = fun(b, N);
    printf("\nThe number of even    : %d\n", n);
    printf("\nThe even    :\n");
    for (i=0; i<n; i++)   printf("%4d ", b[i]);
    printf("\n");
}
```

答案：第一空填 a[i]%2　　　第二空填 a[j]　　　第三空填 j

分析：第一空判断a[i]是否是偶数，若是，则仍保留在原数组a[j]中，所以应填“a[i] % 2”；对于第二空，数组a中元素的位置由j来控制，每增加一个元素，则j加1，所以应填“a[j]”；第三空返回删除奇数后a所指数组中数据的元素j，所以应填“j”。

三、程序修改题(18 分)

在给定程序中，fun 函数的功能是计算下式的值。

$$s = f(-n) = f(-n+1) + \cdots + f(0) + f(1) + f(2) + \cdots + f(n)$$

例如，当 n 为 5 时，函数值应为 10.407143。f(x)函数定义如下：

$$f(x) = \begin{cases} (x+1)/(x-2) & x>0 \text{ 且 } x \neq 2 \\ 0 & x=0 \text{ 或 } x=2 \\ (x-1)/(x-2) & x<0 \end{cases}$$

注意：不要修改 main 函数，不得增行或删行，也不得更改程序的结构。

```
#include <stdio.h>
#include <math.h>
/************found************/
f ( double   x)
{
  if (x == 0.0 || x == 2.0)
     return 0.0;
  else   if (x < 0.0)
        return (x -1)/(x-2);
       else
       return (x +1)/(x-2);
}
```

```
double fun(   int   n )
{
    int   i;
    double    s=0.0, y;
     for (i= -n; i<=n; i++)
     {
       y=f(1.0*i);
        s += y;
     }
/***********found***********/
    return s
}
main ( )
{
 printf("%f\n", fun(5) );
}
```

答案：第一处，函数名 f 前加"double"；第二处，s 后加上";"。

分析：第一处，由于函数返回值是实数型据，因此函数类型为实型，应在函数名前加上函数类型说明符"double"；第二处，return语句后缺少语句结束符号";"。

四、程序设计题

编写函数 fun，它的功能是计算下式：

$$s = \sqrt{\ln(1) + \ln(2) + \ln(3) + \cdots + \ln(m)}$$

s 作为函数值返回。

在 C 语言中可调用 log(n)函数求 ln(n)。log 函数的引用说明是：

double log(double x);

例如：若 m 的值为 20， fun 函数的值为 6.506583。

注意：请勿改动主函数 main 和其他函数中的任何内容，仅在函数 fun 的花括号内填入你编写的若干语句。

```
#include <math.h>
#include <stdio.h>
double   fun( int m )
{


}
```

```
main()
{
  printf("%f\n", fun(20));
}
```

答案 ：　double s = 0.0 ;

　　　　int i ;

　　　　for(i = 1 ; i <= m ; i++) s += log(i) ;

　　　　s = sqrt(s) ;

　　　　return s ;

分析：本题主要考查学生对函数和循环的理解，在函数开头定义 double 型变量 s，并赋初值为 0，然后利用循环求得多个对数的和。再通过平方根函数求得最终结果，通过 return 返回函数值。

第四篇 MATLAB软件入门

MATLAB 是 Matrix Laboratory 的简称，是一款由美国 MathWorks 公司开发的集数值计算、符号计算和图形可视化三大基本功能于一体的功能强大、简单易学的软件。它是国际公认的优秀数学应用软件之一。MATLAB 的命令和数学中的符号、公式非常接近，可读性强，容易掌握。从 20 世纪 80 年代产生到现在，MATLAB 已发展成为适合多学科的大型软件，除基本部分外，MATLAB 还根据各专业领域的特殊需要提供了许多工具箱，如应用于自动控制领域的 Control System 工具箱、用于信号处理的 Signal Process 工具箱、用于图像处理的 Image Process 工具箱，以及用于神经网络的 Neural Network 工具箱等，每一个工具箱都是为某一类学科专业和应用定制的，工具箱使用户能学习和应用专业技术。目前，很多高校将 MATLAB 作为线性代数、数值分析、数理统计、优化方法、自动控制、数字信号处理等课程的基本教学工具。近年来，MATLAB 在国际、国内大学生数学建模竞赛中的应用，为参赛者在有限的时间内准确、有效地解决问题提供了有力保证。

P.1 MATLAB 简介

本篇将以 MATLAB 7.10.0(R2010a)版本为例，通过举例介绍 MATLAB 的初步应用。

P.1.1 MATLAB 的工作界面

启动 MATLAB 软件，将看到如图 P-1 所示的 MATLAB 工作界面。

(1) 命令窗口(Command Window)：其中 ">>" 为命令提示符，用户可以在提示符后输入各种命令，命令的执行结果也显示在该窗口中。当某语句不需要显示结果时，可在该语句后面直接加 "；"。通过上下箭头可以调出以前输入的命令，用滚动条可以查看以前的命令及其输出信息。在命令窗口里适合运行较简单的程序或单个命令，在这里，输入一条语句就解释执行一条语句。在命令窗口中不太方便进行程序编辑，用户通常是在文本编辑窗口中编辑较大程序，并保存为 MATLAB 文件(.m)或称为 M 文件。要执行编写的程序，可以把编写好的程序粘贴到命令窗口中，也可以直接选择文本编辑窗口中 Debug 菜单中的 Run 命令(或快捷方式 F5)。

(2) "新建 M 文件" 按钮：单击此按钮会出现文本编辑窗口，在此可以编写程序。如图 P-2 所示，用户在此窗口中编写了一段程序，并命名为 Myexam.m，保存在默认文件夹中。

(3) 命令历史(Command History)窗口：已经执行过的命令依次显示在这个窗口中，可以备查。

(4) 工作空间(Workspace)窗口：显示当前计算机内存中有哪些变量及相关信息。

图 P-1　MATLAB 工作界面

图 P-2　MATLAB 的文本编辑窗口

P.1.2　在线帮助和演示

　　MATLAB 具有丰富的在线帮助功能及许多基本范例，初学者可以单击命令窗口中的 Video、Demos、Getting Started 按钮来学习 MATLAB 软件的使用方法，也可以使用 Help 菜单中的相应选项查询有关信息，还可以用 help 命令在命令行上查询，用户可以在命令窗口中试一下 help、help help 和 help eig(求特征值的函数)命令。学会利用软件的在线帮助功能学习软件，对于每一位读者来说都是至关重要的。

P.2　向量与矩阵

　　MATLAB 能处理数、向量和矩阵。一个数事实上是一个 1×1 的矩阵，1 个 n 维向量是一个 1×n 或 n×1 的矩阵。从这个角度来讲，MATLAB 处理的所有数据都是矩阵。

P.2.1　向量与矩阵的输入

　　在命令窗口中直接排列输入，元素之间用空格或逗号分隔，行与行之间用分号分开。例如，输入：

```
>> A=[1  2  3;  4  5  6;  7  8  0]
```

A =
```
    1    2    3
    4    5    6
    7    8    0
```

表示系统已经接收并处理了命令，并在当前工作空间中建立了矩阵 A。

大的矩阵可以分行输入，用回车键代替分号，如：

```
>> A=[ 1    2    3
       4    5    6
       7    8    0 ]
```

结果和上面一样，也是：

A =
```
    1    2    3
    4    5    6
    7    8    0
```

矩阵元素可以是任何数值表达式，如：

```
>> x=[ − 1.3    sqrt(3)    (1+2+3)*4/5 ]
   x =
         − 1.3000         1.7321         4.8000
```

P.2.2　向量与矩阵的生成

除了直接列出向量元素外，还可利用 ":" 运算符生成一个向量。例如，在命令窗口中输入：

```
>> y=1:6
y =
    1    2    3    4    5    6
```

即产生一个 1~6 的单位增量是 1 的行向量，此为默认情况。

用冒号 ":" 也可以产生单位增量不等于 1 的行向量，语法是把增量放在起始量和结尾量的中间。如：

```
>> x=0:pi/4:pi
```

即产生一个 0~pi 的行向量，单位增量是 pi/4=0.7854。

```
x=
    0 0.7854         1.5708         2.3562         3.1416
```

也可以产生单位增量为负数的行向量，如：

```
>> z=6:-1:1
z =
    6    5    4    3    2    1
```

MATLAB 中有一些函数可用来直接生成特殊矩阵，如：

```
>> ones(4)                  %生成 4×4 全 1 矩阵
ans =
     1    1    1    1
     1    1    1    1
     1    1    1    1
     1    1    1    1。
>> w=eye(3)                 % 生成 3×3 对角线为 1 的单位矩阵
w =
     1    0    0
     0    1    0
     0    0    1
>> x=linspace(0,1,11)       % 利用 linspace，生成以 0 为起始值、1 为终止值、元素数目为 11 的向量
>> R = randn(4,4)           % 产生元素服从标准正态分布的随机矩阵
R =
     0.5377      0.3188      3.5784      0.7254
     1.8339     -1.3077      2.7694     -0.0631
    -2.2588     -0.4336     -1.3499      0.7147
     0.8622      0.3426      3.0349     -0.2050
```

MATLAB 提供了一批产生矩阵的函数，如表 P-1 所示。

表 P-1　产生矩阵的常用函数

名　　称	含　　义	名　　称	含　　义
zeros	产生零矩阵	diag	产生对角矩阵
ones	生成全 1 矩阵	tril	取一个矩阵的下三角
eye	生成单位矩阵	triu	取一个矩阵的上三角
magic	生成魔术方阵	pascal	生成 PASCAL 矩阵

还可以利用 MATLAB 文件(.m)创建矩阵。

P.2.3　向量与矩阵的操作

在 MATLAB 中可以对矩阵进行任意操作，包括改变它的形式、取出子矩阵、扩充矩阵、旋转矩阵等。其中，最重要的操作符为 ":"，它的作用是取出选定的行与列。

MATLAB 的变量对类型和维数的声明不作要求，并将所有变量均存成 double 的形式。当 MATLAB 遇到新的变量名时，系统会自动生成这个变量，并赋予适当的存储单元。假如该变量已经存在，MATLAB 会改变这个变量的值，必要时会为其分配新的存储单元。

例如：

A(i,j) 代表 A 的第 i 行、第 j 列的元素；

A(i,:) 代表 A 的第 i 行元素；

A(:,j) 代表 A 的第 j 列元素；

A(:,:) 代表 A 的所有元素；

A(:) 将 A 按列的方向拉成一列向量；

A(j:k) 代表 A(j), A(j+1), …, A(k)，如同 A(:)的第 j 到第 k 个元素；

A(:,j:k) 代表 A(:,j), A(:,j+1), …, A(:,k)；

A(:, j) = [] 将 A 的第 j 列删除；

A(i, :) = [] 将 A 的第 i 行删除，以此类推。

对矩阵可以进行各种各样的旋转、变形、扩充：MATLAB 中有内部函数 fliplr(flip matrix in the left/right direction)，它对矩阵进行左右旋转等。

请读者在命令窗口中逐条输入以下各语句，并观察相应的结果。

```
>> clear                    % 清除工作空间中已存在的变量
>> A=[1 2 3;4 5 6;7 8 9;10 11 12]
>> A(2,3)
>> A(3,:)
>> A(:,3)
>> A(:,:)
>> A(:)
>> A(4:9)
>> A(:,2:3)
>> B=A(1:2,2:3)             % 取 A 的一、二行及二、三列的元素
>> fliplr(A)                 % 可查看帮助文件
>> C=B(:)
>> D=[A,C]                  % 矩阵加一列，拼接得到新矩阵
>> A(1,1)=1000             % 修改矩阵中元素的值
>> A=[A; [-1   -2   -3]]     % 为矩阵加一行，扩充为 5 行 3 列的矩阵
>> A(:, 2) = []             % 删除第二列
>> A([1 5], :) = []         % 删除当前矩阵 A 的第 1 和第 5 行
>> x=1:2:9                  % 生成向量[1 3 5 7 9]
>> x(8)=15                  % 在结果中自动产生了向量的第 8 个元素，中间未定义的元素自动为零，
                            % 生成向量[1 3 5 7 9 0 0 15]
```

P.3 矩阵与数组的基本运算

P.3.1 矩阵的加法和减法

如果矩阵 A 和 B 的维数相同，则 A+B 与 A−B 表示矩阵 A 与 B 的和与差；如果矩阵 A 和 B 的维数不匹配，MATLAB 则会给出相应的错误提示信息。比如：

```
>> A=[1   2   3;  4   5   6;  7   8   0];
>> B=[10   11   12;  13   14   15;16   17   18];
>> D=[1   2;3   4];
>> E=A+B
E =
    11    13    15
```

```
      17    19    21
      23    25    18
>> F=A+D      % A 和 D 维数不匹配，MATLAB 给出相应的错误提示信息
??? Error using ==> plus
Matrix dimensions must agree.
>> G=4-D        % 运算对象是一个标量(即 1×1 矩阵), 可与其他矩阵进行加减运算
G =
      3     2
      1     0
```

P.3.2　矩阵的乘法

通常意义上，矩阵乘法用"＊"符号表示，与线性代数中介绍的完全相同。比如：

```
>> A=[1   2  ;  3   4 ];
>> B=[5   7   9;  6   8   10];
>> C=A*B
C =
      17    23    29
      39    53    67
>> D=B*A      % B 和 A 的维数与通常意义上的乘法要求不符，给出错误提示信息
??? Error using ==> mtimes
Inner matrix dimensions must agree.
```

P.3.3　矩阵的除法

在 MATLAB 中有两种矩阵除法符号："＼"(即左除)和"／"(即右除)。如果矩阵 A 是非奇异方阵，则 A\B 是 A 的逆矩阵乘 B, 即 inv(A)*B; 而 B/A 是 B 乘 A 的逆矩阵，即 B*inv(A)。具体计算时不用逆矩阵而直接计算。

通常情况下，x=A\B 是 A*x=B 的解；而 x=B/A 是 x*A=B 的解。

P.3.4　矩阵的乘方

A^P 的意思是 A 的 P 次方。A 是一个方阵，P 是一个大于 1 的整数，则 A^P 表示 A 的 P 次幂，即 A 自乘 P 次。

更多含义请参考相应的帮助文件。

P.3.5　数组的加法和减法

数组的加法和减法运算与矩阵的加法和减法相同，所以"＋"、"－"既可被矩阵接受，又可被数组接受。

P.3.6　数组的乘法和除法

数组的乘法用符号".*"表示，如果矩形 A 与 B 具有相同的阶数，则 A .* B 表示 A 和 B 单个元素之间的对应相乘。比如：

```
>> A=[1  2；  3  4];
>> B=[5  6；  7  8];
>> C=A .* B
C =
      5     12
     21     32
```

关于数组的左除 ".\" 与右除 "./" ，请读者自行举例加以体会。

P.3.7 数组的乘方

数组的乘方用符号 ".^" 表示。

例如：

$$X=[1 \quad 2 \quad 3]$$
$$Y=[4 \quad 5 \quad 6]$$

则 $Z = X.^Y = [1^4 \quad 2^5 \quad 3^6] = [1 \quad 32 \quad 729]$

(1) 若指数是标量，例如 $X.^2$，X 同上，则：

$$Z = X.^2 = [1^2 \quad 2^2 \quad 3^2] = [1 \quad 4 \quad 9]$$

(2) 若底是标量，例如 $2.^[X \ Y]$，X、Y 同上，则：

$$Z = 2.^[X \ Y] = [2^1 \quad 2^2 \quad 2^3 \quad 2^4 \quad 2^5 \quad 2^6] = [2 \quad 4 \quad 8 \quad 16 \quad 32 \quad 64]$$

P.4 函数

MATLAB 提供了大量的标准初等数学函数，包括 abs(绝对值)、sqrt(平方根)、sin(正弦函数)、exp(指数函数)等。对复数取平方根或对数不会出错，MATLAB 会自动产生复数结果。一些常用的数学函数见表 P-2。

表 P-2 常用函数

名 称	含 义	名 称	含 义
sin(x)	x 的正弦	abs(x)	x 的绝对值
cos(x)	x 的余弦	sqrt(x)	x 的平方根
tan(x)	x 的正切	exp(x)	e^x
cot(x)	x 的余切	pow2(x)	2^x
asin(x)	x 的反正弦	log(x)	lnx
acos(x)	x 的反余弦	log2(x)	$\log_2 x$
atan(x)	x 的反正切函数	round(x)	四舍五入到最近整数
sinh(x)	x 的超越正弦函数	rem(x,y)	x 除以 y 的余数
tanh(x)	x 的超越正切函数	lcm(x,y)	x 和 y 的最小公倍数
asinh(x)	x 的反超越正弦函数	fix(x)	无论正负，舍去小数至最近整数
acosh(x)	x 的反超越余弦函数	floor(x)	地板函数，即舍去正小数至最近整数
atanh(x)	x 的反超越正切函数	ceil(x)	天花板函数，即加入正小数至最近整数
atan(x)	x 的反正切函数	rat(x)	将实数化为分数表示

(续表)

名 称	含 义	名 称	含 义
real(z)	复数 z 的实部	sign(x)	符号函数
imag(z)	复数 z 的虚部	min(x)	向量元素的最小值
conj(z)	复数 z 的共轭复数	max(x)	向量元素的最大值
angle(z)	复数 z 的相角	mean(x)	向量元素的平均值

```
>> help elfun          %可以得到一个初等数学函数的列表
Elementary math functions.
```

MATLAB 也提供了许多高等数学函数，包括 Bessel(贝塞尔)函数和 Gamma(伽马)函数，这些函数中的大多数函数都支持复数变量。

```
>> help specfun        % 可以得到一个高等函数的列表
Specialized math functions.
>> help elmat          % 可以得到一个矩阵函数的列表
Elementary matrices and matrix manipulation.
```

MATLAB 还提供了一些常用的预定义变量，见表 P-3。

表 P-3 MATLAB 常用的预定义变量

名 称	含 义	名 称	含 义
pi	3.14159265...	realmin	最小浮点数，2^{-1022}
i	虚数单位，$\sqrt{-1}$	realmax	最大浮点数，$(2-\varepsilon)2^{1023}$
j	与 i 相同	Inf	无穷大
eps	浮点相对精度，$\varepsilon = 2^{-52}$	NaN	不定数

无穷大是通过非零数除以零或者根据运算溢出(如超过 realmax)而产生的；NaN 通常是由 0/0 运算、Inf/Inf 等运算得出的。

函数名不被保留，将新的变量赋给该函数，原函数将会被覆盖。例如：

```
>> eps = 1.e-6
```

执行这条赋值语句后，在以后的运算中 eps 的值就为 1.e-6 了。原函数可以用如下语句恢复：

```
>> clear eps
```

请读者在命令窗口中直接输入 i、j 和 a，观察有什么不同，然后用 i 定义一个变量。

```
>> clear
>> i
ans =
```

```
             0 + 1.0000i
>> j
ans =
             0 + 1.0000i
>> a
??? Undefined function or variable 'a'.
>> i=0:2:12
i =
       0     2     4     6     8     10     12
```

在 MATLAB 中直接输入 i、j 时，系统会认为其为虚数，显示为 0 + 1.0000i；当把 i、j 当成一般变量赋值时，MATLAB 将不再把它们视为复数的虚数部分。因此，当有复数参与运算时，建议不要把 i、j 作为一般变量使用，以免系统在做复数运算时由于混淆不清而造成错误。

P.5　MATLAB 绘图

数据图形能使视觉感官直接感受到数据的许多内在本质，发现数据的内在联系。MATLAB 可以表达出数据的二维、三维图形。通过对图形的线型、色彩、光线和视角等属性的控制，把数据的内在特征表现得淋漓尽致，帮助用户更好地理解数据的内在本质。

P.5.1　二维图形

1. 基本平面图形命令 plot

plot 函数的基本调用格式为：

plot(x,y)

其中 x 和 y 为长度相同的向量，分别用于存储 x 和 y 坐标的数据。plot(x,y)可以自动绘制出二维图形来。如果已经打开图形窗口，则在最近打开的图形窗口中绘制此图；如果未打开图形窗口，则打开一个新的图形窗口 Figure 1 并绘图。

例如：在 $0 \leqslant x \leqslant 2\pi$ 区间内，绘制曲线 $y = 2e^{-0.5x} \sin(2\pi x)$。

```
>> x= linspace(0, 2*pi, 100);          %   生成 100 个点的 x 坐标
>> y =2*exp(-0.5*x) .* sin(2*pi*x);     %   生成对应的 y 坐标
>> plot(x,y)
```

可以得到如图 P-3 所示的曲线。

利用 plot 函数还可以在同一坐标图中绘制多条曲线。

```
>> x= linspace(0, 2*pi, 100);     % 生成 100 个点的 x 坐标
>> y1=sin(x); y2=cos(x);          % y1、y2 分别是与 x 对应的正弦和余弦值
>> y3= exp(-0.5*x) .* sin(2*pi*x);
>> plot(x,y1,x,y2, x, y3)         % 在同一坐标图中分别绘制相应的曲线
```

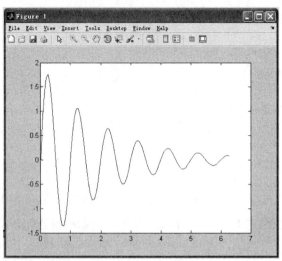

图 P-3　MATLAB 绘制的 $y = 2e^{-0.5x} \sin(2\pi x)$ 曲线

在线条多于一条时，若用户没有指定要使用的颜色，则 plot 循环使用由当前坐标轴颜色顺序属性(current axes ColorOrder property)定义的颜色，以区别不同的线条。在用完上述属性值后，plot 又循环使用由坐标轴线型顺序属性(axes LineStyleOrder property)定义的线型，以区别不同的线条。

如果想分几次在同一坐标图中绘制不同的曲线，可使用 hold 命令：

```
>> hold on;          % 保持坐标图不变，后绘制的图形叠加在原图上
>> hold off;         % 解除对原图的保持，将原图清除后再绘制新图
```

plot 函数的格式是：

plot(x 数组,y 数组, '线型属性、标记类型和颜色属性控制符')

如果需要在同一张图中绘制多条曲线，只需依照此基本格式往后追加其他的 x 和 y 的数组即可。

线型属性、标记类型和颜色属性的控制符见表 P-4。

表 P-4　MATLAB 的线型属性、标记类型和颜色属性

线 型 属 性		标 记 类 型		颜 色 属 性	
-	实线	.	点	y	黄色
:	虚线	o	小圆圈	m	棕色
-.	点画线	x	叉子符	c	青色
--	间断线	+	加号	r	红色
		*	星号	g	绿色
		s	方格	b	蓝色
		d	菱形	w	白色
		∧	朝上三角	k	黑色

(续表)

线 型 属 性	标 记 类 型		颜 色 属 性
	v	朝下三角	
	>	朝右三角	
	<	朝左三角	
	p	五角星	
	h	六角星	

2. 绘制图形的辅助命令

用 title、xlabel、ylabel、text 和 legend 命令可以给图形加上标题、x 轴和 y 轴的标注以及图形说明和注释。例如：

```
>> clear;
>> x= (0: pi/100: 2*pi);          % 生成 x 坐标
>> x1= (0: pi/20: 2*pi);          % 生成 x 坐标
>> y1=sin(x);                     % y1 是与 x 对应的正弦值
>> y2=cos(x1);                    % y2 是与 x1 对应的余弦值
>> y3= exp(-0.5*x) .* sin(2*pi*x);
>> plot(x,y1,'b:', x1,y2,'g+', x,y3,'r-')   % 在同一坐标图中分别绘制相应的曲线
>> title('曲线图');              % 加图形标题
>> xlabel('自变量');             % 加 x 轴说明
>> ylabel('因变量');             % 加 y 轴说明
>> text(2.5,0.7,'曲线 y1');      % 在指定位置添加图形说明
>> text(4.5,-0.4,'曲线 y2');     % 在指定位置添加图形说明
>> text(1,-0.5, '曲线 y3');      % 在指定位置添加图形说明
>> legend('正弦曲线', '余弦曲线', '振荡衰减曲线')   %添加图形注释
```

得到的图形效果如图 P-4 所示。

绘制图形时还有如下常用的辅助命令，请读者自己尝试其用法和功能。

```
gtext(' string')              % 在命令执行后，可用鼠标将文字拖放到图中的任何位置
hold on                       % 保持坐标图不变，后绘制的图形叠加在原图上
hold off                      % 解除对原图的保持，将原图清除后再绘制新图
grid                          % 图形上加网格
axis([xmin xmax ymin ymax])   % 分别给出 X 轴和 Y 轴的最小值、最大值
axis equal                    % X 轴和 Y 轴的单位长度相同
axis square                   % 图框呈方形
axis off                      % 取消坐标轴
```

图 P-4　加了各种图形标注的曲线图

3. 绘制二维图形的其他函数及窗口的分割

loglog、semilogx、semilogy 和 polor 命令的用法和 plot 相似。

loglog	% 用 log10-log10 标度绘图
semilogx	% 用半对数坐标绘图，x 轴是 log10，y 是线性的
semilogy	% 用半对数坐标绘图，y 轴是 log10，x 是线性的
polar(theta, rho)	% 使用相角为 theta、半径为 rho 的极坐标形式绘图，其次可使用 grid 命令画出极 % 坐标网格
bar(x)	% 显示 x 向量元素的条形图，bar 不接受多变量
hist	% 绘制统计频率直方图
histfit(data,nbins)	% 绘制统计直方图及其正态分布拟合曲线
pie(x,explode)	% 用 x 中的数据画一张饼图，与 explode 的非零值对应的部分将从饼图中心分离 % 出来
fill(x,y,c)	% 用 x 和 y 中的数据生成多边形，用 c 指定的颜色填充它
fplot('function',limits)	% 在 limits=[xmin,xmax]内绘制名为 function 的一元函数图形

函数 function 必须是一个 m-文件函数或是一个包含变量 x 且能用函数 eval 计算的字符串，如'sin(x)*exp(2*x) '、' [sin(x),cos(x)] '、'hump(x) '等。

在绘图过程中，经常要把几个图形在同一个图形窗口中表现出来，而不是简单地叠加。这就要用到函数 subplot，其调用格式如下：

subplot(m,n,p)	% 把一个图形窗口分割成 m×n 个子区域，编号为按行从左进行

用户可以通过参数 p 调用各子绘图区域进行操作。

下面是在一个图形窗口中以子图形式绘制的正弦、余弦和正切图，正态分布的统计直方图及其正态分布拟合曲线、饼图以及填充图见图 P-5 所示。

```
>> clear
>> subplot(2,2,1);
>> fplot('[sin(x),cos(x),tan(x)]',[-2*pi 2*pi -8 8]);
>> title('正弦、余弦和正切函数图像');
>> subplot(2,2,2);
>> r= normrnd(10,1,100,1);        % 生成符合正态分布的随机数，请查看帮助文件
>> histfit(r)                     % 正态分布的统计直方图及其正态分布拟合曲线
>> title('正态分布直方图与拟合曲线');
>> subplot(2,2,3);
>> pie([8,12,20,15,5],[1,0,0,0,0]); %考试成绩统计饼图
>> title('饼图');
>> subplot(2,2,4);
>> x=linspace(0,10,50);
>> y=sin(x).*exp(-x/3);
>> fill(x,y,'b');                 % 用蓝色填充图形
>> title('填充图形');
```

图 P-5　图形窗口分割实例

P.5.2　三维图形

1. 绘制三维曲线的命令 plot3

与 plot 函数类似，plot3 函数的基本调用格式为：

plot3(x,y,z)

其中 x、y 和 z 为长度相同的向量，分别用于存储 x、y 和 z 坐标的数据。plot3(x,y,z)可以自动绘制出三维曲线。

在命令提示符下输入下列语句，可以绘制三维螺旋线，如图 P-6 所示。

图 P-6 三维螺旋线

```
>> t=[0:0.1:10*pi];
>> x=2*t;
>> y=sin(t);
>> z=cos(t);
>> plot3(x,y,z);
```

2. 绘制三维曲面的基本函数 mesh

mesh(x,y,z,c)函数绘制由矩阵 x、y、z 确定的曲面网格图，矩阵 c 用于确定网格颜色，省略时 c=z。

显示两变量的函数 z=f(x,y)，第一步需要产生特定的行和列的 x-y 矩阵，然后计算函数在各网格点上的值，最后用 mesh 函数输出图形。

下面绘制 z=sin(y)cos(x)的图形，如图 P-7 所示。

图 P-7 用 mesh 函数绘制 z=sin(y)cos(x)的三维曲面

```
>> x=[0:0.1:2*pi];
>> [x, y]=meshgrid(x);          % 产生特定的行和列的 x-y 矩阵
>> z=sin(y) .* cos(x);
>> mesh(x,y,z);                 % 画出立体网状图
>> xlabel ('x-axis');ylabel ('y-axis'); zlabel ('z-axis');
>> title('mesh 函数用法');
```

3. 绘制三维曲面的其他几个常用函数

surf(x,y,z,c)的输入参数的设置与 mesh 相同，不同的是 mesh 函数绘制的是网格图，而 surf 绘制的是着色的三维表面。对表面进行着色的方法是：在得到相应网格后，对每一网格依据该网格所代表的节点的色值(由变量 c 控制)来定义这一网格的颜色。若不输入 c，则默认为 c=z。

meshc 与函数 mesh 的调用方式相同，只是该函数在 mesh 的基础上又增加了绘制相应等高线的功能。

meshz 与 mesh 的调用方式相同，不同的是该函数在 mesh 函数的基础上增加了屏蔽作用，即增加了边界面屏蔽。

sphere 是一个专门绘制圆球体的函数，其调用格式如下：

[x,y,z]=sphere(n)

此函数生成 3 个(n+1)×(n+1)阶的矩阵，再利用函数 surf(x,y,z)生成单位球面。默认值 n=20，sphere(n)只绘制球面图，不返回值。

cylinder 函数的调用格式如下：

[x,y,z]=cylinder(r,n)

它返回母线向量为 r、高度为 1 的旋转曲面的 x、y、z 轴的坐标值，旋转轴为 z 轴，旋转曲面的圆周上有指定的 n 个距离相同的点。可以用命令 surf 或 mesh 画出旋转曲面的图像。

下列语句是以上几个函数的应用实例，见图 P-8。

图 P-8　meshc、meshz、sphere、cylinder 和 surf 函数的应用实例

```
>> clear
>> subplot(2,2,1);
>> [x,y]=meshgrid([-4:.5:4]);
>> z=sqrt(x.^2+y.^2);
>> meshc(z);                          % 绘制带等高线的圆锥曲面
>> title('带等高线的圆锥曲面');
```

```
>> subplot(2,2,2);
>> [x,y]=meshgrid([-4:.5:4]);
>> z=sqrt(x.^2+y.^2);
>> meshz(z);                          % 绘制带边界面屏蔽的圆锥曲面
>> title('带边界面屏蔽的圆锥曲面');
>> subplot(2,2,3);
>> sphere(30);                        % 绘制单位球面
>> axis square;                       % 使绘图区域为正方形
>> title('球面');
>> subplot(2,2,4);
>> h=0:20;
>> r=(60*h).^0.5;
>> [x,y,z]=cylinder(r,40);            % 旋转曲面的 x、y、z 轴的坐标值
>> surf(x,y,z);                       % 绘制着色旋转抛物面
>> title('旋转抛物面');
```

P.6　MATLAB 编程

MATLAB 作为一门高级语言，它不仅可以如前几节所介绍的那样，以一种人机交互的命令行的方式工作，还可以像 C、Fortran 等其他高级计算机语言一样进行控制流的程序设计，即编制一种以 .m 为扩展名的 MATLAB 程序，简称 M 文件。所谓 M 文件，就是由 MATLAB 语言编写的可在 MATLAB 语言环境下运行的程序源代码文件。由于 MATLAB 软件是用 C 语言编写而成的，因此 M 文件的语法与 C 语言十分相似。对于学过 C 语言的读者来说，M 文件的编写是相当容易的。

P.6.1　关系与逻辑运算

MATLAB 的关系运算和逻辑运算都是针对元素的操作，其结果是特殊的逻辑数组(logical array)，"真"用 1 表示，"假"用 0 表示；而逻辑运算中，所有非零元素作为 1(真)处理。MATLAB 的关系运算和逻辑运算见表 P-5。

表 P-5　MATLAB 的关系运算和逻辑运算

运　算　符	含　　义	运　算　符	含　　义
<	小于	&	与
<=	小于等于	|	或
>	大于	~	非
>=	大于等于	all	
==	等于	any	
~=	不等于		

any 和 all 运算符在连接操作时很有用，设 x 是 0-1 向量，如果 x 中有一元素非零，则 any(x) 返回"1"，否则返回"0"；all(x)则当 x 的所有元素非零时，返回"1"，否则也返回"0"。

find 函数在关系运算中非常有用，它可以在 0-1 矩阵中找非零元素的下标。

假定 y 是一个向量，例如：

```
>> y=[1   3   -2   4   3.5   2.8];
>> find(y<3.0)              % 找出 y 的分量在哪些位置小于 3.0
ans =
     1     3     6          % 指出向量 y 的第 1、3、6 位置的元素小于 3.0
```

P.6.2　程序结构

MATLAB 有 3 种程序结构：顺序结构、选择结构(或分支结构)和循环结构。MATLAB 的控制流语句可使原本简单地在命令行中运行的一系列命令或函数，组合成为一个整体——程序，从而提高工作效率。控制流语句都以 end 结尾，常用的控制流见表 P-6。

表 P-6　MATLAB 的常用控制流

类　型	语　法	解　释
循环语句	for 循环变量=数组 　命令组 end	对于循环变量依次取数组中的值，循环执行命令组，直到循环变量遍历数组。数组最常用的形式是初值:增量:终值
循环语句	while 条件式 　　命令组 end	当条件式满足时，循环执行命令组直到条件不满足。使用 while 语句时要注意避免出现死循环
分支语句	if 条件式 1 　命令组 1 elesif 条件式 2 　命令组 2 …… else 　命令组 k end	若条件式 1 满足，则执行命令组 1，且结束该语句；否则检查条件式 2，若满足，则执行命令组 2，且结束该语句；……；若所有条件式都不满足，则执行命令组 k，并结束该语句。最常用的格式是： if 条件式 　命令组 end
分支语句	switch 分支变量 case 值 1 　命令组 1 case 值 2 　命令组 2 …… otherwise 　命令组 k end	若分支变量取值 1，则执行命令组 1，且结束该语句；若分支变量取值 2，则执行命令组 2，且结束该语句；……若分支变量不取所列出的值，则执行命令组 k
中断语句	pause	暂停执行，直到敲击键盘，pause(n)为暂停 n 秒后再继续

(续表)

类　　型	语　　法	解　　释
中断语句	break	中断执行，用在循环语句内，表示跳出循环
中断语句	return	中断执行该程序，回到主调函数或命令窗口
中断语句	error(字符串)	提示错误并显示字符说明

例如，计算以下公式：

$$s = \sum_{n=1}^{100} \frac{1}{n^2}$$

```
>> clear;s=0;                % 清除工作空间中的变量，给变量 s 赋初值 0
>> for n=1:100               % 循环变量数组
>>     s=s+1/n/n;            % 累加求和
>> end
>> s                         % 输出 s 的值
s =
    1.6350
```

对于多重循环，应写成锯齿形以增强程序的可读性。例如，求 Hilbert 矩阵的程序：

```
>> m=6;n=6;
>> for i=1:m
>>     for j=1:n
>>         A(i,j)=1/(i+j-1);    % 语句内分号，表示计算过程不输出中间结果
>>     end
>> end
>> format rat;                  % 有理数格式输出
>> A                            %  A 命令表示显示矩阵 A 的结果
A =
     1     1/2    1/3    1/4    1/5    1/6
    1/2    1/3    1/4    1/5    1/6    1/7
    1/3    1/4    1/5    1/6    1/7    1/8
    1/4    1/5    1/6    1/7    1/8    1/9
    1/5    1/6    1/7    1/8    1/9    1/10
    1/6    1/7    1/8    1/9    1/10   1/11
```

P.6.3　M 文件

MATLAB 的 M 文件可以分为脚本(Script)文件和函数(Function)文件两种。

1. 脚本文件

单击 MATLAB 的"新建 M 文件"按钮，在文本编辑窗口中编写程序。例如，在文本编辑窗口中输入下面的计算 Fibonnaci 数列的程序：

```
% 一个自编的计算 Fibonnaci 数列的 M 文件
f=[1, 1]; i = 1;
while f(i)+f(i+1)<1000
    f(i+2)=f(i)+f(i+1);
    i=i+1;
end
plot(f)
```

单击文件编辑器上方工具条中的"保存"按钮，命名为 Myfibonnci，然后保存为 Myfibonnci.m。这样的文件就是 M 文件。

运行程序：直接在文件编辑器上方的工具条中找到 debug 里面的 run(即运行)，单击即可 (或直接按 F5 键)；或在 MATLAB 命令窗口中键入 Myfibonnci 命令，并回车执行，将计算出所有小于 1000 的 Fibonnaci 数列并绘出图形。

注意：

文件执行后，f 和 i 变量仍然留在工作空间中。

```
% 一个脚本式的 M 文件示例，用于顺次输出 sin(1)到 sin(6)的值
for i=1:6
    a=sin(i);
    fprintf('sin(%d)=',i)            % 格式输出函数，具体用法可查看帮助文件
    fprintf('%12.8f\n',a)
end
```

运行结果为：

```
sin(1)=   0.84147098
sin(2)=   0.90929743
sin(3)=   0.14112001
sin(4)= − 0.75680250
sin(5)= − 0.95892427
sin(6)= − 0.27941550
```

2. 函数文件

我们经常用到的 sin、cos、exp 函数是 MATLAB 软件自带的函数，直接应用即可。有时为了方便解决一些问题，需要自己编写函数。自己编写函数有两个基本要求：

(1) 必须在 MATLAB 文件编辑器中编写；

(2) 函数名和文件名必须相同。

例如，编写一个 M 函数，对于任意输入的向量 x，可以计算由下列分段函数值构成的向量：

$$f(x) = \begin{cases} x^2, x > 8 \\ 1, -1 < x \leqslant 1 \\ 3 + 2x, x \leqslant -1 \end{cases}$$

在 MATLAB 文件编辑器中输入以下语句，并保存为 Myfenduan_a.m 文件，以后就可以和 MATLAB 软件自带的函数一样，直接应用即可。

```
% 一个 M 函数的例子，用于计算分段函数的值
function y=Myfenduan_a(x)        % 包含关键词 function、函数名、输入变量、输出变量，这个文件就是
                                 % 函数文件
n=length(x);
for i=1:n
    if x(i)>1
        y(i)=x(i)^2;
    elseif x(i)>-1
        y(i)=1;
    else
        y(i)=3+2*x(i);
    end
end
```

在命令窗口中输入：

```
>> x=[-3 0 3];
>> y=Myfenduan_a(x)          % 利用自编的函数文件 Myfenduan_a.m 计算相应的值
y =
       -3      1      9
```

该 M 函数的程序是按通常思路编写的，可读性好，但速度较慢。下面的程序 Myfenduan_b.m 是根据 MATLAB 数组运算的特点设计编写的，程序简短且速度较快，数组维数越高，效率改进越显著。

```
% 根据 MATLAB 数组运算的特点，一个改进的用于计算分段函数值的 M 函数
function y=Myfenduan_b(x)
y=zeros(size(x));
k1=find(x>1);y(k1)=x(k1).^2;
k2=find(x>-1&x<=1);y(k2)=1;
k3=find(x<=-1);y(k3)=3+2*x(k3);
```

下列程序中，tic 表示计时开始，toc 为读数，检验两个程序的运算速度。

```
>> clear; tic;
>> x=-5:0.0005:5;
>> y=Myfenduan_a(x); toc     % 计算机不同，运行的时间会有区别
Elapsed time is 0.287650 seconds.        % 利用 Myfenduan_a.m 计算的时间
>> clear; tic;
>> x=-5:0.0005:5;
>> y=Myfenduan_b(x); toc     % 计算机不同，运行的时间会有区别
Elapsed time is 0.008810 seconds.        % 利用 Myfenduan_b.m 计算的时间
```

函数文件与命令文件不同，所定义的变量和运算都在文件内部，而不在工作空间中。函数被调用完毕后，所定义的变量和运算将全部释放。请读者自己举例检验相关结论。

P.7　MATLAB 的符号运算

P.7.1　符号变量的确定

sym 和 syms 函数：构造符号变量和表达式。

sym 函数用来建立单个符号量，例如 a=sym('a')建立符号变量 a，此后，用户可以在表达式中使用变量 a 进行各种运算。

syms 函数用来定义多个符号变量，一般调用格式为：

　syms　var1　var2 … varn

函数定义符号变量 var1 var2 ··· varn 等。变量间用空格而不用逗号分隔。

符号变量的确定原则如下：

(1) 除了 i 和 j 之外，字母位置最接近 x 的字母为符号变量；若距离相等，则取 ASCII 码大的为符号变量。

(2) 若没有除了 i 与 j 以外的字母，则视 x 为默认的符号变量。

(3) 可利用函数 findsym(string,N)来查找在众多符号中，哪 N 个符号为符号变量。

P.7.2　MATLAB 的常见符号运算

1. 因式分解

```
>> syms x
>> f=x^6+1;
>> s=factor(f)                    % 请利用 help factor 查找相关函数功能
s =
      (x^2 + 1)*(x^4 - x^2 + 1)
```

2. 极限计算

limit (f, x, a)：求函数 f 在 x 趋于常数 a 时的极限；

limit (f)：求函数 f 在 x 趋于 0 时的极限；

limit (f, x, a,'right')：求函数 f 在 x 趋于常数 a 时的右极限；

limit (f, x, a, 'left')：求函数 f 在 x 趋于常数 a 时的左极限。

例如：

```
>> f1=sym ('(3*t^3+1) / (1-2*t^4)');   % 定义符号变量 f1
>> limit (f1,'t', inf )             % 求函数 f1 在 t 趋于无穷时的极限
ans =
      0
>> limit (f1,'t', 5 )               % 求函数 f1 在 t 趋于 5 时的极限
ans =
```

-376/1249

例如，求极限：

$$M = \lim_{n \to \infty} (1 - \frac{2x}{n})^n$$

```
>> syms n x;
>> M=limit('(1-2*x/n)^n',n,inf)
M =
    1/exp(2*x)
```

3. 导数计算

$y = \sin ax$，求 $A = \dfrac{\mathrm{d}y}{\mathrm{d}x}, B = \dfrac{\mathrm{d}y}{\mathrm{d}a}, C = \dfrac{\mathrm{d}^2 y}{\mathrm{d}x^2}$

```
>> syms a x;     y=sin(a*x);
>> A=diff(y,x)
>> B=diff(y,a)
>> C=diff(y,x,2)           % 对表达式 y 中指定的符号变量 x 计算 y 的二阶导数
```

结果为：

A =a*cos(a*x)； B =x*cos(a*x)； C =-a^2*sin(a*x)

4. 积分计算

$$I = \int \frac{x^2 + 1}{(x^2 - 2x + 2)^2} \, \mathrm{d}x \quad , \quad J = \int_0^{\pi/2} \frac{\cos x}{\sin x + \cos x} \, \mathrm{d}x \quad , \quad K = \int_0^{+\infty} \mathrm{e}^{-x^2} \, \mathrm{d}x$$

求相应的积分值。

```
>> syms x                    % 定义符号变量为 x
>> f=(x^2+1)/(x^2-2*x+2)^2;
>> g=cos(x)/(sin(x)+cos(x));
>> h=exp(-x^2);
>> I=int(f)                  % 计算 f 对变量 x 的积分值
>> J=int(g,0,pi/2)           % 计算 g 在积分区间(0, pi/2)的积分值
>> K=int(h,0,inf)            % 计算 h 的广义积分值
```

结果为：

I = (3*atan(x - 1))/2 + (x/2 - 3/2)/(x^2 - 2*x + 2)
J = pi/4
K = pi^(1/2)/2

5. 级数求和

求级数 $\displaystyle\sum_{n=1}^{\infty} \frac{1}{n^2}$ 的和 S，以及前 10 项的部分和 S1。

```
>> syms n
>> S=symsum(1/n^2, 1, inf)
>> S1=symsum(1/n^2,1,10)
S =

        pi^2/6
S1 =

    1968329/1270080
```

当求函数项级数 $\sum_{n=1}^{\infty} \dfrac{x}{n^2}$ 的和 S2 时，可用如下命令：

```
>> syms n x
>> S2=symsum(x/n^2, n, 1, inf)
S2 =

        (pi^2*x)/6
```

6. 方程求解

求解一般代数方程，用函数 solve。

例如，求一元三次方程 $x^3 - 1=0$ 的根。

```
>> clear
>> x=solve('x^3-1')              % 更多有关 solve 函数的用法，请读者查阅帮助文件
x =
                        1
              - 1/2 - (3^(1/2)*i)/2
            - 1/2 + (3^(1/2)*i)/2
```

求解微分方程的解析解，用函数 dsolve(f)，使用格式为：

dsolve('equation1', 'equation2', …)

其中，equation 为方程或条件。写方程或条件时，用 Dy 表示 y 关于自变量的一阶导数，用 D2y 表示 y 关于自变量的二阶导数，以此类推。

例如，求微分方程 $\begin{cases} y'' = x + y' \\ y(0) = 1, \ y'(0) = 0 \end{cases}$ 的特解。

```
>> syms x y
>> dsolve('D2y=x+Dy', 'y(0)=1', 'Dy(0)=0', 'x')        % x 声明为独立变量，更多有关 dsolve 的用法，请查
                                                       % 阅帮助文件

ans =
        exp(x) - x - x^2/2
```

P.8　MATLAB 在数学建模中的应用

随着科学技术的迅速发展，运用数学方法解决科学研究和工程技术领域中的实际问题，已经得到普遍重视。许多情况下，除了要进行一定的理论分析外，实验观测或相应的数据处理也是必不可少的步骤。本节将简单介绍数学建模中经常用到的插值法与曲线拟合法。

P.8.1　数学建模简介

数学模型是针对现实世界的某一特定对象, 为了某个特定的目的, 根据特有的内在规律, 做出必要的简化和假设, 运用适当的数学工具, 采用形式化语言, 概括或近似地表述出来的一种数学结构。它或者能解释特定对象的现实形态, 或者能预测对象的未来状态, 或者能提供处理对象的最优决策或控制。

数学建模简单地说就是建立数学模型的全过程。数学建模是一种数学思考方法, 是运用数学语言和方法, 通过抽象、简化建立能近似刻画并解决实际问题的数学模型的一种强有力的数学手段。

建立一个实际问题的数学模型, 需要一定的洞察力和想象力, 筛选、抛弃次要因素, 突出主要因素, 做出适当的抽象和简化。全过程一般分为表述、求解、解释、验证几个阶段, 并且通过这些阶段完成从现实对象到数学模型, 再从数学模型到现实对象的循环。可用图 P-9 所示的流程图表示。

图 P-9　数学建模过程流程图

表述, 是根据建立数学模型的目的和掌握的信息, 将实际问题翻译成数学问题, 用数学语言确切地表述出来; 求解, 是选择适当的方法, 求得数学模型的解答; 解释, 是数学解答翻译回现实对象, 对实际问题的解答; 验证, 是检验解答的正确性。

数学建模的一般步骤如图 P-10 所示。

图 P-10　数学建模的一般步骤

- 模型准备: 首先要了解问题的实际背景, 明确题目的要求, 收集各种必要的信息。
- 模型假设: 为了利用数学方法, 通常要对问题做出必要的、合理的假设, 使问题的主要特征突现出来, 忽略问题的次要方面。
- 模型构成: 根据所做的假设以及事物之间的联系, 构造各种量之间的关系, 把问题化为数学问题, 注意要尽量采用简单的数学工具。
- 模型求解: 利用已知的数学方法来求解上一步得到的数学问题, 此时往往还要作出进一步的简化或假设。

- 模型分析：对所得的解答进行分析，特别要注意当数据变化时所得结果是否稳定。
- 模型检验：分析所得结果的实际意义，与实际情况进行比较，看是否符合实际。如果不够理想，应该修改、补充假设，或重新建模、不断完善。
- 模型应用：所建立的模型必须在实际应用中才能产生效益，在应用中不断改进和完善。最后，撰写数学建模报告。

大学生数学建模竞赛于 1985 年由美国开始举办，竞赛以 3 名学生组成一个队，赛前有指导教师培训。赛题来源于实际问题。比赛时要求就选定的赛题每个队在连续 3 天的时间里写出论文，内容包括：问题的适当阐述；合理的假设；模型的分析、建立、求解、验证；结果的分析；模型优缺点讨论等。我国自 1989 年起陆续有高校参加美国大学生数学建模竞赛。1992 年起我国开始举办自己的大学生数学建模竞赛，并成为教育部组织的全国大学生 4 项学科竞赛之一。

数学建模竞赛的特点是题目由工程技术、管理科学中的实际问题简化加工而成，对数学知识要求不深，一般没有事先设定的标准答案，但留有充分余地供参赛者发挥其聪明才智和创造精神。由于竞赛由 3 名大学生组成一队，在连续 3 天的时间内分工合作，共同完成一篇论文，因而也培养了学生的合作精神。加之竞赛评奖以假设的合理性、建模的创造性、结果的正确性和文字表述的清晰程度为主要标准，因此，这项活动的开展有利于对学生知识、能力和素质的全面培养，既丰富、活跃了广大同学的课外生活，也为优秀学生脱颖而出创造了条件。

P.8.2　数学建模中的常用方法 —— 插值与拟合

插值与拟合是来源于实际，又广泛应用于实际的两种重要方法。在工程中，常有这样的问题：给定一批数据点，需确定满足特定要求的曲线或曲面。如果要求所求曲线通过给定的所有数据点，这就是数据插值问题；在数据较少的情况下，这样做能取得较好的效果。当数据较多时，插值函数，比较复杂，同时，因为给定的数据一般都由观测所得，往往带有随机误差，要求曲线通过所有数据点既不现实也不必要。如果不要求曲线通过所有数据点，而只是要求它能反映对象整体的变化趋势，可得到更简单实用的近似函数，这就是数据拟合，又称曲线拟合。

1. 数据插值的基本方法
1) 拉格朗日插值

已知函数 $y=f(x)$ 在互异的两个点 x_0 和 x_1 处的函数值 y_0 和 y_1，要估计该函数在另一点 ξ 处的函数值，最自然的想法是作过点 (x_0,y_0) 和点 (x_1,y_1) 的直线 $y=L_1(x)$，用 $L_1(\xi)$ 作为近似值。已知 $y=f(x)$ 在互异的 3 个点 x_0、x_1 和 x_2 处的函数值 y_0、y_1 和 y_2，可以构造经过这 3 个点的二次曲线 $y=L_2(x)$，用 $L_2(\xi)$ 作为准确值 $f(\xi)$ 的近似值。

一般情况下，若已知 $y=f(x)$ 在互异的 $n+1$ 个点 x_0，x_1，$\cdots$，x_n 处的函数值 y_0，y_1，$\cdots$，y_n，则可以考虑构造一个经过这 $n+1$ 个点的次数不超过 n 的多项式 $L_n(x)$：

$$L_n(x)=a_0x^n+a_1x^{n-1}+\cdots+a_{n-1}x+a_n \tag{1}$$

通过所有这 $n+1$ 个点，即满足：

$$L_n(x_k)=y_k,\ k=0,1,\cdots,n \tag{2}$$

然后用 $L_n(\xi)$ 作为准确值 $f(\xi)$ 的近似值。这样构造出来的多项式 $L_n(x)$ 称为 $f(x)$ 的 n 次拉格朗日插值多项式或插值函数。

2) 分段插值

多项式历来都被认为是最好的逼近工具之一，但一般不宜采用高次(如 $n>7$)多项式插值，否则逼近的效果往往并不理想。

当插值范围较小时，用低次插值往往更有效。最直观的办法就是将各数据点用折线连接起来，这种增加节点、用分段低次多项式插值的处理方法称作分段插值法。即不去寻求整个插值区间上的一个高次多项式，而是把区间划分为若干个小区间。如果：

$$a = x_0 < x_1 < \cdots < x_n = b \tag{3}$$

那么分段线性插值公式为：

$$P(x) = \frac{x - x_i}{x_{i-1} - x_i} y_{i-1} + \frac{x - x_{i-1}}{x_i - x_{i-1}} y_i, \quad x_{i-1} < x \leqslant x_i, \quad i = 0, 1, \cdots, n \tag{4}$$

分段线性插值通常有较好的收敛性和稳定性，算法简单，缺点是不如拉格朗日插值多项式光滑。

3) 样条插值

分段线性插值函数在节点上的一阶导数一般不存在，且不光滑，这就导致了样条插值函数的提出。

在机械制造、航海、航空工业中，经常需要解决下列问题：已知一些数据点 (x_0, y_0), (x_1, y_1), $\cdots$, (x_n, y_n)，如何绘制一条比较光滑的全部通过这些数据点的曲线呢？绘图员巧妙地解决了这一问题。首先把数据描绘在平面上，再把一根富有弹性的细直条(称为样条)弯曲，使其一边通过这些数据点，用压铁固定其形状，沿样条边绘出一条光滑的曲线。往往要用几根样条，分段完成上述工作，同时应让连接点处保持光滑。对于绘图员用样条画出的曲线，进行数学模拟，这就导致出现了样条函数的概念，它如今已经成为一个应用极为广泛的数学分支。现在数学上所说的样条，实质上指分段多项式的光滑连接。

假设区间 $[a, b]$ 的一种划分如式(3)，则称分段函数 $S(x)$ 为 k 次样条函数，若：

① $S(x)$ 是在每个小区间上次数不超过 k 的多项式；

② $S(x_i) = y_i$；

③ $S(x)$ 在区间 $[a, b]$ 上有 $k-1$ 阶连续导数。

用样条函数做出的插值称为样条插值，工程上广泛采用三次样条插值。

使用这些插值方法不需要特别编制程序，在 MATLAB 中，实现这些插值的函数是 interp1，其调用格式为：

Y1=interp1(X, Y, X1, 'method')

函数根据 X、Y 的值，计算函数在 X1 处的值。X、Y 是两个等长的已知向量，描述的是插值点。X1 是一个向量或标量，描述被插值的点，Y1 是一个与 X1 等长的插值结果。method 是所要采用的插值方法，允许的取法有'linear'(线性插值)、'nearest'(最邻近插值)、'cubic'(立方插值)、'spline'(三次样条插值)。

注意：所有的插值方法都要求 X 是单调的，并且 X1 不能够超过 X 的范围。

例如，12 小时内，每一小时测量一次某实验的数据，具体如下：

时间：1，2，3，4，5，6，7，8，9，10，11，12

数据：5，8，9，15，23，29，31，30，26，25，27，24

现在要根据以上数据估计 3.3、5.7 时刻的数据：

```
>>hours=1:12;
>>datas=[5  8  9  15  23  29  31  30  26  25  27  24];
>>t=interp1(hours, datas, [3.3, 5.7])          % 一阶线性插值
```

运行结果：

```
t =    10.8000    27.2000
```

输入如下程序，画出线性插值曲线，如图 P-11 所示。

```
>>hours=1:12;
>>datas=[5  8  9  15  23  29  31  30  26  25  27  24];
>>h=1:0.1:12;                          % 每隔 0.1 一个点，共 111 个点
>>t=interp1(hours, datas, h) ;         % 给出这 111 个点的插值结果
>>plot(hours, datas, ' + ', h, t)
```

工程上常用三次样条插值，只需在上述插值命令后加上'spline'即可。

```
>>t=interp1(hours, datas, [3.3, 5.7], 'spline')
```

运行结果：

```
t =    10.2736    27.5942
```

输入如下程序，画出三次样条插值曲线，如图 P-12 所示。

```
>>t=interp1(hours, dataps, h，'spline') ;
>>plot(hours, datas, ' + ', h, t)
```

图 P-11　线性插值曲线

图 P-12　三次样条插值曲线

2. 曲线拟合的基本方法

曲线拟合是指选择适当的曲线类型来拟合观测数据,并用拟合的曲线方程分析两变量间的关系。已知平面上 n 个点 (x_i, y_i), $i=1,\cdots,n$, x_i 互不相同。寻求函数 $y=f(x)$,使 $f(x)$ 在某种准则下与所有数据点最为接近,即曲线拟合得最好。

线性最小二乘法是解决曲线拟合最常用的方法,其基本思路是,令:

$$f(x)=a_1 r_1(x)+a_2 r_2(x)+\cdots+a_m r_m(x) \tag{5}$$

其中,$r_k(x)$ 是事先选定的一组函数,系数 a_k($k=1,\cdots,m$,$m<n$)待定。寻求 a_k,使得平方和达到最小:

$$Q=\sum_{i=1}^{n}(f(x_i)-y_i)^2 \tag{6}$$

在 MATLAB 中实现最小二乘法拟合通常采用 polyfit 函数进行(多项式拟合)。

P = polyfit(x, y, m),用 m 次多项式拟合向量数据(x, y),返回多项式(1)的降幂系数。当 m≥n−1 时,polyfit 实现多项式插值,p 返回多项式的系数向量。

例如,两组数据如下:

```
x=[0        0.1    0.2    0.3    0.4    0.5    0.6    0.7    0.8    0.9    1.0];
y=[−0.447   1.978  3.28   6.16   7.08   7.34   7.66   9.56   9.48   9.30   11.2];
```

要求对该组数据做多项式拟合:

```
>> x=0: 0.1: 1.0;
>> y=[−0.447  1.978  3.28  6.16  7.08  7.34  7.66  9.56  9.48  9.30  11.2];
>> plot(x,y, 'r*');          % 画原始点图
>> hold on;                  % 保持图像
```

根据数据图像,估计变量 x 与 y 之间大概是什么样的函数关系。如果估计是一次函数,则用下面的命令:

```
>> n=1 ;
>> p1=polyfit(x,y,n)         % n 表示用 n 阶多项式拟合, n=1 为线性拟合,
                             % 输出 p1 为所求多项式的系数
>> Y=poly2sym(p1)            % 前面的拟合命令只给出多项式的系数, 用此命令则
                             % 将前面的 p1 转为我们熟悉的多项式
>> Y1= vpa(poly2sym(p1),5)   % 上述命令给出的结果是有理数形式, 此命令将结果
                             % 转为数值形式, 5 表示显示 5 位有效数字
>> x1=0 :0.01 :1 ;           % 以后三句是画出拟合曲线的图像
>> y1=polyval(p1,x1) ;       % 此句在 x1 这些点处求出多项式的值, 送给 y1
>> plot(x1,y1, 'b') ;        % 画出拟合曲线的图像
```

运行结果:

```
p1 = 10.3185      1.4400
Y = (5808773505743561*x)/562949953421312 + 31679/22000
```

Y1 = 10.318*x + 1.44

>> hold on;　　　　　　　　% 保持图像

　　n=2 时，用二次多项式拟合，看起来要比用一次函数拟合效果好一些；n=10 时，数据点之间出现较大的波动。当试图进行高阶曲线拟合时，这种波动现象经常发生，并不利于用户认识数据之间的规律。因此，并不是拟合多项式的阶数越高越好，实际问题中，应根据具体情况适当选择一个即可。n=1、2、10 的拟合曲线如图 P-13 所示。

图 P-13　数据的拟合曲线

P.8.3　数学建模案例——估计水塔的水流量

　　美国某州的各用水管理机构要求各社区提供以每小时多少加仑计的用水率以及每天所用的总水量。许多社区没有测量流入或流出当地水塔的水量的装置，他们只能代之以每小时测量水塔中的水位，其精度在 0.5% 以内。更重要的是，无论什么时候，只要水塔中的水位下降到某一最低水位 L，水泵就启动，向水塔重新充水直到某一最高水位 H，但也无法得到水泵的供水量的测量数据。因此，当水泵正在输水时，不容易建立水塔水位和水泵工作时间的关系。水泵每天输水一次或两次，每次大约两小时。

　　试估计在任何时候，甚至包括水泵正在工作的时间内，水从水塔流出的流量 $f(t)$，并估计一天的总用水量。表 P-7 给出了某小镇某天的真实数据。(本题为 1991 年美国大学生数学建模竞赛(MCM)问题 A。)

表 P-7　某小镇某天的水塔水位

时间(秒)	水位 (0.01 英尺)	时间(秒)	水位 (0.01 英尺)	时间(秒)	水位 (0.01 英尺)
0	3175	35932	水泵工作	68535	2842
3316	3110	39332	水泵工作	71854	2767
6635	3054	39435	3550	75021	2697
10619	2994	43318	3445	79154	水泵工作
13937	2947	46636	3350	82649	水泵工作

(续表)

时间(秒)	水位 (0.01 英尺)	时间(秒)	水位 (0.01 英尺)	时间(秒)	水位 (0.01 英尺)
17921	2892	49953	3260	85968	3475
21240	2850	53936	3167	89953	3397
25223	2797	57254	3087	93270	3340
28543	2752	60574	3012		
32284	2697	64554	2927		

表 P-7 给出了从第一次测量开始的以秒为单位的时刻，以及该时刻的高度单位为百分之一英尺的水塔中水位的测量值。例如，3316 秒后，水塔中的水位达到 31.10 英尺。水塔是一个垂直圆形柱体，高为 40 英尺，直径为 57 英尺。通常当水塔的水位降至约 27.00 英尺时，水泵开始向水塔充水；而当水塔的水位升至约 35.50 英尺时，水泵停止工作。

1. 模型假设

(1) 假设水塔中流出的水流量只受社区的日常生活需要的影响，表 P-7 中所给的数据是该小镇一天用水的典型反映，不包含任何非正常的需求，如自然灾害、火灾、水塔溢水和漏水等特殊情况。

(2) 根据流体力学中的 Torricell 定律，从水塔中流出水的最大流速正比于水位高度的平方根。对于本问题，根据所给的数据知道，水塔的最高水位与最低水位之比为 $\sqrt{35.5/27} \approx 1.15$。这一点表明，可以假设水塔中水位对流速没有影响。类似地，还可以忽略气候条件、温度变化等对流速的影响。

(3) 水泵工作起止时间由水塔的水位决定。总是假定水位大约 27.00 英尺时，水泵就开始工作，直到水位升至大约 35.50 英尺时停止工作，每次充水时间约为两小时。水泵的工作性能、效率是一定的，不考虑水泵因其他原因而中断或需要维修等情况。水泵充水的水流量远大于水塔的水流量，以保证不存在断水情况。

(4) 水塔的水流量与水泵状态独立，并不因水泵工作而增加或减少水流量的大小。

(5) 水的消耗每天相同，每天从水塔中流出的水流速度随时间的变化可以用光滑曲线近似。从统计意义上来看，由于每个用户的用水量远远小于社会群体用水量，以至于个别用户的突然用水或不用水基本上不能改变水塔的流水速度。

2. 模型建立与求解

1) 第一次充水时间的确定

当 t=32284 秒时，水位 26.97 英尺，略低于最低水位 27 英尺，因此可作为第一次开始充水时刻。

当 t=39435 秒时，水塔水位 35.5 英尺，恰为最高水位，因此可作为第一次充水的结束时刻。充水时间为 dt=(39435-32284)/3600=1.9864 小时，接近充水时间 2 小时。

2) 第二次充水时间的确定

当时间 t=75021 秒时，水位 26.97 英尺，略低于最低水位 27 英尺，因此可作为第二次开始充水时刻。

当 t=82649 秒时，水泵在工作，但充水时间达到 dt=(82649-75021)/3600=2.1189 小时；但下一时刻 t=85968 时，水塔水位 34.75 英尺，低于最高水位 35.50 英尺。

因此，可将 t=82649 秒作为第二次充水的结束时刻，且该时刻水位为最大充水高度 35.50 英尺。

3) 计算各时刻水塔内水的体积

单位转换为 1 英尺=0.3048 米，1 升=1/3.785 加仑。

体积计算公式为 $v = \pi d^2 h/4v$，则根据给出的水塔水位的数据，可计算出各时刻水塔内水的体积如表 P-8 所示。

表 P-8 不同时刻水体积

时间(小时)	水体积(加仑)	时间(小时)	水体积(加仑)	时间(小时)	水体积(加仑)
0	606125	10.9542	677715	20.8392	514872
0.9211	593716	12.0328	657670	22.9581	677715
1.8431	583026	12.9544	639534	23.8800	663397
2.9497	571571	13.8758	622352	24.9869	648506
3.8714	562599	14.9822	604598	25.9083	637625
4.9781	552099	15.9039	589325		
5.9000	544081	16.8261	575008		
7.0064	533963	17.9317	558781		
7.9286	525372	19.0375	542554		
8.9678	514872	19.9594	528236		

根据表 P-8 中的数据，绘制出时间与水体积的关系图，如图 P-14 所示。从数据图可以看出，时间与水体积的关系有 3 个明显的阶段，第一阶段开始的时间是 0，第二阶段开始的时间是 10.9542，第三阶段开始的时间是 22.9581。

图 P-14 时间与水体积的关系图

4) 计算各时刻点的水流量(加仑/小时)

水流量公式为：
$$f(t) = \left| \frac{dv(t)}{dt} \right|$$

以上 25 个时刻处的水流量采用差分的方法得到，可分三段分别处理。

差分公式如下：

对每段前两点采用向前差分公式：
$$f(t_i) = \left| \frac{-3V_i + 4V_{i+1} - V_{i+2}}{2(t_{i+1} - t_i)} \right|$$

对每段最后两点采用向后差分公式：
$$f(t_i) = \left| \frac{3V_i - 4V_{i-1} + V_{i-2}}{2(t_i - t_{i-1})} \right|$$

对每段中间点采用中心差分公式：
$$f(t_i) = \left| \frac{-V_{i+2} + 8V_{i+1} - 8V_{i-1} + V_{i-2}}{12(t_{i+1} - t_i)} \right|$$

得到各时间点水流量表，如表 P-9 所示，表中【1】表示第一段开始，【2】表示第二段开始，【3】表示第三段开始。

表 P-9　不同时刻水流量表

时间(小时)	水流量 (加仑/小时)	时间(小时)	水流量 (加仑/小时)	时间(小时)	水流量 (加仑/小时)
0【1】	14404	10.9542【2】	19469	20.8392	14648
0.9211	11182	12.0328	20195	22.9581【3】	15220
1.8431	10063	12.9544	18941	23.8800	15263
2.9497	11012	13.8758	15903	24.9869	13711
3.8714	8798	14.9822	18055	25.9083	9634
4.9781	9991	15.9039	15646		
5.9000	8124	16.8261	13742		
7.0064	10161	17.9317	14962		
7.9286	8487	19.0375	16652		
8.9678	11023	19.9594	14495		

5) 用三次样条拟合流量数据

对表 P-9 中 25 个时刻点的流量数据采用三次样条插值得到一条光滑曲线，作为任意时刻的流量曲线，如图 P-15 所示。

6) 一天总用水量的计算

利用直接积分法可得:

$$Q = \int_0^{24} f(t)\mathrm{d}t = 332986\,(\text{加仑})$$

有关估计水塔水流量的数学建模问题其他方面的讨论，在此不再赘述。

图 P-15 水塔流量的三次样条插值图

参 考 文 献

[1] 谭浩强. C 程序设计[M]. 2 版. 北京：清华大学出版社，1999

[2] 黄继通等. C 语言程序设计[M]. 北京：清华大学出版社，2003

[3] 冯博琴. 精讲多练 C 语言[M]. 2 版. 西安：西安交通大学出版社，2004

[4] 杨路明. C 语言程序设计教程[M]. 北京：北京邮电大学出版社，2003

[5] Brian W.Kernighan & Dennis M.Ritchie. C 程序设计语言[M]. 2 版. 北京：清华大学出版社，1997

[6] E Balagurusamy. C 程序设计[M]. 3 版. 北京：清华大学出版社，2006

[7] 苏小红等. C 语言大学实用教程[M]. 北京：电子工业出版社，2004

[8] 王柏盛. C 程序设计[M]. 北京：高等教育出版社，2004

[9] 教育部考试中心. 全国计算机等级考试二级教程——公共基础知识[M]. 北京：高等教育出版社，2007

[10] 卢湘鸿. 计算机应用教程[M]. 北京：清华大学出版社，2003

[11] 王移芝等. 大学计算机基础教程[M]. 北京：高等教育出版社，2004

[12] 教育部高等学校计算机基础课程教学指导委员会. 高等学校计算机基础教学发展战略研究报告暨计算机基础课程教学基本要求[M]. 北京：高等教育出版社，2009

[13] 薛山. MATLAB 基础教程[M]. 北京：清华大学出版社，2011

[14] 沈继红等. 数学建模[M]. 北京：清华大学出版社，2011